农田水利工程技术培训教材

水利部农村水利司
中国灌溉排水发展中心　组编

节水灌溉规划

主　编　高　峰
副主编　孔　东

黄河水利出版社
·郑州·

内 容 提 要

本书系农田水利工程技术培训教材的第一分册。全书共分 12 章,主要内容包括概述、规划的原则与内容、区域水资源评价和可供水量分析、区域需水量分析、区域土地资源调查与评价、区域水土资源供需平衡分析、工程类型与布局、灌溉管理、工程概(估)算、效益分析与经济评价、环境影响评价、实例和附录等。

本书主要供培训基层水利人员及从事节水灌溉规划的工作者使用,也可供相关专业院校师生及科研人员在教学、科研、生产工作中参考使用。

图书在版编目(CIP)数据

节水灌溉规划/高峰主编.—郑州:黄河水利出版社,
2012.8
农田水利工程技术培训教材
ISBN 978 - 7 - 5509 - 0337 - 1

Ⅰ.①节…　Ⅱ.①高…　Ⅲ.①节约用水 – 灌溉规划 –
技术培训 – 教材　Ⅳ.①S274.3

中国版本图书馆 CIP 数据核字(2012)第 191883 号

出 版 社:黄河水利出版社　　　　　　　网址:www.yrcp.com
　　　　地址:河南省郑州市顺河路黄委会综合楼 14 层　邮政编码:450003
发行单位:黄河水利出版社
　　　　发行部电话:0371 – 66026940、66020550、66028024、66022620(传真)
　　　　E-mail:hhslcbs@126.com
承印单位:河南省瑞光印务股份有限公司
开本:787 mm × 1 092 mm　1/16
印张:18
字数:416 千字　　　　　　　　　　　印数:1—5 000
版次:2012 年 8 月第 1 版　　　　　　　印次:2012 年 8 月第 1 次印刷

定价:48.00 元

农田水利工程技术培训教材
编辑委员会

加强农田水利技术培训
增强服务"三农"工作本领

——农田水利工程技术培训教材总序

我国人口多，解决 13 亿人的吃饭问题，始终是治国安邦的头等大事。受气候条件影响，我国农业生产以灌溉为主，但我国人多地少，水资源短缺，降水时空分布不均，水土资源不相匹配，约二分之一以上的耕地处于水资源紧缺的干旱、半干旱地区，约三分之一的耕地位于洪水威胁的大江大河中下游地区，极易受到干旱和洪涝灾害的威胁。加强农田水利建设，提高农田灌排能力和防灾减灾能力，是保障国家粮食安全的基本条件和重要基础。新中国成立以来，党和国家始终把农田水利摆在突出位置来抓，经过几十年的大规模建设，初步形成了蓄、引、提、灌、排等综合设施组成的农田水利工程体系，到 2010 年全国农田有效灌溉面积 9.05 亿亩，其中，节水灌溉工程面积达到 4.09 亿亩。我国能够以占世界 6% 的可更新水资源和 9% 的耕地，养活占世界 22% 的人口，农田水利做出了不可替代的巨大贡献。

随着工业化城镇化快速发展，我国人增、地减、水缺的矛盾日益突出，农业受制于水的状况将长期存在，特别是农田水利建设滞后，成为影响农业稳定发展和国家粮食安全的最大硬伤。全国还有一半以上的耕地是缺少基本灌排条件的"望天田"，40% 的大中型灌区、50% 的小型农田水利工程设施不配套、老化失修，大型灌排泵站设备完好率不足 60%，农田灌溉"最后一公里"问题突出。农业用水方式粗放，约三分之二的灌溉面积仍然沿用传统的大水漫灌方法，灌溉水利用率不高，缺水与浪费水并存。加之全球气候变化影响加剧，水旱灾害频发，国际粮食供求矛盾突显，保障国家粮食安全和主要农产品供求平衡的压力越来越大，加快扭转农业主要"靠天吃饭"局面任务越来越艰巨。

党中央、国务院高度重视水利工作，党的十七届三中、五中全会以及连续八个中央一号文件，对农田水利建设作出重要部署，提出明确要求。党的十七届三中全会明确指出，以农田水利为重点的农业基础设施是现代农业的重要物质条件。党的十七届五中全会强调，农村基础设施建设要以水利为重点。2011 年中央一号文件和中央水利工作会议，从党和国家事业发展全局出发，对加快水利改革发展作出全面部署，特别强调水利是现代农业建设不可或缺的首要条件，特别要求把农田水利作为农村基础设施建设的重点任务，特别制定从土地出让收益中提取 10% 用于农田水利建设的政策措施，农田水利发展迎来重大历史机遇。

随着中央政策的贯彻落实、资金投入的逐年加大，大规模农田水利建设对农村水利工作者特别是基层水利人员的业务素质和专业能力提出了新的更高要求，加强工程规划设计、建设管理等方面的技术培训显得尤为重要。为此，水利部农村水利司和中国灌溉排水发展中心组织相关高等院校、科研机构、勘测设计、工程管理和生产施工等单位的百余位专家学者，在 1998 年出版的《节水灌溉技术培训教材》的基础上，总结十多年来农田水利建设和管理的经验，补充节水灌溉工程技术的新成果、新理论、新工艺、新设备，编写了农田水利工程技术培训教材，包括《节水灌溉规划》、《渠道衬砌与防渗工程技术》、《喷灌工程技术》、《微灌工程技术》、《低压管道输水灌溉工程技术》、《雨水集蓄利用工程技术》、《小型农田水利工程设计图集》、《旱作物地面灌溉节水技术》、《水稻节水灌溉技术》和《灌区水量调配与量测技术》共 10 个分册。

这套系列教材突出了系统性、实用性、规范性，从内容与形式上都进行了较大调整、充实与完善，适应我国今后节水灌溉事业迅速发展形势，可满足农田水利工程技术培训的基本需要，也可供从事农田水利工程规划设计、施工和管理工作的相关人员参考。相信这套教材的出版，对加强基层水利人员培训，提高基层水利队伍专业水平，推进农田水利事业健康发展，必将发挥重要的作用。

是为序。

2011 年 8 月

《节水灌溉规划》
编写人员

主　　编：高　峰（中国农业科学院农田灌溉研究所）

副 主 编：孔　东（中国灌溉排水发展中心）

编写人员：（按姓氏笔画排序）

王国庆（南京水利科学研究院）

王晓玲（水利部农村水利司）

刘　颖（南京水利科学研究院）

孙仕军（沈阳农业大学）

许建中（中国灌溉排水发展中心）

刘翠善（南京水利科学研究院）

苏　飞（浙江省水利河口研究院）

张玉欣（中国灌溉排水发展中心）

杨路华（河北农业大学）

晏　云（北京市水利建设管理中心）

曹京京（黄河水利职业技术学院）

温立平（中国灌溉排水发展中心）

主　　审：李英能（中国农业科学院农田灌溉研究所）

副 主 审：裴源生（中国水利水电科学研究院）

前　言

　　"节水灌溉"一词在我国出现于20世纪80年代中期。但从20世纪50年代起我国围绕提高灌溉用水效率就进行了计划用水、渠道防渗、改进沟畦灌溉技术等工作，在全国建立了数百个灌溉试验站，提出了主要农作物的灌溉制度，为灌溉工程规划设计、灌区灌溉管理、编制计划用水方案等提供了依据。截至2010年年底，全国节水灌溉工程面积达到4.10亿亩；同时，以改造沟畦灌、水稻控制灌溉为主的节水技术措施也得到了广泛的应用，全国每年推广的面积达到1亿亩以上。纯井灌区节水灌溉发展的比重较大，节水灌溉工程面积达到1.36亿亩左右，约占全国井灌面积的51%，占全国节水灌溉工程面积的1/3。节水灌溉规划是为节约灌溉用水、合理开发利用水土资源而制定的总体安排，是节水灌溉工程建设的重要前期工作。20世纪90年代以来，为了宏观指导我国节水灌溉发展，以水利部为主的各有关部门积极开展了与节水灌溉有关的专业规划编制工作。相继编制了《全国节水灌溉规划》、《节水灌溉与旱作农业规划》、《全国节水灌溉"十一五"规划》、《大型灌区续建配套与节水改造规划》、《全国重点中型灌区节水配套改造建设规划》、《全国牧区草原生态保护水资源保障规划》、《全国小型农田水利建设规划》、《县级农田水利建设规划》等一批全国性或区域性的节水灌溉专业规划和相关规划。与此同时，为了指导节水灌溉规划编制、提高规划编制水平，以水利部为主的各有关部门相继颁布和制定了相关的技术规范和规程，包括《节水灌溉工程技术规范》、《灌区规划规范》、《灌区改造技术规范》等一批技术标准；出版了《节水灌溉工程实用手册》、《最新农田水利规划设计手册》等一批有关节水灌溉规划的工具书。这些技术标准的颁布执行和工具书的出版，有力地促进和指导了相关节水灌溉规划的编制，规范了节水灌溉工程标准，提高了节水灌溉规划的编制水平。在规划的应用上，已对规划具有的法律地位有了初步的认识，如在安排大中型灌区续建配套和节水改造项目时，都要求预先进行规划工作，按照规划内容来安排建设计划。在编制《县级农田水利建设规划》时，水利部强调必须通过县级人大或政府的审批，并以此作为选择小农水重点县建设项目的必要条件。

　　当前我国已进入一个水利发展的新时期，是加强水利重点薄弱环节建设、加快民生水利发展的关键时期，是深化水利改革、加强水利管理的攻坚时期，也是推进传统水利向现代水利、可持续发展水利转变的重要时期。节水灌溉快速发展的同时也面临诸多问题，节水灌溉的发展速度、发展规模、发展平衡程度尚难以适应当前我国经济社会发展的要求。因此，节水灌溉规划编制要适应新时期对水利发展的要求，准确把握中央的指示精神、满足发展的需求、顺应人民的期盼，充分利用国家财力快速增长、建设能力显著提高的有利条件，科学规划节水灌溉发展目标、投资规模和建设步伐，尽快从根本上扭转节水灌溉建设滞后、灌溉用水管理薄弱的局面。随着我国水资源日益短缺，发展节水灌溉已成为我国的一项基本国策和战略任务，编制和修订节水灌溉相关规划是一项长期的工作和任务。随着科学技术的进步，节水灌溉规划将会真正起到宏观指导我国节水灌溉事业发展的重要作用。

本书以近 10 多年来我国在节水灌溉科学研究和生产实践中积累的大量成果与经验为基础，以我国已颁布实施的一批与节水灌溉规划相关的技术标准为准则，借鉴国外先进的节水灌溉技术和工程管理经验，同时参考了 1999 年版《水土资源评价与节水灌溉规划》的部分内容编写而成，是一部实用性很强的专业工具书。

本书共分 12 章，主要内容包括概述、规划的原则与内容、区域水资源评价和可供水量分析、区域需水量分析、区域土地资源调查与评价、区域水土资源供需平衡分析、工程类型与布局、灌溉管理、工程概（估）算、效益分析与经济评价、环境影响评价、实例及附录等。

本书各章编写分工如下：第一章由王晓玲、张玉欣编写，第二章由高峰、许建中编写，第三章由王国庆、刘翠善、刘颖编写，第四章由苏飞、孔东编写，第五章由孙仕军编写，第六章由孙仕军、孔东编写，第七章及第八章由高峰编写，第九章及第十一章由晏云、曹京京、温立平编写，第十章由晏云、孔东编写，第十二章由杨路华、苏飞、孙仕军编写，附录一至附录四分别由张玉欣、王国庆、孙仕军、高峰编写。本书由高峰担任主编，孔东担任副主编。

本书由李英能担任主审，裴源生担任副主审。在本书编写过程中，得到了冯广志、赵竟成、王留运等有关专家和领导的大力支持与帮助，并参考和引用了许多国内外文献，在此一并表示衷心的感谢！

限于编者水平有限，书中缺点和疏漏之处在所难免，敬请读者批评指正。

编　者

2012 年 2 月

目 录

第一章 概 述

第一节 节水灌溉在我国农业发展中的作用

水是生命之源、生产之要、生态之基。我国是一个干旱缺水的国家,水资源短缺已成为我国国民经济和社会发展的严重制约因素。大力实施节约用水战略,不断提高水资源的利用率和利用效率,建立节水型农业、节水型工业和节水型社会,是缓解我国水资源供需矛盾,实现以水资源的可持续利用保障经济社会可持续发展的有效措施和根本出路,也是我国今后必须长期坚持的一项基本国策。农业是用水大户,农业节水潜力巨大,深入普及和大力推广节水灌溉,不但关系到广大农民群众的切身利益,而且关系到我国农业基础地位的巩固和农村经济的发展,是整个节水工作中最重要、最核心的组成部分。

(1) 节水灌溉是保障粮食安全和农业可持续发展的战略措施。

我国多年平均水资源总量约 2.8 万亿 m^3,但人均水资源占有量仅为世界人均占有量的 1/4,耕地单位面积水资源占有量仅为世界平均水平的 1/2。受季风气候影响,各地降水不但经常与作物生长不同步,而且在时间和空间上极不均衡,干旱是我国最主要的自然灾害之一。20 世纪 70 年代,全国农田受旱面积平均每年约 1.7 亿亩[1],20 世纪 90 年代则达到每年 4 亿~5 亿亩,近 10 多年来,全国旱情有进一步加重趋势,干旱范围不断扩大,全国灌区每年缺水约 300 亿 m^3,每年由于干旱缺水损失粮食 400 亿 kg 以上,约占各种自然灾害损失总量的 60%,给农业生产造成重大损失。目前,我国农业用水量占总用水量的比重约为 62%,西北等一些地区则高达 90% 以上,随着经济社会的快速发展和用水要求的不断增加,供水的竞争性不断加剧,水资源供需矛盾日益突出,灌溉可用水量不足。今后我国提高粮食产量在很大程度上要依靠扩大有效灌溉面积,而新增有效灌溉面积将会进一步增加农业用水需求。党的十四届五中全会和十五届三中全会相继提出"大力普及节水灌溉技术"和"大力发展节水农业,把推广节水灌溉作为一项革命性措施来抓,大幅度提高水的利用率,努力扩大农田有效灌溉面积"。因此,加大农业灌溉节水力度、大力推广节水灌溉技术、大规模发展节水灌溉,不仅是保障国家粮食安全的重要举措,也是支撑农业可持续发展的根本战略措施。

(2) 节水灌溉是缓解农业水资源供需矛盾的根本途径。

灌溉是用水大户,灌溉用水状况直接关系国家水安全。随着农业结构战略性调整和高效农业、现代农业的发展,农业对水提出了更高要求。但随着经济社会的发展,生活、工业等用水量不断提高,农业用水比例将逐渐降低;而由于农业产业结构调整,

---

[1] 1 亩 = 1/15 hm^2。

渔、副、牧业用水量比重将加大，种植业灌溉用水将成为用水最紧缺的部门，灌溉农业面对巨大挑战。在全球气候变暖、北方部分地区水资源利用率已达极限、部分地区出现生态危机、全国来水减少、污染加剧、水质恶化、河床淤积、湖泊萎缩、耕地面积面临减少、粮食单产已达一定水平的情况下，要进一步扩大农业生产能力，确保不断增长的人口的粮食安全和其他农产品供给，维系良好的生态环境，有赖于大力发展节水灌溉。同时，为了保障经济社会持续健康发展，根据我国水资源条件和经济社会发展对水的需求，今后相当长的时间内灌溉用水总量不可能有较大增加，灌溉用水总量应实现零增长并大体维持在现有水平，以便将新增水资源用于支撑工业化和城镇化发展，同时提高农业综合生产能力，支持种植结构和农业结构的调整，促进农村经济的快速发展。由于工程设施不配套、管理粗放等，目前灌溉用水效率不高，浪费严重，全国平均灌溉水利用率仅为 50% 左右，节水潜力很大。因此，要缓解日趋严重的灌溉用水供需矛盾，必须从根本上调整发展思路、转变增长方式，把发展节水灌溉放在更加突出的位置，厉行高效用水、节约用水。农业灌溉应选择节约挖潜的内涵发展模式，大力普及节水灌溉技术是缓解农业水资源供需矛盾的根本途径。

（3）节水灌溉是发展农业生产，增加产量的重要保障。

稳定和提高农业生产能力不仅是经济发展的需要，也是社会和政治稳定的需要，是国家安全保障的重要组成部分。预计到 2020 年，我国人口将超过 14 亿，面临着农产品需求增加与水资源不足、耕地减少等尖锐矛盾。由于我国特殊的自然气候条件，灌溉在农业生产中具有不可替代的重要地位。灌溉面积上的粮食平均亩产是全国平均亩产的 1.8 倍，是旱地的 2.9 倍，而且产量相对稳定。因此，要稳定和提高农业生产能力，必须改善和扩大有效灌溉面积、提高灌溉保证率，从而提高复种指数和单产。由于农业用水总量不可能大幅度增加，在水资源不足已成为制约国民经济和农业可持续发展的"瓶颈"因素时，保障农产品供给只有通过节水灌溉建设，提高农业用水效率，走内涵挖潜式节水增产的道路，实现在灌溉用水总量基本不增长的前提下，提高现有灌溉面积的灌溉保证率并适度增加有效灌溉面积，提高农业生产能力，这是保障国家农产品供给安全的重要基础。当前我国正处于经济和社会快速发展时期，农业生产不仅要保障粮食安全，而且要满足 14 亿多人在生活水平普遍提高情况下对农副产品的广泛需求。"菜篮子"工程是城市发展的重要支撑条件，城市周边地区只有采取有效的节水措施、提高水资源利用效率，才有可能在农业用水被挤占的情况下，继续为城市提供丰富的农副产品。近 10 年来，农业用水量占全社会用水量的比例从 69% 降低到 62% 左右，灌溉用水总量基本保持了零增长，但同期粮食产量却由 4 621.5 亿 kg 增加到 5 258 亿 kg，充分体现了发展节水灌溉对农业生产的保障作用。

（4）节水灌溉是遏制农业水环境恶化、改善生态的紧迫要求。

缺水是导致严重的农业生态环境问题的主要因素。由于干旱等，我国北方不少地区水资源开发利用程度已经高于世界公认的警戒线，超过了水资源承载能力，致使河道断流，污染加剧，地下水位下降，天然绿洲萎缩，草原退化、沙化，浮尘扬沙天气频繁，引发了一系列生态环境问题，对农业生产构成严重威胁。农业分布的广泛性决定其活动对于生态系统具有重要影响，同时又是生态环境恶化的主要承载者，不仅要承受自身活动造成生态环境恶化的后果，而且要承受工业和城市活动造成生态环境恶化的后果。因此，遏制农业水环境恶化、改善生态条件是进一步发展农业生产的紧迫要求。由于节水灌溉的发展，近10年来灌溉用水量基本没有增长，部分缓解了生态环境的压力，而且对生态环境和农村生活环境改善产生了积极的影响：一是通过发展节水灌溉，节约的灌溉水量除缓解农业用水紧缺状况外，还支持了生态环境用水；二是节水灌溉有助于减轻农田面源污染，通过科学合理进行农田灌溉，提高灌溉用水效率，促进合理施肥，可减少灌溉退水和渗入地下水量，对减轻农业面源污染和地下水污染起到积极作用；三是结合节水灌溉建设，疏浚河网，整改渠道，平整改良土地，促进农村道路建设，绿化美化农村环境，大力改善农业生产条件与农村生态环境。当前，随着国家为恢复生态环境采取的一系列政策措施，毁林开荒、毁草开荒、围湖造田等做法已得到初步遏制，但解决水资源过度开发问题还需要长期艰苦的努力。尤其在生产用水挤占生态环境用水的地区要大力发展节水灌溉，缓解农业与生态环境的用水矛盾，为恢复生态环境创造有利条件。

（5）节水灌溉是发展农村经济、增加农民收入的基础条件。

农业实现经济体制由计划经济向市场经济转变，经济增长方式由粗放型向集约型转变，是新时期发展农村经济、增加农民收入的战略决策。实现这两个转变首先面临的是调整并完善农业结构，调整畜产品、优质农产品、专用农产品、特色农产品以及水果、蔬菜的生产与供应，特别是加入WTO后发展外向型农业是农业结构调整的重要内容。发展农村经济，持续稳定地提高农民收入，必须发展节水高效农业，推进农业增长方式的转变，优化农业结构，实现生产集约化、产品优质化、经营产业化。农业结构调整是发展农村经济、提高农民收入的重要手段。进行种植结构调整，推广优质农作物品种、发展经济作物一般需要较好的农田水分条件。而发展节水灌溉则可以提高水资源利用效率、改善灌排条件、提高灌溉保证率，从而显著提高农业综合生产能力，为调整农业种植结构提供基础条件。因此，在现有灌溉工程设施不足的地区，需要发展节水灌溉提高土地生产能力；在灌溉水源紧缺的地区，需要通过发展节水灌溉提高灌溉保证率；在粮食主产区，需要在保证粮食作物灌溉面积的前提下，通过节水改造把节约的水用于发展经济作物；在牧区和农牧交错带，需要通过发展节水灌溉饲草料地，为促进改善畜种结构、畜群结构创造条件，提高畜牧业经济效益；在干旱丘陵山区，通过兴建小塘坝、小水池、小水窖等雨水集流工程发展节水灌溉，可以保障山丘区农业生产，提高农民收入，加快脱贫致富步伐。另外，发展节水灌溉将为加强灌溉管理、推进体制改革提供基础条件，显著提高灌溉管理效率，节约管理成本，减少水费支出，并为农村富余劳动力直接提供就业机会，提高农民的收入水平和生活水平。

总之，面对我国资源紧缺的严峻形势以及经济社会发展尤其是农村经济发展与国家粮食安全保障的迫切要求，大力发展节水灌溉、大幅度提高水的利用效率和效益，是缓解农业和经济社会用水矛盾的根本途径，是促进农业结构调整、发展农村经济、加快农业现代化进程、实现农业可持续发展的必由之路。发展节水灌溉对建设资源节约型社会、保障国家粮食安全、增加农民收入、保护和改善生态环境、建设社会主义新农村具有十分重要的作用。

第二节　节水灌溉发展概况

一、发展历程

节水灌溉是根据作物需水规律及当地供水条件,高效利用降水和灌溉水,获取农业最佳经济效益、社会效益、生态环境效益而采取的综合措施。节水灌溉不是简单地减少灌溉用水量或限制灌溉用水,而是更科学地用水,在时间和空间上合理地分配与使用水资源。节水灌溉是相对的概念,不同的水源条件、自然条件和经济社会发展水平,对节水灌溉的要求不同;不同国家、不同地区、不同历史发展阶段,节水灌溉的阶段性目标与任务不同。

"节水灌溉"一词在我国出现于 20 世纪 80 年代中期。随着经济社会的发展,工农业争水、城乡争水矛盾日益突出,农业对干旱缺水的敏感程度增大,受旱面积增加,经济发达地区传统农业向现代农业转变的进程加快,对灌溉提出了新的、更高的要求,开始用灌溉经济学和系统工程学的原理评价灌溉行为,逐渐形成了近代灌溉目标,并逐步引起各级政府的重视,即不但要取得最优的灌溉效果,同时要具有更高的灌溉效率。以有限的费用,最大限度地获得单位水量的最佳灌溉效益为目标的这种灌溉,国外叫"高效用水",我国则称"节水灌溉"。随着我国经济社会的迅速发展,水资源供需矛盾日益突出,农业用水越来越紧张,节水灌溉也随之得到了大规模的发展。

20 世纪 50 年代至 60 年代末,围绕提高灌溉用水效率主要进行了计划用水、渠道防渗、改进沟畦灌溉技术等工作。在全国建立了数百个灌溉试验站,提出了主要农作物的灌溉制度,为灌溉工程规划设计、灌区灌溉管理、编制计划用水方案等提供了依据。南方总结推广了水田"新法泡田、浅水灌溉",北方则提倡旱地采用沟灌和畦灌,研究试验合理的沟长、畦块的大小、沟中放水流量、畦田放水流量和改畦的时间。同时在全国普遍推广平整土地、修筑水平梯田、灌溉耕作园田化,实行灌排渠系与道路、绿化、农作、桥、涵、闸等结合,统筹考虑,既提高了耕作水平,又对改进灌水方式和提高灌溉水利用率起到了推动作用。

到 20 世纪 70 年代,渠道防渗、平整土地、大畦改小畦等节水措施开始较大面积的推广,并开始研制、开发、引进节水灌溉技术和设备,在对国内外各种节水灌溉设备进行检测、试验和分析的基础上,组织国内科研院所、大专院校、生产企业进行联合攻关,对各种不同的节水灌溉技术进行组装、集成和配套,形成了具有中国特色的喷灌、滴灌、微喷灌、低压管道输水灌溉技术和产品。但总体而言,节水技术研究范围较窄,推广规模不大,发展速度不快,灌溉管理比较粗放,用水效率较低。

到 20 世纪 80 年代,工农业争水、城乡争水矛盾日益突出。农业对干旱缺水的敏感程度增大,受旱面积增加,经济发达地区传统农业向现代农业转变的进程加快,都对灌溉提出了新的、更高的要求,节水灌溉逐渐引起重视。全国普遍推行了泵站与机井节能节水技术改造,制定并颁布了一系列有利于节水的管理和考核办法;重点推广了低压管道输水灌溉;并于 20 世纪 80 年代后期,从奥地利引进了喷头、铝合金管快速接头等移动管道式喷灌设备生产线，使移动式喷灌系统达到了 80 年代初期的国际先进水平；在进一步开展喷灌、微灌技术的试点试验和示范的基础上，开始了较大规模的推广应用；群众在生产实践中创造的注水点灌保苗（东北俗称"坐水种"）和膜上灌技术得到逐步完善，作为简易局部灌溉技术，在适宜地区得到了大面积推广。不足之处是节水灌溉技术的研究与推广多偏重单项技术，影响了节水效果。

　　20 世纪 90 年代，党的十四届五中全会和十五届三中全会相继提出"大力普及节水灌溉技术"和"大力发展节水农业，把推广节水灌溉作为一项革命性措施来抓，大幅度提高水的利用率，努力扩大农田有效灌溉面积"等指示精神，极大地促进了我国节水灌溉的发展。20 世纪 90 年代初期，先后从以色列、美国、澳大利亚等国引进了微喷灌、滴灌、脉冲微灌等设备生产线，并在学习、借鉴、消化吸收国外先进节水灌溉技术的基础上，组织国内节水灌溉设备生产企业自主研制了具有 90 年代初期国际先进水平、适合我国国情的滴灌、微喷灌等设备和技术。"九五"期间，节水农业技术研究与示范被列入国家攻关项目，从节水灌溉技术的节水机制、节水灌溉制度、水资源合理利用、节水灌溉设备等全方位进行深入与综合研究。美国、以色列、奥地利、意大利、法国、澳大利亚等国家的节水灌溉设备生产企业也纷纷进入我国节水灌溉设备市场推销产品，并在全国各地建立了一些节水灌溉示范工程。很多省、市先后引进了一些国外较为先进的节水灌溉技术。通过技术引进、消化和吸收，我国也已能生产各种不同类型和系列的移动管道式喷灌系统、卷盘式喷灌机、中心支轴式喷灌机、平移式喷灌机、第四代滴灌设备、微喷灌设备、脉冲微灌设备、渗灌管，各种机、泵、管、带、阀和首部控制系统等节水灌溉设备。国家还加大了扶持力度，提供了大量专项节水贴息贷款和专项建设资金，建设了一批节水增产重点县和节水灌溉示范项目，进行了大型灌区续建配套与节水改造，使节水灌溉进入了快速发展的新阶段。在雨水集蓄利用方面，开展了较大范围的试点示范工作，甘肃省定西、天水、平凉等 10 个地区（市），宁夏南部地区 10 个县以及陕北、山西、河南、北京等地都建立了相应的试点。通过大范围试点示范，使雨水集蓄利用工作从单项集雨技术变成农业综合集成技术，从传统集雨利用走向高效利用，从理论探讨、技术攻关走向实用阶段，从零星试点示范形成规模发展，雨水集蓄高效利用工作开始全面展开。

　　进入 21 世纪，节水灌溉得到了国家及各有关部门的高度重视，"十五"期间国家加大了对发展节水灌溉的投入。"十一五"期间，国家对节水灌溉工程建设投入更是逐步加大，大型灌区续建配套与节水改造、中央财政小型农田水利工程建设补助专项资金等农田水利重点项目资金规模增长较快。据不完全统计，2007～2010 年平均每年从水利部门下达的节水灌溉工程中央投资达到 94.7 亿元，国土整治、农业综合开发、商品粮基地、病险水库除险加固等相关工程间接投资达到年 118.5 亿元，平均每年节水灌溉投入共计达到 213.2 亿元。在此 10 年间，科技部分别启动了"农业高效用水科技产业示范工程"、"现代节水农业技术体系及新产品研究与开发"、"大型农业灌区节水改造工程关键支撑技术研究"、"现代节水农业技术与产品"等重大科技项目。通过对这些项目的实施，提高了我国节水灌溉的应用基础理论研究水平，推广了先进实用的技术，开发出了一系列节水灌溉产品与新材料并实现了产业化生产，在全国范围内建设了一批不同类型的现代节水农业技术示范区,形成了一批技术成熟、推广价值高、示范作用显著的技术储备,在大中型灌区续建配套与节水改造、小型农田水利工程建设、节水灌溉示范等项目中进行试点、示范,有力地促进了全国节水灌溉事业的快速发展,掀起了一个大规模发展节水灌溉的新高潮。

二、发展现状

截至 2010 年年底,全国节水灌溉工程面积达到 4.10 亿亩,其中渠道防渗输水灌溉面积 1.74 亿亩,低压管道输水灌溉面积 1.00 亿亩,喷灌面积 0.45 亿亩,微灌面积 0.32 亿亩,其他节水灌溉工程面积 0.59 亿亩。同时,以改造沟畦灌、水稻控制灌溉为主的节水技术措施也得到了广泛的应用,全国每年推广的面积达到 1 亿亩以上。

纯井灌区节水灌溉发展的比重较大,节水灌溉工程面积达到 1.36 亿亩左右,约占全国井灌面积的 51%,占全国节水灌溉工程面积的 1/3。在喷灌面积中,管道式喷灌占60%,轻、小型喷灌机组喷灌占 26%;大、中型喷灌机喷灌占 14%。近年来,由于土地规模化经营的带动,大、中型喷灌机在内蒙古自治区、宁夏回族自治区、黑龙江省等地发展较快。微灌面积中,大田作物占 81%、设施农业面积占 19%。大田作物微灌面积主要集中在新疆及西北和东北地区。

从区域上看,北方地区对低压管道输水灌溉、喷灌、微灌等先进节水灌溉技术推广应用程度较高,北方 15 个省(自治区、直辖市)共计发展 16 336 万亩,占全国低压管道输水灌溉、喷灌、微灌节水灌溉工程面积的 92%。东北、西北、华北(黄淮海平原)等北方地区喷灌和微灌面积最大,约占全国喷微灌总面积的 93%。东北地区喷灌面积发展很快,约占全国总喷灌面积的 60%;西北地区微灌面积发展迅速,约占全国微灌总面积的 79%;华北地区低压管道输水灌溉面积最大,约占全国低压管道输水灌溉面积的 68%。从分省(自治区、直辖市)情况看,北京市对低压管道输水灌溉、喷灌、微灌等先进节水灌溉技术应用程度最高,占灌溉面积的 78%;山西、河北次之,分别占灌溉面积的 50%、45%。从技术分类上看,黑龙江省喷灌面积最大,约占全国总喷灌面积的 30%;新疆维吾尔自治区微灌面积最大,约占全国总微灌面积的 76%;河北省低压管道输水灌溉面积最大,占全国低压管道输水灌溉面积的 30%。

在节水灌溉技术推广方面,已初步形成了生产企业、科研单位、大专院校结合,基础理论研究、应用技术开发、产品设备制造相配套,覆盖国家、省、市、县和基层乡(镇)三级的节水灌溉技术推广服务体系。许多先进技术和科研成果逐步转化为生产力,为生产单位和农民提供服务,提高了我国节水灌溉的技术水平。

节水灌溉的发展还带动了节水灌溉设备、材料的生产。截至 2010 年年底,全国从事先进节水灌溉设备制造、产品营销、工程施工和技术服务的企业已逾千家(包括境外企业在中国的代表机构和独资、合资企业),其中制造类企业约占总数的一半,生产制造能力基本能够满足国内市场的需求。

三、取得的成效

(1)显著提高了水资源利用效率。

通过节水灌溉工程建设，我国灌溉水利用效率由"八五"末的不足40%提高到目前的50%左右，单位面积平均灌溉用水量大幅度下降。在灌溉用水总量基本不增加的情况下，农田有效灌溉面积由1995年的7.56亿亩发展到2010年的9.05亿亩。通过节水工程措施、管理措施以及农艺措施，全国形成了约330亿 m³ 的年节水能力，有效缓解了全国水资源的供需矛盾。近10年来，在全国有效灌溉面积稳步增加、粮食产量与经济作物产值逐年提高的情况下，农业灌溉用水总量基本维持在3 400亿 m³ 左右，农业灌溉用水量占总用水量的比例从69%降低到62%左右，灌溉水利用效率和效益得到较大提高。

（2）为国家粮食安全和其他农产品有效供给提供了水利保障。

"十一五"期间，节水灌溉技术大面积推广，为全国净增5 678万亩有效灌溉面积提供了水源保障，同时提高了现有灌溉面积的灌溉保证率，使农业综合生产能力特别是粮食生产能力稳步提高。在蔬菜、水果等经济作物种植区，积极采用先进节水灌溉技术，提高了农产品产量，改善了品质。近年来，全国节水灌溉快速发展为全国粮食生产和农民收入"七连增"提供了水利保障。在全国耕地呈下降趋势、人口呈刚性增长且对粮食需求不断提高的情况下，使灌溉质量与效益得到提升，单位灌溉面积上的产出效益显著提高，在占全国耕地面积45%左右的灌溉面积上生产了占全国总产量75%的粮食，提供了占全国总产量80%以上的经济作物和90%以上的蔬菜，确保了中国用世界耕地的9%、世界淡水资源的6%，成功解决了占世界22%左右人口吃饭和其他农产品供给的问题。

（3）促进了水资源优化配置和生态环境改善。

节约的灌溉用水除用于新增和改善灌溉面积外，部分水量转移给工矿企业和城镇生活，部分水量支持了生态需求，为水资源的优化配置及生态环境的恢复和改善创造了良好的条件。塔里木河、黑河、石羊河流域通过加大对中游灌区的节水改造，增加了下泄水量，使下游生态环境得到改善。南方通过发展节水灌溉，减少了灌溉对农田化肥、农药的淋洗，减轻了对水环境的面源污染，改善了农村生态环境。在草原牧区饲草料地发展节水灌溉，为大范围草场围封、休牧、禁牧创造了条件，实现了"小建设、大保护"，取得了显著的社会效益及生态环境效益。

（4）推动了社会主义新农村建设。

节水灌溉的发展不仅改善了农业生产条件，提高了农业综合生产能力，使土地的潜在效益得到提升，为农业种植结构调整、农业集约化经营、农业招商、土地流转等提供了基础保障，还促进了传统农业向现代农业、设施农业和生态农业的转变。良好的灌排基础设施和先进的农业技术与优良品种有机结合，使许多节水灌溉项目区由过去一家一户分散经营转变为专业组织统一管理和经营，推进了农业的区域化种植、规模化经营和产业化生产，加快了农业现代化和产业化进程。同时也为剩余劳动力向第二、三产业转移创造了条件，推动了当地农村经济的健康发展，为社会主义新农村建设目标的实现奠定了坚实的基础。节水改造项目建设与改善农村人居环境、小城镇建设、农村生产交通相结合，营造了碧水长流、绿化常青、美丽休闲的人居环境。

（5）促进了节水灌溉设备产业发展，拉动了对相关产业的需求。

在用于发展节水灌溉的总投资中，约2/3是用于购买节水灌溉设备和材料。为了适应大规模发展节水灌溉对设备和材料的需求，全国生产节水灌溉设备和材料的厂家已从过去的几十家发展到现在的500多家，主要以中小型企业为主，其中80%分布在华北、西北、东北地区，初步形成了新兴产业。随着先进节水灌溉技术的加速推广，节水灌溉工程对各类管道及管件、各类喷灌机组、各类灌水器、微灌首部设施的需求量也将大幅度增加，不仅会给节水灌溉设备生产企业带来巨大的商机，而且会对促进相关产业的快速发展、拉动内需产生积极的影响，增加了城市职工就业，吸纳了部分农村劳动力，带动了节水设备的产业化发展，开辟了新的市场。

四、存在的问题

节水灌溉快速发展的同时也面临诸多问题，节水灌溉的发展速度、发展规模、发展平衡程度尚难以适应当前我国经济社会发展的要求。节水灌溉发展面临的大多数问题是计划经济时期遗留下来的，有些则是在由计划经济向市场经济转型阶段产生的。这些问题近年来虽然得到一定程度的改善，但尚没有根本改观。

（1）缺乏统一规划和有效的协调机制。

发展节水灌溉是一项复杂而艰巨的任务，涉及国民经济的很多部门和行业，需要综合运用法律、行政、技术、经济、宣传教育和管理等各种手段，调动全社会的力量，协调一致，形成合力，共同推进。目前，水利部门、农业部门、土地整理部门、农业综合开发部门都在从事与节水灌溉建设相关的工作，对节水灌溉的发展起到了积极推动作用。但由于缺乏统一的支持政策和统一的发展规划，投入分散、重复建设现象严重。尽管水行政主管部门制定了各个时期的全国节水灌溉发展规划，但不具有权威性，难以约束并指导其他部门以及地方政府的相关工作。因此，当前需要解决的突出问题：一是制定全国统一规划，加强部门协调，指导全国节水灌溉的发展；二是建立有效的部门协调机制，明确并落实中央政府和各级地方政府的责任。

（2）资金投入不足，投资政策有待完善。

20世纪80年代以来，水利基本建设投资占全国基本建设总投资的比重逐年下降，而且在水利基本建设投资中农村水利所占的比重也在不断减小。据典型调查，田间节水灌溉工程亩均综合投资约600元，国家和地方补助的投入不足1/4。大型灌区以节水为中心的续建配套与技术改造是农业节水的重点，也是当前国家投入的重点，但目前的投入水平严重滞后于规划。对于面上节水灌溉建设项目，由于农业生产效益比较低，很难吸引外来资金的投入，特别是"两工"（义务工、积累工）取消后，原来以受益农户无偿投劳为主的投入体系发生了变化，因此从总体上看投入严重不足已成为制约节水灌溉发展的直接原因。另外，国家对节水灌溉的投入主要以骨干工程为主，田间配套工程主要靠农民自筹，而农民投入能力十分有限，常因配套不到位，工程整体效益得不到充分发挥。由于工程老化、失修、基建占地等，每年约有数百万亩的节水灌溉工程需要补充、更新和维修，如果资金投入没有大幅度提高，不仅难以加快节水灌溉发展，甚至难以维持现有的节水灌溉规模。

（3）体制改革滞后，运行机制不活。

随着我国社会主义市场经济体制的建立，灌溉管理单位存在的体制不顺、机制不活、经费短缺、机构臃肿、管理粗放等问题愈加突出，本应由政府投入的经费不到位，大量公益性支出财政没有承担。因此，灌区管理单位从自身的利益出发需要多放水，以争取最大的水费收入，这种机制与节水的要求不相适应。水费是灌区管理单位的主要收入来源，但是目前供水水价偏低使得供水不能收回成本，工程折耗和维护管理所需经费没有补偿渠道和来源，灌溉系统必然摆脱不了老化失修甚至报废的结果。在节水灌溉管理机制方面同样存在类似的责、权、利不一致，主观愿望和客观实际不一致的情况。尽管多年来节水灌溉的管理体制和运营机制一直在探索与改革之中，并进行了诸多尝试，但直到目前，改革的种种努力与社会主义市场经济的要求和节水灌溉的公益作用仍不相适应，没有取得预期理想的结果。

（4）节水灌溉技术创新不足，服务保障体系不完善。

目前，节水灌溉技术创新与综合集成度低，不能满足节水灌溉事业的发展需要，影响效益的充分发挥。特别是从20世纪50年代中后期起，中央和地方相继成立了一批灌溉试验研究机构，到20世纪80年代中期，全国共有440多个灌溉试验站，从中央到地方均有专门的灌溉试验管理人员。围绕所在省区农业生产发展的需求和水资源条件的变化，开展相应的灌溉试验研究和技术推广应用，取得了显著的成绩。这些研究成果已在大型灌区续建配套与节水改造、南水北调等重大水利工程的规划与建设、区域水资源利用规划与调配、农田用水的科学管理中得到了充分的应用，对缓解我国农业水资源的紧缺起到了积极的推动作用。但由于体制、经费原因等，灌溉试验站点不断缩减，许多试验站点为了创收已多年没搞灌溉试验研究。现在仍在坚持开展灌溉试验工作的站点，也普遍存在基础设施老化失修，仪器设备配置标准低，科研和办公经费短缺，研究目标不够稳定明确，素质高、经验丰富的科研人员严重缺乏，人才引进困难等问题，这些问题已严重影响了节水灌溉的基础研究和技术储备。另外，技术服务保障体系不够完善，与节水灌溉设备配套的应用技术和规范化的技术（产品）标准不足，缺乏对节水灌溉材料设备市场管理和质量监督的有效机制，影响工程建设质量；推广服务体系不够健全，对农民技术培训不足，推广应用先进的节水灌溉新技术还有一定困难。

第三节 节水灌溉规划的重要作用

规划，意即进行比较全面的、长远的发展计划，是对未来整体性、长期性、基本性问题的思考、考量和设计未来整套行动方案。规划的特点是具有长远性、全局性、战略性、方向性、概括性和鼓动性。节水灌溉规划是为节约灌溉用水、合理开发利用水土资源而制订的总体安排，是节水灌溉工程建设的重要前期工作。其基本任务是：根据国家规定的建设方针和节水灌溉发展的基本目标，并考虑各方面对节水灌溉的要求，研究节水灌溉现状、特点，探索自然规律和经济规律，提出发展方向、任务、主要措施和实施步骤，安排节水灌溉建设计划并指导节水灌溉工程设计和管理。

大力推广节水灌溉，首先要制定节水灌溉规划，从各地实际出发，明确节水灌溉发展的新思路，拟定合理的发展目标、任务和重点，科学合理确定节水灌溉发展规模和模式，选用适宜的节水灌溉技术，合理划定节水灌溉技术推广区域。科学编制节水灌溉规划，对于适应新形势和新变化、妥善应对发展阶段新挑战、全面落实科学发展新要求、加快农田灌溉基础设施建设、强化水资源管理、深化管理机制和体制改革、提高灌溉用水的保障能力，具有十分重要的作用。这些作用可以归纳为以下几方面：

（1）为开展节水灌溉建设和管理必做的前期工作。

规划是事业的蓝图，更是事业可持续发展的路线图，规划失误是最大的失误。在开展某项事业工作之前必须要搞好规划，确保事业建设和管理活动规范有序。节水灌溉规划研究的是今后一个时期内节水灌溉发展的方向、目标、任务和总体部署，是水利发展规划的重要组成部分。《中华人民共和国水法》明确规定，只有在水利规划按权限进行审查批准后方能进行水利建设。因此，节水灌溉规划是开展节水灌溉建设和管理必做的前期工作。历史经验和发展规律表明，节水灌溉工程建设必须规划先行，规划是前提、是基础、是关键，规划得好才能建设得好、管理得好。水的问题牵涉到社会生活的方方面面，这就使得在发展节水灌溉时需要考虑资源利用、经济发展、环境保护、工农业生产、灌溉发展、节水技术等诸方面的问题。节水灌溉规划就是以国民经济发展对灌溉农业的要求为主要目标，以水土资源和资金投入作为主要约束，通过水土资源平衡分析，提出节水灌溉中长期发展的方向和采取的主要措施。因此，节水灌溉规划不仅是开展节水灌溉工作的重要指导性文件，而且是政府审批节水灌溉建设项目、对节水灌溉事务实施社会管理的依据，对节水灌溉事务起法律约束作用。

（2）合理开发利用水土资源，为发展节水灌溉提供依据。

一个区域是否需要发展节水灌溉？采用什么模式发展节水灌溉？这些问题都与区域内水土资源状况密切相关。区域内的水资源与土地资源都是有限的自然资源，二者相辅相成且又相互制约。水资源是土地资源发挥最大生产优势的基本条件之一，水资源利用得合理与否、灌溉手段先进与否，都直接影响到土地资源的生产效率；而土地资源的利用程度也制约着水资源的利用。若土地资源利用效率比较高，又为水资源的合理开发利用创造了条件。水资源的开发利用与水环境生态系统的保护状况，直接或间接地影响到区域内水资源利用的可持续性。另外，土地资源的利用程度也将影响水资源利用的效率及其可持续性。节水灌溉规划是在一定地区范围内、在一定水土资源条件下，研究该区域发展节水灌溉的必要性和可能性，在确定发展后，对水土资源进行合理开发利用，并确定节水灌溉发展规模和采取的措施。因此，通过节水灌溉规划可以运用现代科学技术手段和方法进行综合分析与论证，对区域水土资源进行全面规划，统一布局，合理开发利用，提高水、土资源利用率，促进农业结构的调整、各种先进适用技术的应用、农业质量和效益的提高，推进农业现代化和产业化进程，实现农业增产、增收，使农民得到更多实惠，为发展节水高效农业提供可靠的科学依据。

（3）提供适宜发展的工程技术模式，避免产生盲目性。

我国地域广阔，各地经济条件不同，作物类型有别，气候差异较大，因此发展节水灌溉要从各地的实际出发，在充分考虑当地自然条件和农村社会经济水平的基础上，因地制宜地选取各种适宜的节水灌溉工程技术和模式。但是，当前各地在推广应用节水灌溉工程技术模式中已出现一些不恰当的做法，如不按规律办事，行政干预较多，不根据需要和可能，不充分征求农民群众的意见，沿国道成线、成片修建仅供参观用的"样板工程"或"观光农业"；有的节水灌溉工程本已有比较完整的低压管道输水灌溉系统，又在上面重复修建喷灌工程，上级参观时开喷灌，实际生产时用管灌；有的井灌区已严重超采地下水，形成地下水降落漏斗，本应通过修建节水灌溉工程减少地下水用量，改善和恢复生态平衡，却继续扩大灌溉面积，地下水开采量不但不减少，反而增加等。造成投入大量资金建成的节水灌溉工程不但不能发挥应有的效益，而且挫伤了农民发展节水灌溉的积极性或带来负面的社会效应。目前，可供选择的节水灌溉工程技术模式有很多种，但都有一定的适用范围，如在自流灌区，宜发展渠道防渗技术和田间节水地面灌溉技术；在提水灌区，宜发展渠道防渗和喷灌、微灌技术；在井灌区，宜发展低压管道输水和喷灌、微灌技术；在井渠结合灌区，则应注重地表水和地下水的联合运用，适度进行渠道防渗；在大田作物灌溉上，宜发展节水地面灌溉技术，如沟畦改造、平整土地、节水高效灌溉制度等；在经济作物种植区，宜采用喷灌技术和微灌技术。通过节水灌溉规划，做好调查研究，广泛征求农民群众意见，进行充分论证和多方案比较，可以做到在考虑我国国情特点的基础上，因地制宜选择最适合本地区发展的节水灌溉技术模式，避免在发展节水灌溉中产生盲目性。

（4）安排建设计划，提出主要措施和实施步骤。

实施节水灌溉必须首先抓住主要矛盾，突出重点，在国家有限财力支持下，分阶段、分步骤地推进。通过节水灌溉规划可以明确工程建设的布局、发展的重点、分期建设计划以及采取的主要措施与步骤，为合理安排建设计划、提高资金使用效益、按期完成建设任务和实现预定的目标提供保障。如在发展的区域上，节水灌溉发展的重点应为北方地区，特别是华北和西北地区。这一地区有相对丰富的光热资源和土地资源，但水资源严重短缺，发展节水灌溉不仅是解决这一地区的农业可持续发展的根本出路，而且也是缓解北方地区水资源短缺的战略措施。在工程建设内容上，节水灌溉的重点应放在大中型灌区的节水改造上。我国80%以上的大中型灌区建于20世纪50~60年代，大多老化失修、管理粗放、运行效率低下，而这些灌区是我国粮食和其他农产品生产的重要基地，因此对大中型灌区进行节水改造是当前紧迫的任务。在建设的安排上，首先进行骨干工程的节水改造，并注意田间工程的配套与节水改造，骨干工程是发展节水灌溉的基础，田间工程与农民增产增收息息相关，必须统筹兼顾、协调发展。在建设资金的筹措上，要发挥和利用中央、省、地、县和社会力量的积极性及投资渠道，整合各方面的资金，并从政策许可上动员农民投资投劳、参与工程建设和管理，促进节水灌溉建设的健康有序发展。

（5）促进灌溉改革与管理，创新管理体制和运行机制。

我国节水法规制度建设相对滞后，尤其是灌溉水的市场机制不健全，农用水价偏低，不利于节水灌溉工作的开展。在推行节水灌溉中，管理是最重要的环节，也是目前最不为人们重视的环节，重建设、轻管理仍是长期以来没有解决的一个重大问题。如节水灌溉投资渠道和规模还不稳定，尚未建立起稳定增长的投入机制；节水灌溉工程建设主体缺位，新机制亟待进一步探索和完善；灌溉与抗旱应急管理机制还不健全；水价改革还不到位，水价形成机制与水资源紧缺状况还不相适应，经济调控作用难以有效发挥；与此同时，基层灌溉管理比较薄弱，经费缺乏保障，专业人才匮乏，发展后劲不足。节水灌溉，就是要改变千百年来人们的农业用水习惯，改粗放灌溉为精细灌溉、改不重视降水的利用为充分利用降水。按作物的最佳需水要求，在高效利用降水的前提下，适时适量地进行科学灌溉，用较少的水取得较高的产出效益。它是解放和发展农业生产力的重要措施，是节约农业用水，缓解我国水资源不足的有效途径，是转变农业增长方式，使传统农业向高产、优质、高效农业转变的重大战略举措，也是对传统农业用水方式的一场革命。管理与改革以及创新管理体制和运行机制是节水灌溉规划的一个主要内容，通过节水灌溉规划，可以深化水利改革与管理，建立合理的投入机制，调动农民发展节水灌溉的积极性；明晰工程设施所有权，落实管护责任，保证节水灌溉工程效益的长期发挥；完善水价形成机制，运用经济杠杆作用促进节水灌溉发展；建立社会化服务体系，加强技术指导和培训，提高农民应用节水技术的能力；促进制约节水灌溉的体制和机制问题的解决，使节水灌溉更好更快发展。

（6）推进民生水利发展，保障和改善民生。

节水灌溉直接为"三农"服务，面对广大农民群众，是民生水利的主要内容之一。大力发展民生水利，使水利发展与改革成果惠及更多群众，是水利工作的出发点和落脚点，也是节水灌溉发展的重中之重。通过节水灌溉规划，可以加快实施大中型灌区续建配套与节水改造力度，加快推进以小型农田水利为重点的农田水利基本建设，着力推进粮食主产区等重点地区田间基础设施建设，积极推进以节水灌溉饲草料地建设为主的牧区水利建设，加大对粮食主产区、中西部地区、革命老区、贫困地区和民族地区的水利支持力度，促进旱涝保收高标准农田建设，因地制宜兴建中小型水利设施，支持山丘区小水窖、小水池、小塘坝、小泵站、小水渠等"五小水利"工程建设，全面推广渠道防渗、管道输水、喷灌与微灌等技术，并与地膜覆盖、深松深耕、保护性耕作等节水农业技术紧密结合，促进水利基本公共服务均等化，推进民生水利实现跨越式发展，努力形成保障民生、服务民生、改善民生的水利发展格局。

第四节　节水灌溉规划现状与展望

一、节水灌溉规划现状

20世纪80年代以来，随着我国工业化和城市化发展进程加快，城镇生活和工业用水快速增长，全国有近半数的大中城市缺水，工农业争水、城乡争水矛盾日益突出，水资源供需矛盾开始显现，同时经济发达地区传统农业向现代农业转变的进程加快，对灌溉提出了新的、更高的要求，节水灌溉逐渐引起重视。进入20世纪90年代，党的十四届五中全会和十五届三中全会相继提出"大力普及节水灌溉技术"和"大力发展节水农业，把推广节水灌溉作为一项革命性措施来抓，大幅度提高水的利用率，努力扩大农田有效灌溉面积"，极大地促进了节水灌溉事业的发展。为了宏观指导我国节水灌溉发展，避免在发展过程中的随意性和盲目性，提高节水灌溉工程的投资效益，以水利部为主的各有关部门积极开展了与节水灌溉有关的专业规划编制工作。相继编制了《全国节水灌溉规划》、《节水灌溉与旱作农业规划》、《全国节水灌溉"十一五"规划》、《大型灌区续建配套与节水改造规划》、《大型灌区续建配套与节水改造"十一五"规划》、《全国重点中型灌区节水配套改造建设规划》、《全国牧区草原生态保护水资源保障规划》、《全国牧区草原生态保护水资源保障"十一五"规划》、《全国小型农田水利建设规划》、《县级农田水利建设规划》、《雨水集蓄利用（灌溉）规划》等一批全国性或区域性的节水灌溉专业规划和相关规划。

与此同时，为了指导节水灌溉规划编制、提高规划编制水平，以水利部为主的各有关部门相继颁布和制定了相关的技术规范与规程，包括《节水灌溉工程技术规范》（GB/T 50363—2006）、《灌区规划规范》（GB/T 50509—2009）、《灌区改造技术规范》（GB 50599—2010）、《渠道防渗工程技术规范》（SL 18—2004）、《农田低压管道输水灌溉工程技术规范》（GB/T 20203—2006）、《喷灌工程技术规范》（GB/T 50085—2007）、《微灌工程技术规范》（GB/T 50485—2009）、《机井技术规范》（GB/T 50625—2010）、《雨水集蓄利用工程技术规范》（SL 267—2001）等一批技术标准。出版了《节水灌溉工程实用手册》、《最新农田水利规划设计手册》、《喷灌工程设计手册》、《微灌工程设计指南》等一批有关节水灌溉规划、设计的工具书。这些技术标准的颁布执行和工具书的出版，有力地促进和指导了相关节水灌溉规划的编制，规范了节水灌溉工程标准，提高了节水灌溉规划的编制水平。

在规划的应用上，已对规划具有的法律地位有了初步的认识，如在安排大中型灌区续建配套和节水改造项目时，都要求预先进行规划工作，按照规划内容来安排建设计划。在编制《县级农田水利建设规划》时，水利部强调必须通过县级人大或政府的审批，并以此作为选择小农水重点县建设项目的必要条件。

二、节水灌溉规划编制中存在的主要问题

（1）基础工作薄弱，规划所需资料比较陈旧。

当前我国的统计工作还远不适应规划的需要，一些重要资料往往残缺不全或精确性很差。对规划中需要补充进行的地形测量、地质勘查、土壤调查、水质调查等工作，目前许多国家已广泛采用航测、物探、遥感和计算机数据处理等先进手段；对其他有关资料也都能通过信息储存、检索、网络传输等新技术，十分方便地进行收集、整理，而我国则基本上还是传统的手工操作老一套做法。这样不仅影响基础资料的精度，而且资料更新周期很长。节水灌溉规划需要有大量基础资料数据支撑，特别是水土资源资料，但是这些资料数据对县级来说，难以自己测定取得，绝大多数是引用相关部门多年前的成果，与现状有较大差距。用这样的基础资料数据进行规划，对规划的合理性和可行性有较大影响。

（2）水土资源平衡分析与评价是规划的薄弱环节。

区域水土资源的数量、质量及其开发利用如何，直接关系到该区域发展节水灌溉的必要性和可能性。能否正确评价水土资源，是合理开发利用水土资源、因地制宜选择节水灌溉技术方式、确定节水灌溉工程发展规模、使其发挥最大生产效率的基础，也是节水灌溉规划的基础工作。因此，水土资源平衡分析与评价是节水灌溉规划的核心内容，

但由于区域规划的水土资源评价资料缺乏或陈旧，分析方法各异，使得结论可靠性不足。究其原因，除上述依据的资料比较陈旧，与现状有较大差距外，主要是在规划论证中对其重要性重视不够，一些县级规划甚至不进行水土资源的供需平衡计算分析，仅根据主观判断，给出定性结论，使得水土资源评价工作在支撑确定节水灌溉发展规模和选择工程技术模式上尚显乏力。

（3）规划编制组织不完善，规划人员水平尚待提高。

编制节水灌溉规划是一项技术要求较高、综合性较强的系统工作，往往不是某一部门、某一学科的专门人才所能胜任的。目前，许多国家的做法都是由规划决策机构授权某一单位组成由不同学科人员参加的统一规划班子负责进行规划的编制。规划中一些重要问题，如规划目标、评价准则、方案拟订等，都在工作过程中由不同学科人员共同研究并经决策机构认可。这样做，有利于使不同学科人员从不同角度研究问题，也有利于及时地协调各部门的矛盾达成共识。但我国受规划体制及经费影响，规划队伍不稳定，专业规划人员严重缺乏。目前在编制节水灌溉相关规划时，一般只由水利行业的人员单独进行，遇事深入调查了解的少、闭门造车的多，编制出来的规划易产生片面性，往往得不到相关部门的认可。另外，基层从事规划工作的人员，不但综合知识比较缺乏，而且专业技术水平也较低，致使规划编制深度和质量不足，缺乏严肃性和科学性，给政府决策带来很大困难，起不到指导节水灌溉发展的宏观决策作用。

（4）规划方法比较落后，方案比较不足。

编制的县域节水灌溉相关规划，目前大多数是采用传统的经验外延法，由于数据分析处理方法较落后，难以进行多方案比较从中优选。方案比较是规划中的重要内容，只有通过多方案比较优选，才能真正做到资源配置合理、投资节省、效益发挥。这就需要运用以计算机技术为基础的数学分析计算方法，进行数据处理和多层次、多方案的运算。但目前我国计算机在规划中的应用尚处于初期阶段，大量规划人员还不能很好掌握这方面的技术，一些基层规划人员在进行县级规划时，往往不作方案比较，使规划的成果可信度和可行性不足。另外，对于构建多层次数学模型进行规划的方法目前还不够成熟，有待通过试点进行摸索。对于多目标规划中涉及的评价准则、评价技术以及相应的政策研究等，也还需在实践中逐步探索。

（5）规划的权威性不够，在应用中随意性较大。

一些县域部门对编制规划的重要性认识不足，只是把编制规划作为一种应付上级要求、申报项目程序需要的例行工作，而没有把编制规划作为县域发展节水灌溉的重要前期工作。因此，对规划工作不够重视，不愿花大力气认真去编制，不但在编制前期的机构设置、人员组织、经费保障、相关部门配合等方面不够落实，而且编制完成的许多县域节水灌溉相关规划，大多没有经过立法程序，造成规划发布后权威性不足，受行政干预较大。特别是这些规划往往是由水利部门一家编制的，事前没有和农业、国土、财政等部门沟通取得共识，对编制完成的规划其他部门不认可，造成在规划颁布后的实施阶段往往将规划"束之高阁"，各个相关部门各行其政，各做各的安排，难以做到在规划的统领下，整合各种涉水资金，统一安排工程建设项目，起不到规划对发展节水灌溉的指导作用。

（6）规划修订及发布不及时，不能很好地发挥宏观决策作用。

节水灌溉规划是阶段性很强的工作，客观情况一旦有了较大变化，原来的规划就要相应进行修改。根据国外经验，一项较大范围的规划至少每隔 5～10 年必须修改一次，以适应当前经济社会发展的要求。由于基础资料获取手段落后以及修编规划所需资金不足等，我国的规划修订很不及时，往往 10 多年不变，编制规划时所依据的技术和经济条件已发生较大的变化，规划的成果已难以起到指导作用。另外，有相当多的节水灌溉相关专业规划，因各部门难以协调，迟迟达不成共识，规划虽然完成了，但几年下来仍不能批准发布，不但浪费了大量人力和财力，而且失去了对该项工作的指导作用。

三、节水灌溉规划展望

当前我国已进入一个水利发展的新时期，是加强水利重点薄弱环节建设、加快民生水利发展的关键时期，是深化水利改革、加强水利管理的攻坚时期，也是推进传统水利向现代水利、可持续发展水利转变的重要时期。新时期的水利工作既面临难得的历史机遇，也面临严峻的现实挑战。一是经济社会发展对加快水利发展的需求更加迫切，二是人民群众对加快水利发展的期盼更加强烈，三是综合国力对加快水利发展的支撑更加坚实。因此，节水灌溉规划编制要适应新时期对水利发展的要求，准确把握中央的指示精神、满足发展的需求、顺应人民的期盼，充分利用国家财力快速增长、建设能力显著提高的有利条件，科学规划节水灌溉发展目标、投资规模和建设步伐，尽快从根本上扭转节水灌溉建设滞后、灌溉用水管理薄弱的局面。工程建设规划先行，这已是当今人们的共识。要使节水灌溉在我国得到健康有序的发展，必须有相应的规划作支撑。随着我国水资源日益短缺，发展节水灌溉已成为我国的一项基本国策和战略任务，编制和修订节水灌溉相关规划是一项长期的工作和任务。

展望未来，各地都需要编制与经济社会发展相适应的节水灌溉规划，节水灌溉规划将从传统只关注单一农业节水灌溉效益向林业、环保、城建、旅游等方面综合效益协调发展。随着科学技术的进步，规划所需的基础资料、相关数据将更加实时化，更加可靠和准确，编制的规划会更加合理和可行。经过各级相关部门批复的规划，更具有权威性和法律地位，节水灌溉规划将会真正起到宏观指导我国节水灌溉事业发展的重要作用。根据新时期对节水灌溉发展的要求，在进行节水灌溉规划时，须从以下方面进行提高：

（1）节水灌溉规划的原则要更加贴近由传统水利向现代水利、民生水利、可持续发展水利转变的治水方针。一是要根据经济社会发展对节水灌溉的需求，确定节水灌溉发展的任务和重点；二是要根据自然地理条件、水资源特点和存在的问题，确定节水灌溉发展的措施和对策；三是要根据水资源可持续利用的要求，确定节水灌溉发展的目标和方向；四是要根据国家财力状况和市场投资能力，确定节水灌溉建设的规模和步骤；五是要根据解决"三农"问题的要求，安排节水灌溉建设内容和任务。

（2）节水灌溉规划工作的思路要进行适当调整。一是在注重节水灌溉自身发展的同时，更要重视节水灌溉与经济社会的紧密联系，做到水资源、环境与经济社会的协调发展；二是在注重工程项目建设的同时，更要加强管理等非工程措施的应用，达到统筹兼顾、标本兼治的目的；三是在注重水资源合理开发和节约利用的同时，更要重视水资源的保护，实现水资源的可持续利用；四是在注重工程技术、安全问题的同时，更要重视环境、经济、体制等问题，全面提高节水灌溉工程建设和管理水平。

（3）节水灌溉规划要重视解决关键问题。一是要进一步解放思想，积极探索在新时期、新形势下节水灌溉建设的新思路，节水灌溉的目标是提高水的利用效率，实现水资源的可持续利用，保障社会经济的可持续发展，要求编制的规划是有宏观战略眼光的规划；二是节水灌溉规划一定要实事求是、因地制宜，要认真分析本地区实际情况，针对当地存在的灌溉用水问题，提出方案与对策，要求编制的规划都是符合实际情况、切实可行的规划；三是要认真研究产权、水权、水价、水市场等水利经济问题，研究体制、机制、法律、法规问题，以适应市场经济时代要求，使编制的规划都是适应社会主义市场经济时代要求的规划；四是要努力提高节水灌溉规划的科技含量，采用先进的技术手段和方法进行规划工作，使编制的规划都是具有高科技水平的现代化规划。

（4）节水灌溉规划要处理好几个关系。一是要处理好人与自然的关系，二是要处理好整体与局部的关系，三是要处理好上游与下游的关系，四是要处理好主水与客水的关系，五是要处理好灌水与排水的关系，六是要处理好重点与一般的关系，七是要处理好需要与可能的关系，八是要处理好近期与远期的关系，九是要处理好生态建设与经济建设的关系。

第二章 规划的原则与内容

　　节水灌溉规划分为节水灌溉发展规划与节水灌溉工程规划两类。

　　节水灌溉发展规划是以国民经济发展对灌溉农业的要求为主要目标，以资金投入作为主要约束，通过水土资源平衡分析，提出节水灌溉的中长期发展方向和采取的主要措施。水的问题牵涉到社会生活的方方面面，这就使得节水灌溉发展规划需要考虑资源利用、经济发展、环境保护、工农业生产、灌溉发展、节水技术等诸方面的问题。

　　节水灌溉工程规划是在调查灌区自然、社会经济条件和水土资源利用现状的基础上，根据农业生产对灌溉的要求和旱、涝、洪、渍、碱综合治理的原则，进行灌溉工程的总体规划。节水灌溉工程属水利工程的一部分，原则上应遵循水利工程的建设程序，但是，工程规模不同，其规划依据也有一定的区别。节水灌溉工程规划的主要依据有三项：一是工程项目的有关批文、合同；二是有关法律、法规和技术标准；三是工程项目区的基本资料。这三项依据中的第一项可根据工程规模的不同进行适当的简化；对于第二、三项内容，无论何种规模的节水灌溉工程都必须严格执行。当规划选型和确定灌溉形式时，应强调因地制宜的原则，在充分考虑当地自然条件和农村社会经济水平的基础上，经过方案比较选取适宜的节水灌溉工程类型和技术形式，并根据当地的需要和可能、近期发展和远景规划相结合进行合理布局。

第一节 规划原则

　　（1）节水灌溉发展规划与当地经济发展规划、农业发展规划应协调一致，节水灌溉工程规划与节水灌溉发展规划应协调一致。在调查灌区自然、社会经济条件和水土资源利用现状的基础上，根据农业生产对灌溉的要求，生态环境对水资源的需求和旱、涝、洪、渍、碱综合治理的原则进行总体规划。

　　（2）节水灌溉发展规划在重视经济效益的同时要兼顾社会效益和环境效益。节水灌溉的经济效益主要体现在节水、节能、省工、省地、增产、增效等方面；社会效益主要体现在向工业和城市生活让水、节水灌溉工程兼顾向当地乡镇工业和人畜饮水供水等方面；环境效益体现在保护水资源的生态环境，控制地下水位下降，防止超采地下水，减少灌溉定额，防止化肥、农药对地下水的污染等方面。

　　（3）节水灌溉发展规划要坚持量力而行、突出重点的原则。优先发展水资源严重短缺和水资源供需矛盾突出的地区，优先发展灌溉生产潜力大的地区，优先发展投资少而见效快的田间节水工程。

　　（4）节水灌溉规划时对水资源的开发利用，应在符合流域水利规划和保护生态环境原则的基础上，根据当地具体条件分别采用地表水、地下水并用，蓄、引、提相结合，渠、沟、井、塘、库联合运用以及其他合理方式，充分利用当地水资源（包括降水、回归水、微咸水、经过水质处理的污水）提高水的利用率和利用效益。

（5）节水灌溉工程规划时选用的节水灌溉措施应综合考虑灌区内农田、林带、牧草地、水产、工矿企业、居民点等的用水要求，采取的节水工程技术措施应与这些用水可能采取的节水措施相协调。规划的节水灌溉工程应能紧密和节水增产的农艺技术措施（栽培、耕作、覆盖、施肥、选育品种以及施用化学制剂等）相配套。

（6）在节水灌溉工程规划选型和确定灌溉形式时，应强调因地制宜的原则，在充分考虑当地自然条件和农村社会经济水平的基础上，经过方案比较，选取适宜的节水灌溉工程类型和技术形式，并根据当地的需要和可能、近期发展和远景规划相结合进行合理布局，既要注重新技术、新材料、新方法的推广应用，也要注重经济实用技术与方法的应用。切忌不顾条件盲目照搬外地经验、一味追求高标准的做法。

（7）坚持节水灌溉工程建设与管理水平相适应；水利措施、农业措施、管理措施、政策措施相结合；骨干工程与田间工程相配套；实现建设一片，受益一片。

第二节　规划内容

一、节水灌溉发展规划

节水灌溉发展规划的内容可概括为制订工作计划、收集资料、节水灌溉现状及典型实例调查、水土资源平衡分析、节水灌溉分区、拟定分区发展方向和发展模式、发展规划成果验收鉴定等7个步骤。

（一）制订工作计划

编制工作计划是规划工作启动阶段的工作内容之一，工作计划应该包含以下内容：

（1）主要工作任务，包括：①收集资料；②规划基本单元情况调查；③节水灌溉典型实例调查；④计算分析；⑤编写报告；⑥报告刊印；⑦成果鉴定。

（2）工作安排，包括：①收集资料。到有关部门收集相关区域农业、国民经济现状及发展资料。②调查。调查节水灌溉典型经验，同时收集规划区的节水灌溉规划资料。③资料分析整理。分析整理资料，确定计算参数。④编制规划。计算机分析计算，制定近期、中期、长期规划。⑤编制报告。拟定初稿、汇报、修改、定稿的完成月份及鉴定时间。

（3）人员与资金，包括工作人员的组成情况和资金预算。

（4）拟定节水灌溉发展规划，编写报告提纲。报告提纲要概括主要工作成果，以指导工作的开展和工作分工。一般包括：①规划基本资料，即自然条件和社会经济条件的介绍分析；②灌溉和节水工程现状，即介绍水利工程特点和节水灌溉的主要经验及存在的问题；③规划数据资料分析整理，即取用资料、预测补充资料、典型调查资料分析整理，确定计算参数；④编制规划，即选定计算方法，制定规划方针政策，拟订规划方案，计算机分析计算；⑤效益分析、方案决策对策，即节水效益的综合分析和对方案的决策计算，以及方案的评述和实施对策。

（二）收集资料

收集资料是规划工作中的重要步骤，工作中要注意收集取用资料数据的准确性和有效性，尽量取用有关年鉴和有关规划中的数据。

（1）有关国民经济情况的资料，包括规划单元各地耕地、人口、国民经济产值的现状及预测，粮食、蔬菜、水果的需求情况及预测。

（2）有关农业生产情况的资料，包括规划单元各地的作物构成及单产和粮食生产现状及预测。

（3）水文及气象资料，包括规划单元各地的降水、蒸发和气温资料。

（三）节水灌溉现状及典型实例调查

1. 节水灌溉现状

（1）节水工程现状，即现有渠道防渗面积和达标面积，喷、微灌面积，水稻田间节水达标面积，旱作灌溉田间节水达标面积，低压管道输水达标面积等。

（2）水利建设资金投入能力，即近年农田水利建设资金投入能力、节水灌溉资金投入能力、利用外资情况。

（3）水利工程现状，即蓄水灌溉工程、引水灌溉工程、提水灌溉工程、井灌工程的规模和使用状况。

（4）水资源及利用现状，即可开发水资源量、供水能力、地下水超采状况、回归水利用状况等。

（5）灌溉用水现状，即不同地区、不同灌区规模的用水状况、渠系水利用系数资料。

2. 节水灌溉典型实例调查

调查不同节水灌溉工程的特点、工程投资、工程效益和工程管理经验，主要包括灌区工程配套情况，节水灌溉工程的修建时间、运行状况、主要经验和存在问题，灌溉管理组织系统，调配水运行情况，用水情况，用水量、水费计算、水费收缴等情况。

（四）水土资源平衡分析

一个地区水土资源的数量和质量、开发利用的现状和潜力都直接影响到该区农业生产的发展，因此必须对收集到的有关水土资源的资料进行综合平衡分析。那些耕地资源丰富而水资源相对贫乏的地区，即发展节水灌溉的重点地区。根据农业生产发展的要求、水土资源分布的特点，通过分析研究可以正确地选择适宜的节水灌溉方式。气候是影响节水灌溉发展的一个主要自然因素，应对气候资料作深入的分析研究，在干旱地区没有灌溉就没有农业，灌溉是发展农业生产的主要手段，节水灌溉尤为重要。在旱灾频繁的地区，要研究旱灾的成因和发生规律，如旱灾常与作物的生长同步，则发展节水灌溉是缓解旱灾的一条有效途径。节水灌溉的最终目的是达到农作物增产增收，为此，需要将工程节水措施、农业节水措施和管理节水措施进行优化配套，发挥综合的节水增产效益。这就需要对影响当地农业生产发展的诸因素进行分析研究，为选择适宜的节水增产措施提供可靠的依据。

（五）节水灌溉分区

节水灌溉发展规划的分区必须根据调查收集的资料和研究分析的成果，参考有关的区划和规划，以及长期生产实践中所形成的区划概念来进行。在分区前首先要根据节水灌溉发展规划的特点和要求，研究确定分区的指标体系。这个指标体系应有明确的概念或量化标准，而且所需的数据可通过调查、测定或计算等手段方便地取得。分区的方法要遵循"区别差异性、归纳相似性"的原则，即将分区指标相同或相似的地区纳入同一个区，各区之间应在某些指标或某个指标上有显著的差别。当前可供选择的分区方法有多种，常用的有经验定性法、共区优选法、逐步判别分析法和模糊聚类法。在确定分区的过程中应参考有关的区划成果，特别是农业、水利区划的成果，并根据行政区域调整最后的分区界线，绘制节水灌溉区划分区图。

1. 分区的原则和依据

对于自然条件、经济条件以及农业技术措施等方面都存在着明显差异的地区，为了揭示节水灌溉发展的区间差异性和区内一致性，必须科学地划分出不同的节水灌溉区，并阐明分区特点和发展优势，提出各区发展方向，以此作为发展宏观决策、分类指导和制定节水灌溉发展规划的科学依据。因此，节水灌溉区划必须建立在符合客观规律与现实条件的基础上，按照"归纳相似性、区别差异性、照顾行政区界"的原则进行分区。一般应考虑以下几点：

（1）自然要素的一致性，即气候、地形、地貌、土壤等自然地理条件要具有一定的相似性，水资源的开发利用条件也应基本相似。

（2）节水灌溉发展方向和目标的一致性，即在同一区域内，主要灌溉作物对象及节水灌溉措施要基本一致。

（3）行政区划的完整性，即适当照顾现有行政区划，尽可能保持分区的区界与行政区界相一致。

（4）相对的独立性，即要反映节水灌溉区划的特点。节水灌溉区划虽然是农业水利区划的一个组成部分，在总体上应服从农业水利区划，但节水灌溉又与其他水利措施有显著不同的特点，保持其相对独立性有利于指导节水灌溉的发展。

2. 分区的指标体系

分区指标的设置必须满足全面性、概括性、易于取得的要求，考虑到节水灌溉的特点，采用地貌形态、气候特征、缺水程度、灌区类型及节水灌溉措施等 5 项指标组成节水灌溉分区的指标体系。

1）地貌形态

地貌是区分农业生产类型的重要因素。地势的起伏不仅直接影响光、热、水的再分配，也影响农、林、牧用地的分布和灌排系统的布局以及灌溉的难易程度，在一定程度上决定着农业的生产方式、结构特点和发展方向。如地势起伏越小，越有利于集中连片种植，越易于修建大型的灌溉工程，适宜发展渠道防渗、低压管道输水等节水灌溉技术。而在丘陵岗地，由于地势高低起伏大，耕地不易集中连片，发展灌溉就比较困难，适宜发展喷灌或微灌技术等。

2）气候特征

气候对农业生产影响极大，直接决定农作物对灌溉的需求。在诸多气候因素中，与灌溉关系最大的是降水和蒸发。降水不但直接供给作物需水，而且提供了发展灌溉的水源。因此，降水充沛且与作物生理需水同步的地方对灌溉需求就不迫切；反之，即发展节水灌溉的重点地区。蒸发量的大小也直接影响到农作物对灌溉的要求，蒸发量大的地方，作物耗水量大，易发生干旱，要获得高产稳产必须发展灌溉；在那些降水量小而蒸发量又大的地区，节水灌溉则是发展农业生产的重要手段。由此可见，应采用能反映气候干湿程度的指标来作为节水灌溉区划分区的重要指标之一。目前，气候干湿划分的指标多采用干燥度，它是一定时段内可能蒸发量与平均降水量的比值。

3）缺水程度

缺水程度是直接反映某地区灌溉水资源量丰缺程度的指标，是影响选择节水灌溉措施最主要的因素。灌溉水资源紧缺，该地区发展灌溉的难度必然大。要扩大灌溉面积，保持农作物稳产高产，需要采用高效的节水灌溉措施；相反，灌溉水资源很丰沛，发展节水灌溉就不会很迫切，即使发展也会选择那些投入少的节水灌溉措施。缺水程度可用耕地面积上的可用灌溉水量与综合作物需水量的比值来表示。

4）灌区类型

我国目前的灌区一般可分为蓄水灌区、引水灌区、提水灌区和井灌区，不同灌区类型发展节水灌溉的形式亦有所不同。如在蓄水、引水灌区一般采用渠道输水，由于灌区面积较大，减少渠道输水损失是节水灌溉的重点，因此宜选择渠道防渗作为主要的节水灌溉措施。提水灌区和井灌区都是依靠动力来提水的，节水即节能，应选择比较高效的节水灌溉措施，如渠道防渗或管道输水，田间再发展喷灌或微灌等。因此，灌区类型亦是分区的重要指标。

5）节水灌溉措施

当前可供选择的节水灌溉措施主要有渠道防渗、低压管道输水、喷灌、微灌、水稻节水灌溉和田间节水灌溉等。

3. 分区命名及描述

全国一级区的划分应与全国农业水利区划一致，二级区则根据节水灌溉的特点来划分，分区命名反映地理位置、地貌形态、气候特征、缺水程度等四方面。二级区可以跨流域、跨省界，如豫皖山丘半湿润微缺水区。二级区以下为三级区，三级区不跨省界，但要适当保持县界和同一灌区的完整性，分区命名由地理位置、地貌形态、气候特征、缺水程度、灌区类型五个方面组成。分区命名中的灌区类型以占50%以上灌溉面积的灌区类型命名，如该区中同时存在两种以上的灌区类型，且每种类型的面积均不超过全区灌溉面积的50%，则以占比例最大和次大的两种灌区类型来命名，如胶东丘陵湿润极缺水引水提水灌区。对于县级节水灌溉区划分区命名，因范围较小，气候特征基本变化不大，命名中可不反映，但应增加节水灌溉措施，即由地理位置、地貌形态、缺水程度、灌区类型、节水灌溉措施等五个因素组成，如古固寨沙岗地缺水井灌喷灌区。县级节水灌溉分区还应保持村界的完整。

对每个分区都应进行详细描述，分区描述应包括以下几部分：

（1）本区所在范围，包括所属的行政单元、土地面积、耕地面积、灌溉面积、人口及劳动力情况。

（2）自然条件，包括气候、灾害情况、土壤、作物、水资源开发利用情况、缺水程度等。

（3）灌溉发展情况，包括灌溉设施、灌溉面积占耕地面积比例、灌溉水利用率、节水灌溉面积占灌溉面积的比例、发展灌溉面临的主要问题等。

（4）节水灌溉发展模式，包括本区节水灌溉发展的重点以及选择适宜的节水灌溉技术措施。

4. 分区图表

分区的最终成果应用区划系统表和区划分区图来表示。

1）节水灌溉区划系统表

对于全国性的区划，在节水灌溉区划系统表中应反映出各级区之间的关系，即一级区中包含哪几个二级区，二级区包含哪几个三级区。对于县级节水灌溉区划，应反映每个区包括的范围，即乡、村名称。

2）节水灌溉区划分区图

根据分区的结果将各区的界线描绘到图上，并在每个区中标出区名。一般要求描绘分区图的底图上已绘有地形、水系、交通线、居民点、行政境界线等，也可使用已正式出版的行政区划图来做底图。对于县级区划图的比例尺，一般可采用 1∶50 000、1∶25 000 或 1∶100 000 三种。这三种比例尺的量算和缩放都比较方便。在图上的分区编号通常用罗马数字表示，编号顺序为从左到右、从上到下。为了反映区划中较大或较重要的节水灌溉工程，亦可增绘节水灌溉工程定位图，在图中用相应符号标出这些工程所在的位置，反映其规模大小及类型。

5. 节水灌溉发展规划的分区方法

当前，发展规划分区的方法很多，这里只重点介绍已在与节水灌溉区划相类似的区划分区中应用过，而且比较成熟及简便的几种分区方法。这些方法是经验法、指标法、类型法、重叠法和聚类法等。

1）经验法

对于任何一个区域来说，其内部的地形地貌特征、气候特点、水资源分布状况等都是客观存在的，都是物质实体的区域表现。节水灌溉发展规划所研究的农业地域综合体，不仅是客观存在的实体，而且是在长期的历史演变过程中发展形成的，有着传统的习惯和历史特点，因此划分节水灌溉区不能割断历史。农业结构是在长期的生产实践中形成的，作物布局是在自然的选择中决定的，灌区的类型及其范围是根据自然规律条件和农业生产发展需要逐渐形成的，分区时要借鉴历史的经验，对历史形成的各种农业区进行客观分析，从中找出规律性的东西作为分区的依据。另外，划分节水灌溉区又不能受传统习惯的限制，要根据农业资源调查获得的大量资料、数据，运用已有的知识、技术和经验，通过对比分析来划分节水灌溉区。

简而言之，这种方法不需计算手段，要在占有足够资料的基础上，凭借区划技术人员的经验，寻找分区地域内各单元的特点，归纳相似性、区分差异性，将主要特征相似的单元归入同一个区内，使不同区的主要特征有明显差异。划区步骤如下：

首先，选择一张有足够精度，绘有地形、水系、交通线、居民点、行政境界线等要素的地图作为划区用底图。行政境界线对于省级区划应精确到县，地（市）级区划应精确到乡，县级区划应精确到村。

其次，如果拟分区的区域过去已做过水利区划、综合农业区划、气候区划等专业区划，则可将这些区划分区图进行对照研究，并考虑地形和现有灌区的范围，在底图上勾绘出气候、地形、水利条件大致相同的区界。如果拟分区的区域过去没有做过任何区划工作，则可在底图上依据地形、现有灌区范围、行政区界大致勾绘分区区界，再根据水资源等资料对区界作调整。

最后，检查分区的区界有无分割最小行政单元的现象，如有应作进一步调整。

采用经验法分区，最适宜在过去已做过专业区划特别是水利区划的地区。节水灌溉区划是水利区划的一个组成部分，是水利区划中的一种更细分的专业区划，因此在大的方面应遵循水利区划的分区原则。只要在已有的水利区划图上参考有关的专业区划，并考虑节水灌溉的特点，适当进行调整，则可得出比较满意的分区结果。

2）指标法

指标法是通过对与节水灌溉有关的自然条件、社会经济条件、生产特征、生态结构和技术条件等资料的分析计算，确定出能反映节水灌溉区域特征的主要指标进行分区的方法。自然条件指标主要以干燥度和地形地貌表示，生产特征主要以缺水程度表示，技术条件以灌区类型、节水灌溉技术措施表示，社会经济条件指标主要以人均占有耕地面积、每劳力占有耕地面积、役畜负担耕地面积、机械化程度和有效灌溉面积等表示，农、林、牧、副、渔业结构的指标主要以用地结构、产值结构来表示，生产水平指标主要以单位面积产量、农业人口人均占有粮食量、单位耕地纯收入、商品率等表示。

指标是划区原则的具体化。节水灌溉规划分区的指标要尽量采用对形成地域差异起主导作用的指标和反映内容较多的综合指标，如地形地貌、气候特征、缺水程度、灌区类型和节水灌溉技术措施等指标。由于省、地（市）、县各自的地域差异特点不同，不同级的发展规划分区指标侧重点也应有区别。省级指标宜少些、内容宜粗些，县级指标宜多些、内容宜细些。为使分区符合客观实际，必须使各项指标概念明确、计量准确。同时，要在综合分析、全面考察的基础上运用各项指标划定区界。

3）类型法

在每个农业地域综合体内，客观上存在着各具特点的不同类型的农业区。对与节水灌溉密切相关的类型特征相似的区，分别划类归纳，进行组合，划出不同规模的类型区。划类的方法是：首先将农业生产的自然、经济和技术条件分类，如按气候、地形地貌、水资源、灌溉措施、作物等进行分类；然后将复杂众多的分类，按其相似特征分为几个大类型，如极缺水型、缺水型、丰水型，甚至各相关特征结合的类型，如丘陵缺水型、平原缺水型等；最后将归纳出的各大类定位划线，落实到具体区位，以与节水灌溉密切相关的类型区位重叠组合状况为依据划区。

划类型区首先要找准能代表一定类型的基本特征，以基本特征为主线归类。归类时要求大同、存小异，适当归并，组成若干节水灌溉区。若抓不住反映类型区的基本特征，就难以分区，或所划的区支离破碎，对生产就没有指导意义。

4）重叠法

重叠法又称套图法。首先根据调查和收集到的有关自然条件、生产特征、技术条件资料，编制与节水灌溉有关的各种区划图，如地形地貌区划图、气候区划图、水利区划图以及灌区分布范围图、水资源分布图、作物需水量等值线图等。进行节水灌溉分区时，将这些图重叠在一起，根据重叠的情况确定共同的区界。全部重叠或基本重叠的界线，即节水灌溉区划分区的界线。在采用重叠法分区时，重要的是选好基础图，即把对节水灌溉起最主要影响作用的因素图作为分区的基础，这个因素可选择气候或缺水程度。在基础图上再重叠其他相关的因素图，可以比较准确地找出节水灌溉区划的区界。在确定最后的分区界线时，还应照顾现有的行政区界，作必要的调整。

5）聚类法

聚类法是对某一研究对象进行客观的定量分类，是根据样品具有的自然属性和社会属性，用数学的方法定量地确定样品间的亲疏关系，即样品属性的相似性和差异性，把相似性较大的样品聚成一类。每一小类之间的属性差异最小，而各大类之间则有明显的差异。此法的特点是无须事先知道分类对象有多少类，只是通过一定的数理统计方法，最后客观地形成一个分类系统。

（六）拟定分区发展方向和发展模式

分区确定后，应根据资料收集和分析研究的成果对各分区阻碍农业生产发展的主要问题进行论述，找出解决的途径以及今后发展的方向。针对存在的问题，根据农业生产发展的要求、水土资源利用现状和潜力、当地经济的承受能力、管理技术水平、各种节水灌溉技术措施的投入产出特点等，选择适宜本地区发展的节水灌溉模式。一般来讲，对于经济实力强、灌溉水源特缺的地区宜选择喷灌或微灌，如经济实力弱则可考虑采用简易的田间节水灌溉技术或节水灌溉制度。灌溉经济作物、果树、蔬菜等产值高的作物可考虑采用喷灌或微灌，灌溉大田作物宜选择渠道防渗或低压管道输水灌溉，渠灌区宜发展渠道防渗。高扬程灌区节水即节能，宜选择喷灌或微灌。由于各种节水灌溉技术措施都有其最佳的适用范围，因此在选择时必须因地制宜，进行多方案比较，切忌主观盲目、不按经济规律办事、不考虑当地条件或一味追求高新技术、追求降低投资等做法。

（七）发展规划成果验收鉴定

节水灌溉发展规划是指导某个地区发展节水灌溉宏观决策的重要文件，因此必须取得政府主管部门的认定。为了保证发展规划成果的质量，可采取逐级评议审定验收的办法。发展规划成果完成后，应由主管业务机构报请主管领导部门组织各专业有关机构的专家评议，根据评议意见由主管业务机构修订审定，然后报上级主管业务机构审查，合格后即可邀请有关专家进行验收鉴定，写出验收鉴定意见。

在验收节水灌溉发展规划成果时，应掌握标准：①要基本查清所在区域的农业资源并作出切合实际的评价；②要对区内的地域差异进行比较透彻的研究分析，准确地划分出不同类型的节水灌溉区；③能提出符合实际的合理保护和利用水土资源、调整农业结构和布局、发挥节水增产效益的建议；④能对当前农业节水增产的关键措施及今后发展途径提出切实可行的方案。

二、节水灌溉工程规划

节水灌溉工程规划内容包括：勘测收集基本资料、工程项目可行性分析、水量平衡和灌溉用水量分析、水源工程规划、节水灌溉工程类型选择、工程规划布置和总体布局、投资概算和效益分析、工程实施方案和项目管理机构以及规划成果等9个方面。

（一）勘测收集基本资料

通过勘测、调查和试验等手段，收集灌区自然条件、社会经济条件、已有灌溉试验资料、现有工程设施，以及有关灌溉区划、农业区划、水利规划等基本资料，作为工程规划的依据。对收集到的资料和试验成果应进行必要的核实与分析，做到选用数据切实可靠。

（二）工程项目可行性分析

根据灌区基本资料，对发展节水灌溉工程在技术上的可行性和经济上的合理性作出论证，重要的工程应作出定量分析及不同灌溉方式的比较。在进行可行性分析时，应把水源可靠，能源有保证，材料、资金落实，有质量较好的设备，以及能获得明显的经济效益作为发展节水灌溉必备的基本条件。

（三）水量平衡和灌溉用水量分析

根据节水灌溉工程和其他用水单位的需水要求及水源供水能力，进行水量平衡计算和分析，确定节水灌溉工程的规模。在进行水量平衡计算时，必须首先考虑生态用水，在灌区水源兼顾工业、城市生活用水的情况下，应先保证工业和城市生活用水。因此，要根据水源情况，遵循保证重点、照顾一般的原则，统筹兼顾、合理安排。灌溉用水量是指为满足作物正常生长需要，由水源向灌区提供的水量。在进行灌溉用水量分析时，要综合考虑节水灌溉工程面积、作物种植情况、土壤、水文地质和气象条件等因素。

（四）水源工程规划

1. 选择取水方式及取水位置

节水灌溉工程的取水方式有自河道取水的无坝引水、有坝引水、提水取水和水库取水，利用当地地面径流的塘坝和小水库，打井提取地下水，以及截取地下潜流等类型，需根据水源类型及地形、地质等具体条件选择。

2. 选择蓄水工程的类型、数量与位置

蓄水工程有小水库、塘坝、蓄水池和大口井等类型，其形式、数量与位置应综合考虑水源类型、地块分布、地形地貌、地质条件，以及施工、管理等因素合理规划，做到既经济又安全可靠。

3. 蓄水工程容积的确定

根据设计标准满足灌溉用水要求，并尽量节省工程量的原则，通过来水和用水的水量平衡计算，确定蓄水工程容积。

（五）节水灌溉工程类型选择

根据灌区自然和社会经济条件，因地制宜地选择节水灌溉工程类型，并常需对可能选择的几种类型从技术和经济上加以分析比较，择优选定。

（六）工程规划布置和总体布局

在综合分析水源位置、地块形状、耕作方向、地形、地质、气象，以及现有排水、道路、林带和供电系统等因素的基础上，作出节水灌溉工程规划布置，绘出规划布置图，以求有利于工程达到安全可靠、投资较低和方便运行管理的目的。为了寻求最优的

布置方案，常需进行多方案的比较。

（七）投资概算和效益分析

对主要材料和设备的用量、投资造价以及工程运行费用作出估算，面上的工程和设备可以典型地块的计算结果为指标，扩大概算出全灌区的数值。对工程建成后的增产、增收效益及主要经济指标作出分析计算。

（八）工程实施方案和项目管理机构

根据灌区的工程规模、选用的节水灌溉技术、工程投资筹集等情况进行综合研究，制订工程的实施方案。实施方案包括资金筹措计划、项目总体实施计划和分期实施计划。为确保工程项目能按计划实施，必须成立相应的项目管理机构，包括项目建设期的组织领导、技术和质量保障机构、能源和材料设备供应机构、生活保障机构等；项目建成后的组织管理机构、人员编制、管理设施、量水设施、试验观测设施、通信调度设施以及水费管理制度等。

（九）规划成果

1. 工程规划书

（1）灌区基本情况：简要阐明灌区的自然条件、生产条件和社会经济条件。

（2）节水灌溉可行性分析：根据自然、生产和社会经济条件从技术和经济两方面对节水灌溉的必要性和可能性作出论证，必要时对不同灌溉方式作出方案比较。

（3）节水灌溉工程类型的选择：从技术和经济上论证所选工程的合理性，必要时对可供选择的几种工程类型作出方案比较。

（4）水源分析及水源工程规划：阐明设计标准的选定、水源来水量和节水灌溉用水量的计算方法与成果，以及水源工程的规划方案。

（5）节水灌溉工程的规划布置：阐明规划布置的原则，对骨干管（渠）道的位置、走向以及枢纽工程的布置作出必要的说明。

（6）投资概算及效益分析：列出工程投资概算的方法和成果，以及对工程建成后可能获得的效益的分析预计结果。

2. 规划布置图

在地形图上绘出灌区的边界线，压力分区线，水源工程、泵站等主要建筑物和骨干管（渠）道的初步布置。为使图幅大小适用，所用地形图比例尺：灌区面积333 hm² 以下者宜为1:5 000～1:2 000，333 hm² 以上者为1:10 000～1:5 000。

3. 主要材料设备和工程概算书

列出各种设备和建筑材料的规格型号及用量清单，对主要材料和设备的用量、投资造价以及工程运行费用作出估算，面上的工程和设备可以典型地块的计算结果为指标，扩大概算出全灌区的数值。工程概算书包括编制依据和投资估算两部分。编制依据内容包括定额及取费标准，基础单价（人工工资、材料预算价格、其他直接费、计划利润、税金），金属结构、机电设备及安装工程费用，临时工程费用，预备费，其他费用等。投资估算包括总投资、骨干工程投资、田间配套工程投资，分年度投资表、骨干工程分年度投资表、田间配套工程分年度投资表。

第三章　区域水资源评价和可供水量分析

第一节　水资源量分析

一、降水量

大气降水是陆地上各种形态水资源总的补给来源，降水量的多少反映了水资源的丰枯情况，其计算主要根据实测降水资料统计分析，确定降水量的多年平均值、变差系数、偏态系数等特征值。特征值的分析计算方法一般有矩法、三点法及图解适线法等。根据各种年份降水量的模比系数，即可得到不同频率水文年份的年降水量及各月降水分配过程。有效降水量与降水量、雨强、降水历时、地形、土质、前期土壤含水量、作物种类及生育阶段、农业耕作技术等有关，一般根据水量平衡法推求有效降水利用量。

（一）矩法

具有连续且足够长度（一般要求在 30 年以上）的降水观测资料时，降水量的各种统计参数计算公式如下：

$$\overline{P} = \frac{1}{n} \sum_{i=1}^{n} P_i \tag{3-1}$$

$$C_v = \sqrt{\frac{\sum_{i=1}^{n} \left(\dfrac{P_i}{\overline{P}} - 1 \right)^2}{n - 1}} \tag{3-2}$$

$$C_s = \frac{\sum_{i=1}^{n} (K_i - 1)^3}{(n - 3) C_v^{\,3}} \tag{3-3}$$

$$K_i = \frac{P_i}{\overline{P}} \tag{3-4}$$

式中　$\overline{P}$——多年平均降水量，mm；

$\quad\;\; P_i$——第 i 年降水量，mm；

$\quad\;\; C_v$——变差系数；

$\quad\;\; C_s$——偏态系数；

$\quad\;\; K_i$——第 i 年的降水模比系数；

$\quad\;\; n$——样本数量。

（二）三点法

在频率格纸上通过实际观测点群中心目估确定并绘出一条光滑的经验频率曲线，从其上读取对称的三点，频率为 p_1、p_2、p_3，相应的降水量为 P_{p1}、P_{p2}、P_{p3}，再利用下列公式计算得到该理论频率曲线参数。

$$S = \frac{P_{p1} + P_{p3} - 2P_{p2}}{P_{p1} - P_{p3}} \qquad (3\text{-}5)$$

$$\sigma = \frac{P_{p1} - P_{p3}}{\Phi_{p1} - \Phi_{p3}} \qquad (3\text{-}6)$$

$$\overline{P} = P_{p2} - \sigma \cdot \Phi_{p2} \qquad (3\text{-}7)$$

式中 S——偏度系数，$S = f(p, C_s)$；

Φ_{p1}、Φ_{p2}、Φ_{p3}——对应频率 p_1、p_2、p_3 的离均系数。

C_s 值可以通过查表得到，p_2 一般取 50%，p_1 与 p_3 为对应丰、枯水年的频率。

（三）图解适线法

图解适线法需要先计算经验频率，点绘出年降水量的经验频率曲线，再用矩法或三点法求出 $\overline{P}$、C_v 为初始参数，假定不同的 C_s 值，通过查皮尔逊Ⅲ型曲线的模比系数 K_p 值表，得到不同的理论频率曲线，与经验频率曲线整体最接近的曲线对应的 $\overline{P}$、C_v、C_s 就是所求统计参数。经验频率计算公式为

$$p = \frac{i}{n+1} \times 100\% \qquad (3\text{-}8)$$

式中 p——经验频率（%）；

n——年降水量资料长度，年；

i——年降水量从大到小排序号，$i = 1, 2, \cdots, n$。

根据式（3-8）的计算结果，不同频率年逐月降水量计算公式为

$$P_p = K_p \cdot \overline{P} \qquad (3\text{-}9)$$

式中 P_p——频率为 p 的年或月降水量，mm；

K_p——频率为 p 的年或月降水模比系数；

$\overline{P}$——多年平均年或月降水量，mm。

（四）有效降水量

降水的有效性与降水强度、降水历时、次降水量、雨前土壤含水量、地形地貌、土壤质地与结构、作物种类与生长阶段、农技措施等多种因素有关，各项参数的拟定计算比较复杂，实践中可采用系数法确定有效降水量，即

$$P_e = \alpha \cdot P \qquad (3\text{-}10)$$

式中 P_e——有效降水量，mm；

P——降水量，mm；

α——有效降水系数。

α 值可根据试验得到，或近似取值为

$$\alpha = \begin{cases} 0.6 \sim 0.7 & P > 50 \text{ mm} \\ 0.8 \sim 1.0 & 5 \text{ mm} \leqslant P \leqslant 50 \text{ mm} \\ 1.0 \text{ 或 } 0 & P < 5 \text{ mm} \end{cases} \qquad (3\text{-}11)$$

二、地表水资源量

地表水资源量是指由降水形成的河流、湖泊、冰川等地表水体中可以逐年更新的动

态水量，用河川径流量表示。河川径流量的计算方法主要有代表站法、等值线法和年降水径流关系法。地表水的分析一般只针对当地地表水资源进行，而不对过境水资源进行评价。对于过境水的利用，以水行政部门批准的取水计划为依据。

（一）代表站法

该方法是在设计区域内选择一个或几个基本能够控制全区、实测径流资料系列较长并且具有足够精度的代表站，从径流形成条件相似性出发，把代表站的年径流量按面积比或综合修正的方法移用到设计区域范围内，从而推算出设计区域多年平均径流量和不同频率的年径流量。

用代表站法计算年径流量的基本公式为

$$W_{设} = \frac{F_{设}}{F_{代}} W_{代} \tag{3-12}$$

式中　$W_{设}$——设计区域的年径流量，亿 m^3；

　　　$W_{代}$——代表站区域的天然年径流量，亿 m^3；

　　　$F_{设}$——设计区域面积，km^2；

　　　$F_{代}$——代表站区域面积，km^2。

在式（3-12）中，$W_{代}$ 不是代表站实测的河川径流量，而是经还原计算后的天然径流量。天然径流量的确定方法采用分项调查法，计算公式为

$$W_{天然} = W_{实测} + W_{灌溉} + W_{工业} + W_{生活} + W_{库蒸} + W_{库渗} \pm W_{库蓄} \pm W_{引水} \pm W_{分洪} \tag{3-13}$$

式中　$W_{天然}$——还原后的天然径流量，亿 m^3；

　　　$W_{实测}$——水文站实测径流量，亿 m^3；

　　　$W_{灌溉}$——灌溉用水耗损量，亿 m^3；

　　　$W_{工业}$——工业用水耗损量，亿 m^3；

　　　$W_{生活}$——生活用水耗损量，亿 m^3；

　　　$W_{库蒸}$——水库水面蒸发损失量，亿 m^3；

　　　$W_{库渗}$——水库渗漏损失量，亿 m^3；

　　　$W_{库蓄}$——水库蓄水变量，增加为正，减少为负，亿 m^3；

　　　$W_{引水}$——跨流域（或跨区间）引水量，引出为正，引入为负，亿 m^3；

　　　$W_{分洪}$——河道分洪决口水量，分出为正，分入为负，亿 m^3。

各项用水的耗损量是指用水过程中因蒸发消耗和渗漏损失掉而不能回归河流的水量。一般为取水量与入河退（排）水量之差。跨流域引水量根据实测流量资料，引出为正值，引入水量将利用后的回归水量作为负值。

根据式（3-12）计算设计区域逐年径流量，常常要视代表站数及其自然地理条件而采取不同的途径。

（1）当区域内可选取一个代表站且该站基本上能够控制全区面积，上下游产水条件差别不大时，可直接用式（3-12）进行设计区域逐年径流量的计算。

（2）当代表流域不能控制设计区域大部分面积，其上游产水条件有较大差别时，应采用与设计区域产水条件相似的部分代表流域的径流量和面积，如区间径流量与相应

的集水面积，代入式（3-12）计算设计区域逐年径流量。

（3）当区域内可选取两个以上的代表站，且涉及区域内气候及下垫面条件差别较大时，可按地形、地貌、气候等条件，将设计区域划分为两个以上的分区域，每个区域均用式（3-12）计算分区逐年径流量，然后相加得出整个设计区域的年径流量，计算公式为

$$W_{设} = \frac{F_{设1}}{F_{代1}}W_{代1} + \frac{F_{设2}}{F_{代2}}W_{代2} + \cdots + \frac{F_{设n}}{F_{代n}}W_{代n} \tag{3-14}$$

式中　　$F_{设1}$，$F_{设2}$，$\cdots$，$F_{设n}$——各设计分区面积，km^2；

　　　　$F_{代1}$，$F_{代2}$，$\cdots$，$F_{代n}$——各代表站区域面积，km^2；

　　　　$W_{代1}$，$W_{代2}$，$\cdots$，$W_{代n}$——各代表站区域的天然年径流量，亿 m^3；

　　　　n——代表站数。

（4）当区域内可选取两个以上代表站，且涉及区域内气候及下垫面条件差别不大时，仍可将设计区域视为一个区域，不再分区，其年径流量可用下式计算：

$$W_{设} = \frac{F_{设}}{F_{代1} + F_{代2} + \cdots + F_{代n}}(W_{代1} + W_{代2} + \cdots + W_{代n}) \tag{3-15}$$

（5）当设计区域与代表流域的自然地理条件差别过大时，一般不宜用简单的面积比法计算全区年径流量，而在式（3-12）的基础上进行必要的修正。常用做修正因子的是区域平均降水量和多年平均径流深，计算公式如下

$$W_{设} = \frac{\overline{P}_{设}\,F_{设}}{\overline{P}_{代}\,F_{代}}W_{代} \tag{3-16}$$

$$W_{设} = \frac{\overline{R}_{设}\,F_{设}}{\overline{R}_{代}\,F_{代}}W_{代} \tag{3-17}$$

式中　　$\overline{P}_{设}$、$\overline{P}_{代}$——设计区域、代表流域的年平均降水量，mm；

　　　　$\overline{R}_{设}$、$\overline{R}_{代}$——设计区域、代表流域的多年平均年径流深，mm。

（6）当设计区域内缺乏实测降水、年径流量资料时，可直接借用与该设计区域自然地理条件相似的典型流域的年径流资料系列，乘以设计区域与典型流域多年平均径流深的比值，再乘以设计区域面积，得到设计区域的逐年径流量，计算公式为

$$W_{设} = \frac{\overline{R}_{设}}{\overline{R}_{典}}R_{典}\,F_{设} \tag{3-18}$$

式中　　$\overline{R}_{典}$——典型流域多年平均年径流深，mm；

　　　　$R_{典}$——典型流域某年的径流深，mm；

　　　　其余符号意义同前。

式（3-18）中的 $\overline{R}_{设}$ 可用等值线图量算的值。

根据上述方法求得的设计区域的年径流量系列进行频率计算，即可求得设计区域不同频率的年径流量。

（二）等值线法

等值线法是我国用于计算缺乏实测资料地区多年平均及不同频率年径流量的主要方法。下面着重介绍利用该法推求区域多年平均及不同频率年径流量的计算步骤，至于多年平均径流深和年径流变差系数等值线图的绘制及其合理性检验可参阅有关文献。

用等值线法推求多年平均径流量的步骤如下：

（1）在包括设计区域在内的较大面积的多年平均径流深等值线图上，用求积仪量算设计区域范围内相邻两条等值线的面积 F_i，可用求积仪读数 n_i 表示，则涉及区域面积可用求积仪读数 N 来表示，即 $N = \sum_{i=1}^{m} n_i$。

（2）计算相应于 F_i 的平均年径流深 $\overline{R_i}$，其值可取邻近两条等值线的算术平均值。

（3）计算设计区域多年平均年径流深 $\overline{R}$，其计算公式为

$$\overline{R} = (\overline{R_1}n_1 + \overline{R_2}n_2 + \cdots + \overline{R_m}n_m)/N \tag{3-19}$$

（4）计算涉及区域多年平均年径流量，其计算式为

$$\overline{W_\text{设}} = \overline{R}F_\text{设} \times 10^{-5} \tag{3-20}$$

式中　$\overline{W_\text{设}}$——设计区域多年平均年径流量，亿 m^3；

$\overline{R}$——设计区域多年平均年径流深，mm；

$F_\text{设}$——设计区域面积，km^2。

参照求设计区域多年平均年径流量的方法，可求出整个设计区域年径流量变差系数，据此可求出不同频率的年径流量。

（三）年降水径流关系法

年降水径流关系法是在代表流域内，选取具有充足实测年降水和年径流资料的代表站，统计其逐年面平均降水量和年径流深，建立降水量与径流深关系。若设计区域与代表流域的自然地理条件比较接近，则可根据设计区域的实测逐年面平均降水量在降水量与径流深关系图上查得逐年径流深，再乘以设计区域面积即得设计区域逐年年径流量。最后求其算术平均值即设计区域多年平均径流量。

在降水量充沛、植被条件比较好的山区丘陵区，降水量与径流深关系一般比较稳定，容易确定出降水量与径流深关系曲线。但在平原或降水量较小的干旱、半干旱地区，常常遇到降水量与径流深关系点距比较散乱，难以确定出降水量与径流深关系曲线，此时需要根据实际情况设法改善降水量与径流深关系。

（四）河川径流量的年内分配计算

河川径流量的年内分配计算包括正常年径流量的年内分配计算、不同频率年径流量的年内分配计算和缺乏径流资料时河川径流量的年内分配计算。

1. 正常年径流量的年内分配计算

年径流量的年内分配计算主要指年径流量的月分配过程计算。方法是选择代表站，计算其各月径流量的多年平均值，并求出它们与多年平均年径流量的比值，作为相应月份的年内分配的相对值，其分配过程可用柱状图表示。

2. 不同频率年径流量的年内分配计算

不同频率年径流量的年内分配计算采用典型年的年内分配形式，即从代表站实测资料中选取某一年作为典型年，以其年内分配形式作为设计年径流量的年内分配形式。通常选取三种典型年，即丰水年（设计频率 $p = 25\%$）、平水年（设计频率 $p = 50\%$）和枯水年（设计频率 $p = 75\%$），推求相应频率年径流量的年内分配形式。

选择典型年的一般原则是：①典型年的年水量或供水期水量应与设计频率相应时段的水量相近；②选择对水利工程不利的年内分配年份作为典型年。

不同频率年径流量的年内分配计算方法有两种，即以年水量为控制的同倍比缩放法和以供水期水量为控制的同倍比缩放法。

1）年水量控制同倍比缩放法

年水量控制同倍比缩放法的具体计算步骤如下：首先根据逐年年平均流量系列求得 $\overline{Q}$、C_v 和 C_s，并据此查得不同频率的模比系数，计算得到所需频率的年平均流量 Q_p，再从实测资料中选出年平均流量接近 Q_p 的年份，分别进行年、月平均流量缩放计算，其计算公式为

$$Q_i = K_i Q_{im} \tag{3-21}$$

其中

$$K_i = Q_p / \overline{Q_i} \tag{3-22}$$

式中　Q_i——经缩放后的第 i 年各月平均流量，$\mathrm{m^3/s}$；

　　　　K_i——第 i 年的缩放系数；

　　　　Q_{im}——第 i 年的实测各月平均径流量，$\mathrm{m^3/s}$；

　　　　Q_p——设计频率为 p 的年平均流量，$\mathrm{m^3/s}$；

　　　　$\overline{Q_i}$——第 i 年的年平均流量，$\mathrm{m^3/s}$。

选取缩放后的逐年年平均流量与实测值最接近，且经调节计算其调节库容最大的年份为典型年。最后根据典型年缩放后的逐月平均径流量及其总和，求出各月平均流量占全年总量的百分率，即作为该频率年径流的逐月分配过程。

2）供水期水量控制同倍比缩放法

供水期水量控制同倍比缩放法的计算步骤与年水量控制同倍比缩放法类似。一般用年水量控制与供水期水量控制的典型年径流量的年内分配是不一致的。由于供水期水量控制同倍比缩放考虑了直接与工程规模有关的供水期水量，因而在实际工作中应用较多。

3. 缺乏径流资料时河川径流量的年内分配计算

缺乏实测资料时河川径流量的年内分配计算可采用水文比拟法，即选择与设计区域自然地理条件相似的代表流域，将其典型年各月径流量占年径流量的百分比作为设计区域年径流量的年内分配过程。最后用这些百分比乘以设计区域年径流量，即得设计区域年径流量的年内分配。

若代表流域难以选定，则可直接查用当地水文手册、水文图集中典型年径流量的年内分配成果。

三、地下水资源量

地下水是指赋存于地表面以下岩土空隙中的饱和重力水。地下水资源量是指地下水中参与水循环且可以更新的动态水量。

地下水是水循环的重要组成部分，地下水与地表水之间转化关系十分密切，地下水资源量评价应根据当地的实际条件选用不同的评价方法，通常采用水均衡法。地下水受大气降水和地表水体等水源补给，地域之间也有水量互补，其定量特征为入渗补给量，包括降水入渗补给、地表水入渗补给、灌溉渠系渗漏补给等。在平原区，可通过分析计算地下水的补给量和排泄量来求得地下水资源量；在山丘区，由于地下水补给量难以计算，只能以地下水排泄量近似作为地下水资源量。

（一）平原区地下水资源量

平原区地下水资源量评价应分别进行补给量和排泄量评价，根据水均衡原理，计算求得平原区地下水资源量。

平原区补给量包括：降水入渗补给量、山前侧向补给量、地表水体入渗补给量（包括河道渗漏补给量、渠系渗漏补给量、渠灌田间入渗补给量和以地表水为回灌水源的人工回灌补给量），含水层通过相邻含水层的越流作用而得到的补给量等，沙漠区还应包括凝结水补给量，这些补给量之和为总补给量。一般而言，平原区补给量的计算公式为

$$Q_{总补} = P_r + Q_{侧} + Q_{河} + Q_{渠系} + Q_{渠灌} + Q_{越流} + Q_{人工} \tag{3-23}$$

式中　$Q_{总补}$——总补给量，m^3；

　　　P_r——降水入渗补给量，m^3；

　　　$Q_{侧}$——山前侧向补给量，m^3；

　　　$Q_{河}$——河道渗漏补给量，m^3；

　　　$Q_{渠系}$——渠系渗漏补给量，m^3；

　　　$Q_{渠灌}$——渠灌田间入渗补给量，m^3；

　　　$Q_{越流}$——越流补给量，m^3；

　　　$Q_{人工}$——人工回灌补给量，m^3。

式（3-23）中右边各项计算公式如下：

$$P_r = \alpha P F \times 10^3 \tag{3-24}$$

$$Q_{侧} = KIHLt \tag{3-25}$$

$$Q_{河} = Q_{上} - Q_{下} \pm Q_{区} \tag{3-26}$$

$$Q_{渠系} = m Q_{渠首} \tag{3-27}$$

$$Q_{渠灌} = \beta Q_{渠田} \tag{3-28}$$

$$Q_{越流} = K' \frac{h_0}{M'} t F_1' \tag{3-29}$$

$$Q_{人工} = \mu \Delta H F \times 10^6 \tag{3-30}$$

式中　α——降水入渗补给系数；

　　　P——降水量，mm；

　　　F——计算区面积，km^2；

K——计算断面含水层渗透系数，m/d；

I——计算断面的水力坡度；

H——计算断面处含水层厚度，m；

L——计算断面长度，m；

t——时间，d；

$Q_上$、$Q_下$——计算区上游河道、下游河道实测水量，m³；

$Q_区$——计算区间引入河道（取正号）或引出河道（取负号）水量，m³；

m——渠系渗漏补给系数；

$Q_{渠首}$——渠首引水量，m³；

β——渠灌田间入渗补给系数；

$Q_{渠田}$——渠灌进入田间水量，m³；

K'——弱透水层（相对隔水层）的渗透系数，m/d；

M'——弱透水层厚度，m；

h_0——深浅层含水层的压力水头差，m；

F_1'——越流补给区面积，m²；

μ——给水度；

ΔH——人工补给引起的地下水位升幅，m。

平原区排泄量包括潜水蒸发量、河道排泄量、侧向流出量和浅层地下水实际开采量。这些排泄量之和为总排泄量，其计算公式为

$$Q_{总排} = E_g + Q_{河排} + Q_{侧排} + Q_开 \tag{3-31}$$

式中　E_g——潜水蒸发量，m³；

$Q_{河排}$——河道排泄量，m³；

$Q_{侧排}$——侧向流出量，m³；

$Q_开$——浅层地下水实际开采量，m³。

式（3-31）中，$Q_{河排}$计算方法与河道渗漏补给量计算方法相同（见式（3-26）），$Q_{侧排}$可用式（3-25）计算。E_g和$Q_开$计算公式如下

$$E_g = CE_0F \tag{3-32}$$

$$Q_开 = Q_农(1 - \beta_农) + Q_工(1 - \beta_工) \tag{3-33}$$

式中　C——潜水蒸发系数；

E_0——水面蒸发，mm；

$Q_农$、$Q_工$——用于农业灌溉、工业及生活的地下水实际开采量，m³；

$\beta_农$——农业灌溉用水回归地下系数；

$\beta_工$——工业及生活用水回归地下水系数。

在对地下水补给量和排泄量计算的基础上，根据水均衡原理，采用下式对北方平原区进行水均衡分析。

$$Q_{总补} - Q_{总排} \pm \Delta W = X \tag{3-34}$$

$$X/Q_{总补} \times 100\% = \delta \tag{3-35}$$

式中　ΔW——计算时段内地下水蓄变量，m³；

X——绝对均衡差，m³；

δ——相对均衡差（％）。

当$|\delta|\leqslant20\%$时，判定为地下水各项补给量、排泄量和蓄变量的计算误差符合计算精度要求。经过水均衡分析之后，以计算时段内地下水总补给量与井灌回归补给量之差作为地下水资源量。

式（3-34）中的ΔW计算公式如下

$$\Delta W = \mu\Delta HF \qquad (3-36)$$

式中　ΔH——计算时段地下水位变幅，水位上升为正，水位下降为负，m。

（二）山丘区地下水资源量

山丘区地下水资源量评价只计算排泄量，并以总排泄量表示地下水资源量（即降水入渗补给量）。

山丘区排泄量包括河川基流量（即降水入渗补给量形成的河道排泄量）、山前侧向流出量、山前泉水溢出量（只计算未纳入地表水资源量的部分，即未计入河川径流量的部分）、潜水蒸发量，以及浅层地下水实际开采净消耗量，其计算公式为

$$Q_{总排} = Q_{基} + Q_{侧} + Q_{泉} + E_{g} + Q_{开} \qquad (3-37)$$

式中　$Q_{基}$——河川基流量，m^3；

$\qquad$ $Q_{侧}$——山前侧向流出量，m^3；

$\qquad$ $Q_{泉}$——未计入河川径流的山前泉水溢出量，m^3；

$\qquad$ 其余符号意义同前。

河川基流量是山丘区浅层地下水的主要排泄量，一般采用分割流量过程线的方法（直线斜割法或加里宁试算法），详见《区域水资源分析计算方法》等。山前泉水溢出量是指发生在山丘区与平原区交界线附近且未计入河川径流量的泉水溢出量，对在山前出露、年均流量不小于0.1 m^3/s且未计入河川径流量的泉水，通过调查统计法确定。山前侧向流出量是指山丘区地下水以地下潜流形式向平原区排泄的水量，该量即为平原区的山前侧向补给量，计算方法同平原区山前侧向补给量。

四、水资源总量

一定区域内的水资源总量是指当地降水形成的地表水和地下水产水量，计算公式的一般形式为

$$W_{总} = W_{地表} + P_{r} - R_{g} \qquad (3-38)$$

$$W_{总} = R_{s} + P_{r} \qquad (3-39)$$

式中　$W_{总}$——水资源总量，亿m^3；

$\qquad$ $W_{地表}$——地表水资源量，亿m^3；

$\qquad$ R_{s}——地表径流量（即河川径流量与河川基流量之差值），亿m^3；

$\qquad$ P_{r}——降水入渗补给量（山丘区用地下水总排泄量代替），亿m^3；

$\qquad$ R_{g}——河川基流量（平原区为降水入渗补给量形成的河道排泄量），亿m^3。

式（3-38）中各分量可直接采用地表水和地下水资源量评价的系列成果。在某些特殊地区如南方水网区、岩溶山区难以计算降水入渗补给量和分割基流的可根据当地情况采用其他方法估算水资源总量。

需说明的是，计算水资源总量时要特别注意地表水资源量与地下水资源量重复计算

的部分，尤其是矿坑排水量，大中城市开采地下水用于生活和工业后排入河道的水量，引、提水灌溉对地下水的补给量等，应根据各地的具体情况和这些量的相对大小在计算水资源总量时考虑。

第二节　水质状况评价

一、水质评价

（一）水质和水质指标

水作为最重要的自然资源，同时具有质和量两方面的基本特征。水质的实质是水体中物理、化学、生物诸多复杂过程共同作用的综合结果。

水质状态需要用一系列的参数加以表征，反映水体质量特征的参数称为水质指标。水质状态可以用水的物理、化学和生物学性质等方面的特征加以反映，这些反映水质物理状态、化学状态和生物学状态的特征参数分别称为水质物理指标、化学指标和生物学指标。

水质物理指标主要包括水温、色、嗅、味、透明度（浊度）、含盐量（盐度）、电导率、悬浮物（SS）、总固体（TS）和放射性等。

化学指标主要包括：① 常规指标，如 pH 值、硬度、矿化度等；② 氧平衡指标，如溶解氧（DO）、溶解氧饱和百分率、化学耗氧量（COD）、生化需氧量等（BOD）；③ 重金属指标，如汞、铬、铜、铅、锌、镉、铁、锰等成分；④ 有机污染指标，分简单有机物（苯、酚、芳烃、醛、DDT、六六六、洗涤剂等）和复杂有机物（3，4-苯并芘、石油、多氯联苯等）；⑤ 无机污染物指标，如氮（氨氮、亚硝酸盐氮、硝酸盐氮）、磷（总磷、活性磷）、硫化物、氟化物、氰化物、氯化物等。

生物学指标主要包括细菌总数、大肠菌群数、弧菌数、底栖动物、藻类等。

（二）水质标准

根据《中华人民共和国环境保护法》，环境保护标准是指为了保护人群健康、社会物质财富和维持生态平衡，对大气、水、土壤等环境质量，对污染源、检测方法以及其他需要所制定的标准的总称，简称环境标准。

环境标准的构成一般包括制定标准的目的、标准的适用对象和范围、标准中引用的其他标准，标准所规定的环境质量参数及标准值、环境质量参数的分析检测方法、标准的事实与监督等内容。

水质标准是指在一定时间和空间范围内，对水中污染物或污染因子所做的限制性规定，是在一定时期内衡量水质状况优劣的尺度和进行水环境规划、评价及管理的依据。

水质标准是为了保护水资源，防止水质污染、功能破坏的各种标准，我国已颁布执行的水质标准有《地表水环境质量标准》（GB 3838—2002）、《地下水质量标准》（GB/T 14848—93）、《海水水质标准》（GB 3097—1997）、《农田灌溉水质标准》（GB 5084—2005）、《生活饮用水卫生标准》（GB 5749—2006）、《渔业水质标准》（GB 11607—89）、《城市污水再生利用 农田灌溉用水水质》（GB 20922—2007）等。

（三）水质评价的目的和种类

水质评价是通过对水体的调查以及若干物理、化学、生物指标的监测，根据不同的目的和要求，按一定的方法，对水体的质量进行定量评述。其目的是了解和掌握污染物质在运移过程中对水质影响的程度及变化发展的趋势，准确地反映出水体污染的状况和程度，定量描述水质对特定使用目的或特定环境功能的适应性，为水资源利用、保护和环境规划管理提供科学依据。

水资源用途广，水质评价的目标类型也较多，按评价目标、评价对象、评价时段、水的用途等，可划分为不同的类型。

按评价目标可分为河流污染评价、湖泊富营养化评价、为合理开发利用水资源的水资源质量评价等。

按评价对象可分为地表水质量评价和地下水质量评价，前者又分为河流、湖泊、水库、沼泽、潮汐河口和海洋等水质评价。

按评价时段可分为变化趋势回顾性评价、现状评价和影响评价。回顾性评价是根据历史资料对过去历史事情的水质状况进行评价，以揭示区域水质发展变化过程；水质现状评价是根据对水体的调查和监测资料，对目前水体的质量状况作出评价；影响评价是根据一个区域的经济发展规划，或具体的建设项目，预测评价区域水环境质量的可能变化。

按水的用途可分为饮用水水质评价、渔业用水水质评价、工业用水水质评价、农业用水水质评价、游泳和风景娱乐用水水质评价等。

根据不同评价类型，采用相应的水质标准。评价水环境质量，采用地面水环境质量标准；评价养殖水体的质量，采用渔业用水水质标准；评价集中式生活饮用水取水点的水源水质，采用生活饮用水卫生标准；评价农田灌溉用水，采用农田灌溉水质标准。一般都以国家或地方政府颁布的各类水质标准作为评价标准。在无规定水质标准情况下，可采用水质基准或本水系的水质背景值作为评价标准。

（四）水质评价的常用方法

水质评价方法有两大类：一类是以水质的物理化学参数的实测值为依据的评价方法，常用的有单因子污染指数评价法和水质综合污染指数评价法；一类是以水生物种群与水质的关系为依据的生物学评价方法。实际中较多采用的是物理化学参数评价方法。根据生物与环境条件相适应的原理建立起来的生物学评价方法，通过观测水生物的受害症状或种群组成，可以反映出水环境质量的综合状况。鉴于我国水生物资料短缺的状况，该类方法通常作为物理化学参数评价方法的补充。

二、农田灌溉水质评价

灌溉水质是指灌溉水的物理、化学性质和水中含有物的成分及数量。影响灌溉水质的主要因素有电导率、钠离子（Na^+）的相对含量、残余碳酸钠（RSC）含量和微量元素（如硼）含量等。农田灌溉水质既要满足作物正常的生长要求，又要防止土壤、地下水和农产品污染，保障人体健康，维护生态平衡。

农田灌溉用水水源主要有地表水、地下水、处理后的养殖业废水、以农产品为原料加工的工业废水、城市污水再生水、微咸水等。对于以地表水、地下水和处理后的养殖业废水及以农产品为原料加工的工业废水为水源的农田灌溉用水水质，要严格执行我国现行的《农田灌溉水质标准》（GB 5084—2005）；对于以城市污废水为水源的农田灌溉用水，必须经过净化处理，达到灌溉水质标准，要以我国现行的《城市污水再生利用农田灌溉用水水质》（GB 20922—2007）为标准；以微咸水为水源的农田灌溉用水，可根据土壤积盐状况、农作物不同生育期耐盐能力，直接利用微咸水或咸淡水混合使用，但应特别注意掌握灌水时间、灌水量、灌水次数，同时与农业耕作栽培措施密切配合，防止土壤盐碱化。

（一）农田灌溉水质标准

《农田灌溉水质标准》（GB 5084—2005）将控制项目分为基本控制项目和选择性控制项目。基本控制项目适用于以地表水、地下水和处理后的养殖业废水及以农产品为原料加工的工业废水为水源的农田灌溉用水；选择性控制项目由县级以上人民政府环境保护和农业行政主管部门，根据本地区农业水源水质特点和环境、农产品管理的需要进行选择性控制，所选择的控制项目作为基本控制项目的补充指标。

根据农作物的需求状况，将灌溉水质按灌溉作物分为三类：①一类：水作，如水稻；②二类：旱作，如小麦、玉米、棉花等；③三类：蔬菜，如大白菜、韭菜、洋葱、卷心菜等。蔬菜品种不同，灌水量差异很大。农田灌溉用水水质应符合表 3-1 和表 3-2 的规定。

表 3-1　农田灌溉用水水质基本控制项目标准值

序号	项目类别		作物种类		
			水作	旱作	蔬菜
1	五日生化需氧量（BOD_5）（mg/L）	≤	60	100	40[a]，15[b]
2	化学需氧量（COD_{Cr}）（mg/L）	≤	150	200	100[a]，60[b]
3	悬浮物（mg/L）	≤	80	100	60[a]，15[b]
4	阴离子表面活性剂（LAS）（mg/L）	≤	5	8	5
5	水温（℃）	≤	35		
6	pH 值		5.5 ~ 8.5		
7	全盐量（mg/L）	≤	1 000[c]（非盐碱土地区），2 000[c]（盐碱土地区）		
8	氯化物（mg/L）	≤	350		
9	硫化物（mg/L）	≤	1		
10	总汞（mg/L）	≤	0.001		
11	镉（mg/L）	≤	0.01		
12	总砷（mg/L）	≤	0.05	0.1	0.05
13	铬（六价）（mg/L）	≤	0.1		
14	铅（mg/L）	≤	0.2		
15	粪大肠菌群数（个/100 mL）	≤	4 000		2 000[a]，1 000[b]
16	蛔虫卵数（个/L）	≤	2		2[a]，1[b]

注：a　加工、烹调及去皮蔬菜。

　　b　生食类蔬菜、瓜类和草本水果。

　　c　具有一定的水利灌排设施，能保证一定的排水和地下水径流条件的地区，或有一定淡水资源能满足冲洗土体中盐分的地区，农田灌溉水质全盐量指标可以适当放宽。

表3-2　农田灌溉用水水质选择性控制项目标准值　　　（单位：mg/L）

序号	项目类别		作物种类		
			水作	旱作	蔬菜
1	铜	≤	0.5	1	
2	锌	≤	2		
3	硒	≤	0.02		
4	氟化物	≤	2（一般地区），3（高氟区）		
5	氰化物	≤	0.5		
6	石油类	≤	5	10	1
7	挥发酚	≤	1		
8	苯	≤	2.5		
9	三氯乙醛	≤	1	0.5	
10	丙烯醛	≤	0.5		
11	硼	≤	1[a]（对硼敏感作物），2[b]（对硼耐受性较强的作物），3[c]（对硼耐受性强的作物）		

注：a　对硼敏感作物，如黄瓜、豆类、马铃薯、笋瓜、韭菜、洋葱、柑橘等。
　　b　对硼耐受性较强的作物，如小麦、玉米、青椒、小白菜、葱等。
　　c　对硼耐受性强的作物，如水稻、萝卜、油菜、甘蓝等。

向农田灌溉渠道排放处理后的养殖业废水及以农产品为原料加工的工业废水，应保证其下游最近灌溉取水点的水质符合本标准。

当本标准不能满足当地环境保护需要或农产品生产需要时，省（自治区、直辖市）人民政府可以补充本标准中未规定的项目或制定严于本标准的相关项目，作为地方补充标准，并报国务院环境保护行政主管部门和农业行政主管部门备案。

（二）城市污水再生利用　农田灌溉水质标准

近年来，充分利用城市污水作为农业灌溉的水源，开展水污染防治和水资源开发利用相结合，实现城镇污水资源化，减轻污水对环境的污染，做好城镇节约用水工作，合理利用水资源，越来越受到重视。为此，国家颁布了《城市污水再生利用》系列标准，其中农田灌溉水质标准见《城市污水再生利用 农田灌溉用水水质》（GB 20922—2007），本标准适用于以城市污水处理厂出水为水源的农田灌溉用水。

城市污水是排入国家按行政建制设立的市、镇污水收集系统的污水统称。它由综合生活污水、工业废水和地下渗入水三部分组成，在合流制排水系统中，还包括截留的雨水。

农田灌溉作物类型主要包括以下四类：

（1）纤维作物：生产植物纤维的农作物。主要的纤维作物有棉花、黄麻和亚麻等。

（2）旱地谷物：在干旱半干旱地区依靠自然降水和人工灌溉的禾谷类作物，如小麦、大豆、玉米等。

（3）水田谷物：适于水泽生长的一类禾谷类作物。宜在土层深厚、肥沃的土壤中生长，并保持一定水层，如水稻等。

（4）露地蔬菜：除温室、大棚蔬菜外的陆地露天生长的需加工、烹调及去皮蔬菜。

城市污水再生处理后用于农田灌溉，水质基本控制项目和选择控制项目及其指标最大限值应分别符合表3-3和表3-4的规定。

表3-3　基本控制项目及水质指标最大限值

序号	基本控制项目	灌溉作物类型			
		纤维作物	旱地谷物油料作物	水田谷物	露地蔬菜
1	五日生化需氧量（BOD_5）（mg/L）	100	80	60	40
2	化学需氧量（COD_{Cr}）（mg/L）	200	180	150	100
3	悬浮物（SS）（mg/L）	100	90	80	60
4	溶解氧（DO）（mg/L）　　　≥	0.5			
5	pH值	5.5～8.5			
6	溶解性总固体（TDS）（mg/L）	非盐碱地地区1 000，盐碱地地区2 000			1 000
7	氯化物（mg/L）	350			
8	硫化物（mg/L）	1.0			
9	余氯（mg/L）	1.5		1.0	
10	石油类（mg/L）	10		5.0	1.0
11	挥发酚（mg/L）	1.0			
12	阴离子表面活性剂（LAS）（mg/L）	8.0		5.0	
13	汞（mg/L）	0.001			
14	镉（mg/L）	0.01			
15	砷（mg/L）	0.1		0.05	
16	铬（六价）（mg/L）	0.1			
17	铅（mg/L）	0.2			
18	粪大肠菌群数（个/L）	40 000			20 000
19	蛔虫卵数（个/L）	2			

表3-4 选择控制项目及水质指标最大限值 （单位：mg/L）

序号	选择控制项目	限值	序号	选择控制项目	限值
1	铍	0.002	10	锌	2.0
2	钴	1	11	硼	1.0
3	铜	1	12	钒	0.1
4	氟化物	2	13	氰化物	0.5
5	铁	1.5	14	三氯乙醛	0.5
6	锰	0.3	15	丙烯醛	0.5
7	钼	0.5	16	甲醛	1.0
8	镍	0.1	17	苯	2.5
9	硒	0.02			

污水处理要求：纤维作物、旱地谷物要求城市污水达到一级强化处理，水田谷物、露地蔬菜要求达到二级处理。

农田灌溉时，在输水过程中主渠道应有防渗措施，防止地下水污染；最近灌溉取水点的水质应符合本标准的规定。

城市污水再生利用灌溉农田之前，各地应根据当地的气候条件，作物的种植种类及土壤类别进行灌溉试验，确定适合当地的灌溉制度。

第三节 水资源利用现状

对水资源利用现状调查分析采用的现状年一般选取与规划年份接近的年份，并尽量避免选用特枯或特丰水年。水资源利用现状的评价内容一般包括供水能力和供水量、用水量、用水水平及效率和水资源开发利用程度等。

一、供水能力和供水量

（一）供水能力

收集评价区域内现状年份地表水、地下水和其他水源等三类供水基础设施状况和供水能力，以反映供水基础设施的现状情况。供水能力是指现状条件下相应供水保证率的可供水量，与来水状况、工程条件、需水特性和运行调度方式有关。统计的项目包括水库座数、总库容、兴利库容、蓄水工程设计供水能力、现状供水能力和供水量；分别统计引水工程、提水工程和跨流域调水工程的数量、设计供水能力、现状供水能力和供水量；地下水源工程按浅层地下水、深层地下水和微咸水三种类型统计，统计的项目包括地下水井眼数、现状供水能力和供水量；其他水源工程按污水处理再利用、集雨工程和海水淡化工程三种类型分别统计。

（1）地表水源工程分为蓄水工程、引水工程、提水工程和调水工程，应按供水系统分别统计，要避免重复计算。蓄水工程指水库和塘坝（不包括专为引水、提水工程修建的调节水库），按大、中、小型水库和塘坝分别统计。引水工程指从河道、湖泊等地表水体自流引水的工程（不包括从蓄水、提水工程中引水的工程），按大、中、小型规模分别统计。提水工程指利用扬水泵站从河道、湖泊等地表水体提水的工程（不包括从蓄水、引水工程中提水的工程），按大、中、小型规模分别统计。调水工程指一级区之间的跨流域调水工程，蓄、引、提工程中均不包括调水工程的配套工程。

（2）地下水源工程指利用地下水的水井工程，按浅层地下水和深层承压水分别统计。浅层地下水指与当地降水、地表水体有直接补排关系的潜水和与潜水有紧密水力联系的弱承压水。

（3）其他水源工程包括集雨、污水处理再利用和海水利用等供水工程。集雨工程指用人工收集储存屋顶、场院、道路等场所产生径流的微型蓄水工程，包括水窖、水柜等。污水处理再利用工程指城市污水集中处理厂处理后的污水回用设施，要统计其座数、污水处理能力和回用量。海水利用包括海水直接利用和海水淡化，分开统计，并单列。海水直接利用指直接利用海水作为工业冷却水及城市环卫用水等。

（二）供水量

供水量指各种水源工程为用户提供的包括输水损失在内的毛供水量，按受水区统计。对于跨流域跨省区的长距离调水工程，以省（自治区、直辖市）收水口作为毛供水量的计量点，水源至收水口之间的输水损失单独统计。其他跨区供水工程的供水量从水源地计量，其区外输水损失由供水主管部门核定。在受水区内，按取水水源分为地表水源供水量、地下水源供水量和其他水源供水量三种类型统计。现状实际供水量可按地表水源、地下水源和其他水源分别统计。

（1）地表水源供水量按蓄、引、提、调四种形式统计。为避免重复统计，应注意：①从水库、塘坝中引水或提水，均属蓄水工程供水量；②从河道或湖泊中自流引水的，无论有闸或无闸，均属引水工程供水量；③利用扬水泵站从河道或湖泊中直接取水的，属提水工程供水量；④跨流域调水量是指一级区之间的跨流域调配水量，不包括在蓄、引、提水量中。

地表水源供水量应以实测引水量或提水量作为统计依据，无实测水量资料时可根据灌溉面积、工业产值、实际毛取水定额等资料进行估算。

（2）地下水源供水量指水井工程的开采量，按浅层淡水、深层承压水和微咸水分别统计。浅层淡水指矿化度≤2 g/L的潜水和弱承压水，坎儿井的供水量计入浅层淡水开采量中。混合开采井的供水量，各地可根据实际情况按比例划分为浅层淡水和深层承压水，并作说明。微咸水指矿化度为 2~5 g/L 的水。

城市地下水源供水量包括自来水厂的开采量和工矿企业自备井的开采量。缺乏计量资料的农灌井开采量可根据配套机电井数和调查确定的单井出水量（或单井灌溉面积、单井耗电量等资料）估算开采量，但应进行平衡分析校验。

（3）其他水源供水量包括污水处理再利用、集雨工程、海水淡化的供水量。对利用未经处理的污水和海水的直接利用量也需调查统计，但要求单列，不计入总供水量中。

二、用水量

用水量指分配给用户的包括输水损失在内的毛用水量，为现状调查统计资料，一般按用水部门来统计现状用水情况，可划分为农业用水、工业用水、生活用水三大类。

（1）农业用水包括农田灌溉和林牧渔业用水。农田灌溉是用水大户，应考虑灌溉定额的差别按水田、水浇地（旱田）和菜田分别统计。林牧渔业用水按林果地灌溉（含果树、苗圃、经济林等）、草场灌溉（含人工草场和饲料基地等）和鱼塘补水分别统计。

（2）工业用水量按用水量（新鲜水量）计，不包括企业内部的重复利用水量。各工业行业的万元产值用水量差别很大，而各年统计年鉴中对工业产值的统计口径不断变化，应将工业划分为火（核）电工业和一般工业进行用水量统计，并将城镇工业用水单列。在调查统计中，对于有用水计量设备的工矿企业，以实测水量作为统计依据，没有计量资料的可根据产值和实际毛取水定额估算用水量。

（3）生活用水按城镇生活用水和农村生活用水分别统计，应与城镇人口和农村人口相对应。城镇生活用水由居民用水、公共用水（含服务业、商饮业、货运邮电业及建筑业等用水）和环境用水（含绿化用水与河湖补水）组成。农村生活用水除居民生活用水外，还包括牲畜用水。

（4）生态环境用水量是保障人民生活和健康水平的不断提高，维护国家生态安全、环境安全和社会可持续发展的必备用水。目前，我国并没有将生态环境用水纳入我国的供用水制度，国外在水资源开发中，一般将河川径流的20%～40%作为维护河道生态环境的用水。另外，未经处理的污水和海水直接利用量需另行统计并要求单列，但不计入总用水量中。

三、用水水平及效率

结合经济社会和供用水调查统计资料，选择评价指标进行用水水平分析。一般需分析计算评价区域内的综合用水指标、农业用水指标、工业用水指标和生活用水指标（包括生态环境用水指标），评价其用水水平和用水效率及其变化情况。对区域用水水平进行不同时期和不同地区的比较，特别是与国内外先进水平、有关部门制定的用水和节水标准的比较。

（1）综合用水指标包括人均用水量和单位 GDP 用水量。GDP 采用近 3 年可比价。有条件的流域、省（自治区、直辖市）还可以计算城市人均工业用水量、农村人均农业用水量等，并分析城市人均工业产值与人均工业用水量的相关关系，可根据高用水工业比重、供水情况（紧张与否）、节水情况进行综合分析。

（2）农业用水指标按农田灌溉、林果地灌溉、草场灌溉和鱼塘补水分别计算，统一用亩均用水量表示。对农田灌溉指标进一步细分为水田、水浇地和菜田（按实灌面积计算）。资料条件好的地区，可以分析主要作物的用水指标。由于作物生长期降水直接影响农业需水量，有条件的评价区域可建立年降水（或有效降水）与农田综合灌溉定额相关关系、灌溉期降水（或有效降水）与某农作物灌溉定额相关关系等，并进行地域性的综合。

（3）工业用水指标按火（核）电工业和一般工业分别计算。火（核）电工业用水指标以单位装机容量用水量表示；一般工业用水指标以单位工业总产值用水量或单位工业增加值用水量表示，产值采用近 3 年可比价。资料条件好的地区，还应分析主要行业用水的重复利用率、万元产值用水量和单位产品用水量。

重复利用率为重复用水量（包括二次以上用水和循环用水量）在总用水量中所占百分比，用下列公式表示：

$$\eta = (Q_{重复}/Q_{总}) \times 100\% \tag{3-40}$$

或

$$\eta = (1 - Q_{补}/Q_{总}) \times 100\% \tag{3-41}$$

式中　η——工业用水重复利用率；

　　　$Q_{重复}$——重复利用水量；

　　　$Q_{总}$——总用水量（新鲜水量与重复利用水量之和）；

　　　$Q_{补}$——补充水量（即新鲜水量）。

（4）生活用水指标包括城镇生活用水指标和农村生活用水指标。城镇生活用水指标按城镇居民和公共设施分别计算，统一以人均日用水量表示。农村生活用水指标分别按农村居民和牲畜计算，居民用水指标以人均日用水量表示，牲畜用水指标以头均日用水量表示，并按大、小牲畜分别统计。

城镇生活用水指标可按城市规模、卫生设施情况、用水习惯、用水管理情况（如有无按户计量、水价及计价方式等）等进行综合分析。

（5）区域用水水平评价。对于选定的各种指标按评价区域进行计算后，与国内外平均水平、先进水平和有关定额等进行比较，综合给出评价区域的用水水平的结论。

四、水资源开发利用程度

以独立流域或一级支流为单元，用近 10 年的资料系列分析计算地表水资源开发率、平原区浅层地下水开采率和水资源利用消耗率进行分析计算，以反映近期条件下水资源开发利用程度。在开发利用程度分析中所采用的地表水资源量、平原区地下水资源量、水资源总量、地表水供水量、浅层地下水开采量、用水消耗量等基本数据，都应计算近10 年的平均值。

（1）地表水资源开发率指地表水源供水量占地表水资源量的百分比。为了真实反映评价流域内自产地表水的控制利用情况，在供水量计算中要消除跨流域调水的影响，调出水量应计入本流域总供水量中，调入水量则应扣除。

（2）平原区浅层地下水开采率指浅层地下水开采量占地下水资源量的百分比。

（3）水资源利用消耗率指用水消耗量占水资源总量的百分比。为了真实反映评价流域内自产水量的利用消耗情况，在计算用水消耗量时应考虑跨流域调水和深层承压水开采对区域用水消耗的影响。从评价流域调出水量而不能回归本区的应全部作为本流域的用水消耗量，区内用水消耗量应扣除由外流域调入水量和深层承压水开采量所形成的用水消耗量。

第四节　可利用量与可供农业水量分析

水资源可利用量是指在可预见的时期内，在统筹考虑生活、生产和生态环境用水的基础上，通过经济合理、技术可行的措施在当地水资源中可以一次性利用的最大水量。它包括两部分：一是河道内的最大可能外调水量，也就是在保证预留河道生态基流的情况下，河道内的最大可能外调水量，以满足河道外的生产、生活和生态环境用水；二是维系采补平衡前提下的地下水可开采量。

一、地表水资源可利用量

地表水资源可利用量是指在可预见的时期内，在统筹考虑河道内生态环境和其他用水的基础上，通过经济合理、技术可行的措施，可供河道外生活、生产、生态用水的一次性最大水量（不包括回归水的重复利用）。

根据地表水资源可利用量的定义，可见地表水资源量中包括地表水可利用量、难以控制利用的洪水量以及保持河道内生态环境不受破坏所需要的最小水量三部分。地表水资源可利用量的计算方法可分为两大类：一是"倒算法"，又称扣损法，即用地表水资源量扣除不可利用水量（河道内需水量）和难以利用水量（汛期难以利用的洪水量），适用于北方水资源紧缺地区，可用式（3-42）表示，估算方法如图 3-1 所示，计算中需要考虑的计算项目如图 3-2 所示；二是"正算法"，是根据工程最大供水能力或最大用水需求，以用水消耗系数（耗水率）折算出相应的可供河道外一次性利用的水量，适用于南方丰水地区，可用式（3-43）或式（3-44）表示，其中式（3-43）一般用于大江大河上游或支流水资源开发利用难度较大的山区以及沿海独流入海河流，式（3-44）一

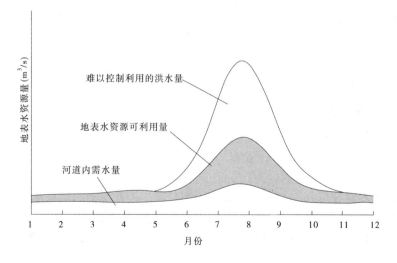

图 3-1　地表水资源可利用量估算示意图

般用于大江大河下游地区。

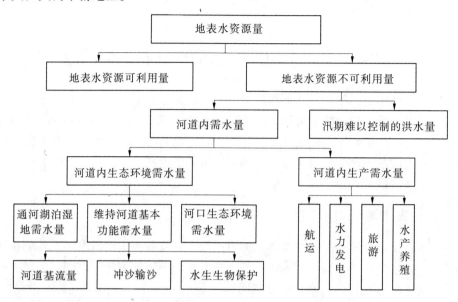

注：河道内需水量与汛期难以控制利用的洪水量有重复量，河道内生态环境需水量和河道内生产需水量是可重复利用的水量。

图 3-2　地表水资源可利用量计算项目

"倒算法"计算公式：

$$W_{as} = W_{ts} - W_r - W_x \tag{3-42}$$

式中　W_{as}——地表水资源可利用量；

　　　W_{ts}——地表水资源量；

　　　W_r——河道内需水量；

　　　W_x——汛期难以控制利用的洪水量。

"正算法"计算公式

$$W_{as} = kW_{ms} \tag{3-43}$$

或

$$W_{as} = kW_{mu} \tag{3-44}$$

式中　W_{as}——地表水资源可利用量；

　　　k——用水消耗系数；

　　　W_{ms}——最大供水能力；

　　　W_{mu}——最大用水需求。

由于地表水资源可利用量计算的数值为绝对数，为方便不同流域水系的地表水资源可利用量的比较，引入地表水资源可利用率的概念，即地表水资源可利用量与当地地表水资源量的百分比，可用下式表示：

$$\omega = \frac{W_{as}}{W_{ts}} \times 100\% \tag{3-45}$$

（一）河道内需水量计算

河道内需水量包括河道内生态环境需水量和河道内生产需水量。由于河道内需水具有不消耗水量，可满足多项功能用水重复利用的特点，因此应在河道内各项需水量中选择最大的作为河道内需水量。

1. 河道内生态环境需水量

河道内生态环境需水量主要有：①维持河道基本功能的需水量（包括防止河道断流、保持水体一定的自净能力、河道冲沙输沙以及维持河湖水生生物生存的水量等）；②通河湖泊湿地需水量（包括湖泊、沼泽地需水）；③河口生态环境需水量（包括冲淤保港、防潮压碱及河口生物保护需水等）。

2. 河道内生产需水量

河道内生产需水量主要包括航运、水力发电、旅游、水产养殖等部门的用水。河道内生产用水一般不消耗水量，可以一水多用，但要通过在河道中预留一定的水量给予保证。河道内生产需水量要与河道内生态环境需水量综合考虑，其超过河道内生态环境需水量的部分要与河道外需水量统筹协调。

3. 河道内总需水量

河道内总需水量是在上述各项河道内生态环境需水量及河道内生产需水量计算的基础上，逐月取外包值并将每月的外包值相加，由此得出多年平均情况下的河道内总需水量，计算公式如下：

$$W_\mathrm{T} = \sum_{j=1}^{n} \mathrm{Max}(W_{ij}) \quad (i = 1, 2, \cdots, m) \tag{3-46}$$

式中　W_T——河道内总需水量；

　　　W_{ij}——i 项 j 月河道内需水量，$n = 1, 2, \cdots, 12$。

（二）汛期难以控制利用的洪水量分析计算

汛期难以控制利用的洪水量是指在可预期的时期内，不能被工程措施控制利用的汛期洪水量。汛期洪水量中除一部分可供当时利用，还有一部分可通过工程蓄存起来供以后利用外，其余水量即为汛期难以控制利用的洪水量，对于支流是指支流泄入干流的水量，对于入海河流是指最终泄弃入海的水量。汛期难以控制利用的洪水量是根据最下游的控制节点分析计算的，不是指水库工程的弃水量，一般水库工程的弃水量到下游还可能被利用。

由于洪水量年际变化大，在总弃水量长系列中，往往一次或数次大洪水弃水量占很大比重，而一般年份、枯水年份弃水较少，甚至没有弃水。因此，要计算多年平均情况下的汛期难以控制利用的洪水量，不宜采用简单地选择某一典型年的计算方法，而应以未来工程最大调蓄与供水能力为控制条件，采用天然径流量长系列资料，逐年计算汛期难以控制利用下泄的水量，在此基础上统计计算多年平均情况下汛期难以控制利用下泄洪水量。

将流域控制站汛期的天然径流量减去流域调蓄和耗用的最大水量，剩余的水量即为汛期难以控制利用的下泄洪水量。

二、地下水资源可利用量

地下水资源可利用量主要指浅层地下水资源可开采量。地下水资源可开采量计算常用的方法有水量均衡法及可开采系数法等（其他常用方法还有水动力学解析法、数值法、系统分析法、地下水文分析法、概率统计分析法、开采试验法、水量均衡法、电网络模拟法和水文地质比拟法等，在此不一一介绍）。

（一）水量均衡法

水量均衡法是全面评价一定地区（均衡区）在一定时间内（均衡期）地下水的补给量、储存量和排泄量之间的数量转化关系的平衡计算。计算的水均衡方程式为

$$Q_{总补} - Q_{总排} = \pm \mu A \frac{\Delta h}{\Delta t} \tag{3-47}$$

式中　$Q_{总补}$——总补给量，m^3；

$\quad\quad Q_{总排}$——总排泄量，m^3；

$\quad\quad \mu A (\Delta h / \Delta t)$——单位时间均衡区内蓄变量，$m^3$。

（二）可开采系数法

可开采系数法的计算公式为

$$Q_{可采} = \rho Q_{总补} \tag{3-48}$$

式中　$Q_{可采}$——地下水开采量，m^3；

$\quad\quad \rho$——可开采系数，$\rho < 1$。

ρ 是表征地下水开采条件的参数，需根据含水层岩性、厚度、地下水埋深、单井出水量和开采状况等因素来确定。一般来说，含水层颗粒粗、厚度大、调节能力强的山前平原，ρ 可取 0.8 ~ 1.0；含水层颗粒细、厚度小、开采条件较差的平原区，ρ 可取 0.6 ~ 0.7。对于地下水超采地区，ρ 值要严格控制在 1.0 以下。

三、水资源可利用总量

在计算地表水资源可利用量与浅层地下水可开采量的基础上，用扣除地表水资源可利用量与地下水资源可开采量两者之间重复计算量的方法，估算水资源可利用总量。重复利用量主要有以下两项：①平原区浅层地下水的渠系渗漏和渠灌田间入渗补给量的开采利用部分与地表水可利用量重复；②平原区浅层地下水井灌回归补给量的开采利用部分是地下水本身的重复利用量。

由于地下水资源的很大部分是通过河川基流的形式排泄，同时地下水的一部分也是由地表水资源补给转化而成的，在地表水资源可利用量计算中已将该部分水量计入，因此在计算流域水资源可利用总量中仅计入地下水与地表水不重复部分中可供一次性利用的水量以及地表水可利用量。

水资源可利用总量估算可采取下列两种方法：

（1）地表水资源可利用量与浅层地下水资源可开采量相加再扣除两者之间重复计算量。两者之间的重复计算量主要是平原区浅层地下水的渠系渗漏和田间入渗补给量的开采利用部分，计算公式为

$$W_总 = W_{地表} + W_{地下} - W_{重复} \tag{3-49}$$

$$W_{重复} = \rho(W_{渠渗} + W_{田渗}) \tag{3-50}$$

式中　$W_总$——水资源可利用总量，m^3；

　　　$W_{地表}$——地表水资源可利用量，m^3；

　　　$W_{地下}$——浅层地下水可开采量，m^3；

　　　$W_{重复}$——重复利用量，m^3；

　　　$W_{渠渗}$——渠系渗漏补给量，m^3；

　　　$W_{田渗}$——田间地表水灌溉入渗补给量，m^3。

（2）水资源可利用总量为地表水资源量与地下水资源的非重复量（降水入渗补给量与河川基流量之差）中可供一次性利用的水量与地表水资源可利用量之和，计算公式为

$$W_总 = W_{地表} + k(P_r - R_g) \tag{3-51}$$

式中　P_r——降水入渗补给量，m^3；

　　　R_g——河川基流量，m^3；

　　　k——地下水与地表水资源不重复水量的可耗用系数，由单位不重复地下水开采量扣除开采后回归到地下水中的水量求得。

四、可供农业水量

可供农业水量是指区域（或供水系统）可供农业的供水能力。区域可供农业的供水能力为区域内所有供水工程组成的供水系统，依据系统来水条件、工程状况、需水要求及相应的运用调度方式和规则，提供农业不同保证率的供水量。可供农业水量计算要充分考虑技术经济因素、水质状况、对生态环境的影响以及开发不同水源的有利和不利条件，评价不同水资源开发利用模式下可能供农业的水量。以大中型水利工程为重点逐个进行分析统计，其他小型水利工程可统计计算。可供农业水量包括地表水可供农业水量、地下水可供农业水量和其他水源可供农业水量。其中，地表水可供农业水量中包含蓄水工程可供农业水量、引水工程可供农业水量、提水工程可供农业水量以及外流域调入的可供农业水量。在向外流域调出水量的地区（跨流域调水的供水区）不统计调出的水量，其相应地表水可供水量中不包括这部分调出的水量。其他水源可供农业水量包括深层承压水可供水量、微咸水可供水量、雨水集蓄工程可供水量和污水处理再利用量。地表水可供水量需提出不同水平年三种保证率（$p = 50\%$、$p = 75\%$、$p = 95\%$）的可供水量；浅层地下水资源可供水量一般只需多年平均值，但在水文地质条件较差、无多年调节性能的分区应提出不同保证率的可供水量。

（一）地表水可供农业水量

地表水可供农业水量计算要以各河系各类供水工程以及各供水区所组成的供水系统为调算主体，进行自上游到下游、先支流后干流逐级调算。

（1）大中型水库应采用长系列进行调节计算，得出不同水平年、不同保证率的可供水量，并将其分解到相应的评价区域，初步确定其供水范围、供水目标、供水用户及

其优先度、控制条件等，根据供水目标确定可供农业水量。

（2）其他小型水库及塘坝工程可采用简化计算，中型水库采用典型年法，小型水库及塘坝采用兴利库容乘复蓄系数法估算。复蓄系数是通过对不同地区各类工程进行分类，采用典型调查方法，参照邻近及类似地区的成果分析确定的。一般而言，复蓄系数南方地区比北方大，小（2）型水库及塘坝比小（1）型水库大，丰水年比枯水年大。根据供水目标确定可供农业水量。

（3）引、提水工程根据取水口的径流量，引、提水工程的能力以及用户需水要求计算可供水量。引水工程的引水能力与进水口水位及引水渠道的过水能力有关；提水工程的提水能力则与设备能力、开机时间等有关。引、提水工程可供水量可用下式计算：

$$W_{可供} = \sum_{i=1}^{t} \min(Q_i, H_i, X_i) \tag{3-52}$$

式中　Q_i、H_i、X_i——i 时段取水口的可引流量、工程的引提能力及用户需水量；

　　　　t——计算时段数。

根据供水目标，确定可供农业水量。

（4）调水工程可供农业水量的计算，通过收集、分析调水规模、供水范围和对象、水源区调出水量、受水区调入水量等指标，列出分期实施的计划，并将工程实施后不同水平年调入各受水区的水量纳入相应的地表水可供农业水量中。

规划工程要考虑与现有工程的联系，与现有工程组成新的供水系统，按照新的供水系统进行可供水量计算。对于双水源或多水源用户，联合调算要避免重复计算可供农业水量。

可供水量计算应预测不同规划水平年工程状况的变化，既要考虑现有工程更新改造和续建配套后新增的供水量，又要估计工程老化、水库淤积和因上游用水增加造成的来水量减少等对工程可供农业水量的影响。在水资源紧缺地区，要在确保防洪安全的前提下，研究改进防洪调度方式、提高洪水利用程度的可行性及方案。对灌区工程续建配套，要收集灌区工程续建配套有关资料，分析续建配套对增加可供农业水量、提高供水保证率以及提高灌溉水利用效率的有关资料。在建及规划的大型和重要中型蓄、引、提等水源工程，要按照规划工程的设计文件计算可供农业水量。

（二）地下水可供农业水量

以矿化度不大于 2 g/L 的浅层地下水资源可开采量作为地下水可供水量估算的依据。采用浅层地下水资源可开采量成果确定地下水可供水量时，要考虑相应水平年由于地表水开发利用方式和节水技术的变化所引起的地下水补给条件的变化，相应调整水资源分区的地下水资源可开采量，并以调整后的地下水资源可开采量作为地下水可供水量估算的控制条件；还要根据地下水布井区的地下水资源可开采量作为估算的依据。要结合地下水实际开采情况、地下水资源可开采量以及地下水位动态特征，综合分析确定具有地下水开发利用潜力的分布范围和开发利用潜力的数量，提出现状基础上增加地下水可供农业水量。地下水可供水量与当地地下水资源可开采量、机井提水能力、开采范围和用户的需水量等有关。地下水可供农业水量计算公式为

$$W_{可供} = \sum_{i=1}^{t} \min(H_i, W_i, X_i) \tag{3-53}$$

式中 H_i、W_i、X_i——i 时段机井提水能力（可供农业部分）、当地地下水资源可开采
量（可供农业部分）及农业需水量；

t——计算时段数。

（三）其他水源可供农业水量

其他水源可供农业水量主要指参与农业供水的雨水集蓄利用、微咸水利用、污水处
理再利用和深层承压水利用等。

1. 雨水集蓄利用

雨水集蓄利用主要指收集储存屋顶、场院、道路等场所的降雨或径流的微型蓄水工
程，包括水窖、水池、水柜、水塘等。通过调查、分析现有集雨工程的供水量以及对当
地河川径流带来的影响，提出各地区不同水平年集雨工程的可供农业水量。

2. 微咸水利用

微咸水（矿化度为 2～5 g/L）一般可补充农业灌溉用水，某些地区矿化度超过 5
g/L 的咸水也可与淡水混合利用。在北方一些平原地区，微咸水的分布较广，可利用的
数量也较大，微咸水的合理开发利用对缓解某些地区水资源紧缺状况有一定的作用。通
过对微咸水的分布及其可利用地域范围和需求的调查分析，综合评价微咸水的开发利用
潜力，提出研究区域不同水平年微咸水的可供农业水量。

3. 污水处理再利用

城市污水经集中处理后，在满足一定的水质要求的情况下，可用于农田灌溉及生态
环境。对缺水较严重的城市，水处理再利用于农田灌溉，要通过调查，分析再利用水量
的需求、时间要求和使用范围，落实再利用水的数量和用途。现状部分地区存在直接引
用污水灌溉的现象，在可供水量计算中，不能将未经处理、未达到水质要求的污水量计
入可供水量中。

4. 深层承压水利用

深层承压水利用应详细分析其分布、补给和循环规律，作出深层承压水的可开发利
用潜力的综合评价。在严格控制不超过其开采数量和范围的基础上，计算各规划水平年
深层承压水的可供农业水量。

在进行节水灌溉规划时，对于重大规划，水资源量、水资源可利用量及可供水量
等，可直接采用全国水资源调查评价成果；对于小型规划及灌溉工程规划，可采用上述
方法中适用于当地的常用的一些方法。

第四章　区域需水量分析

区域需水量分析是水资源评价、水资源供需平衡分析、水资源合理配置与规划利用的基础依据。需水的主体是用水户，通常情况下，用水往往指已经实际发生的过程，而需水是对未来用水状态的推测。行政区、经济区、城市的总需水称为区域需水，包括区域中所有用水户对水资源的需求，既有水量的要求，也有相应的水质标准要求。区域经济发展、人口增加、生态环境保护和改善等已成为区域需水量增长的驱动因素，而区域自然水资源禀赋、水工程条件、水市场和管理等成为抑制区域需水增长的制约因素。

第一节　需水结构分析

一、需水分类

按照《全国水资源综合规划技术大纲》（2004）、《水资源供需预测分析技术规范》（SL 429—2008）分类口径要求，根据用水户需水可以分为生活、生产和生态环境三大类，参见表 4-1。生活需水和生产需水统称为经济社会需水，可按照城镇和农村两种供水系统分别进行需水分析。实际中，考虑需水分类时可结合水资源调查评价工作、地区统计年鉴、城市统计年鉴、农业统计年鉴、人口统计年鉴、城市建设统计年鉴、水资源公报等对三级或四级分类进行必要的调整，以满足规划分析需要，但原则上要求不漏项进行需水分类统计。

（1）生活需水指城镇居民生活用水和农村生活用水。城镇居民生活用水中不含公共用水，农村生活用水中不含大、小牲畜用水。

（2）生产需水指有经济产出的各类生产活动所需的水量，包括第一产业、第二产业需水和第三产业需水。

第一产业包括种植业、林牧渔业。其中，种植业又分为水田、水浇地；林牧渔业又分为灌溉林果地、灌溉草场、牲畜、鱼塘。

第二产业包括工业和建筑业。其中，工业又分为高用水工业、一般工业、火（核）电工业。

第三产业包括商饮业和服务业。

（3）生态环境需水分为维护生态环境功能和生态环境建设两类，按河道内与河道外用水进行划分。

河道内生态环境需水包括河道基本功能、河口生态环境、通河湖泊与湿地、河道内其他非消耗性生产功能需水。

河道外生态环境需水包括维护湖泊湿地健康、美化城市景观、区域生态环境建设需水。

表4-1 需（用）水分类口径及其层次结构

一级	二级	三级	四级	说明
生活	生活	城镇生活	城镇居民生活	城镇居民生活用水（不包括公共用水）
		农村生活	农村居民生活	农村居民生活用水（不包括牲畜用水）
生产	第一产业	种植业	水田	水稻等
			水浇地	小麦、玉米、棉花、蔬菜、油料等
		林牧渔业	灌溉林果地	果树、苗圃、经济林等
			灌溉草场	人工草场、灌溉的天然草场、饲料基地等
			牲畜	大、小牲畜
			鱼塘	鱼塘补水
	第二产业	工业	高用水工业	纺织、造纸、石化、冶金
			一般工业	采掘、食品、木材、建材、机械、电子、其他（包括电力工业中非火（核）电部分）
			火（核）电工业	循环式、直流式
		建筑业	建筑业	建筑业
	第三产业	商饮业	商饮业	商业、饮食业
		服务业	服务业	货运邮电业、其他服务业、城市消防、公共服务及城市特殊用水
生态环境	河道内	生态环境功能	河道基本功能	基流、冲沙、防凌、稀释净化等
			河口生态环境	冲淤保港、防潮压碱、河口生物等
			通河湖泊与湿地	通河湖泊与湿地等
			河道内其他非消耗水量	根据具体情况设定
	河道外	生态环境功能	维护湖泊湿地健康	湖泊、沼泽、滩涂等
		生态环境建设	美化城市景观	绿化用水、城镇河湖补水、环境卫生用水等
			生态环境建设	地下水回补、防沙固沙、防护林草、水土保持等

注：1. 农作物分类、耗水行业和生态环境分类等因地而异，根据各地区情况而确定；

　　2. 分项生态环境用水量之间有重复，提出总量时取外包线；

　　3. 河道内其他非消耗水量的用户包括水力发电、内河航运等，未列入本表。

二、生活需水结构分析

（一）按需水性质分类

（1）居民日常生活需水，指维持日常生活的家庭和个人需水，包括饮用、洗涤等室内需水和洗车、绿化等室外需水。

（2）公共设施需水，包括浴池、商店、旅店、饭店、学校、医院、影剧院、市政绿化、清洁、消防等需水。

（二）按地区分类

（1）城镇居民生活需水。

（2）农村居民生活需水。

（三）按供水系统分类

（1）管网供给的生活需水。

（2）自备水源供给的生活需水。

（四）按供水对象分类

生活需水按供水对象分类可分为家庭、商业、饭店、学校、机关、医院、影剧院、街道绿化、清洁、消防、市政需水等。

（五）按供水水源分类

（1）地表水（不需调节流量的地表水与需要调节流量的地表水）。

（2）地下水（泉水、浅层地下水与深层地下水）。

（3）中水（经过处理的污水可用于生活饮用的部分需水）。

三、生产需水结构分析

（一）第一产业需水

1. 农业种植业

农田灌溉需水包括水浇地和水田。农田灌溉用水的比重较大，主要用于农作物需水，是农业需水的主体。与工业、生活需水比较，具有面广量大、一次性消耗的特点，而且受气候影响较大，当水资源短缺、水量得不到保证时，一般可以改变作物组成，使需水量减少。通常情况下农业灌溉需水的保证率低于生活和工业需水的保证率。

农作物需水量一般是指农作物在田间生长期间植株蒸发量和棵间蒸发量之和（又称腾发量）。对水稻田来说，应将稻田的稳定渗水量算在作物需水量之内。

2. 林牧渔业

林牧渔业需水包括灌溉林果地、灌溉草场、牲畜、鱼塘需水。

（二）第二产业需水

第二产业需水包括工业和建筑业需水，建筑业需水一般比重较小。

尽管现代工业分类复杂、产品繁多、需水系统庞大、需水环节多，而且对水质等有不同的要求，但仍可按下述方法进行分类研究。

1. 按用途分类

按工业需水在生产中所起的作用分为四类：①冷却需水，指在工业生产过程中，用水带走生产设备的多余热量，以保证进行正常生产的那一部分需水量；②空调需水，指通过空调设备用水来调节室内温度、湿度、空气清洁度和气流速度的那一部分需水量；③产品需水或工艺需水，指在生产过程中与原料或产品掺混在一起，有的成为产品组成部分，有的则为介质存在于生产过程中的那一部分需水量；④其他需水，包括清洗场地需水、厂内绿化需水和职工生活需水。

2. 按行业分类

按工业组成的行业分类，一般可分为电力、冶金、机械、化工、煤炭、建材、纺织、轻工、电子、林业加工等18个行业。在每一个行业中，根据需水和用水特点不同，再分为若干亚类，如化工还可划分为石油化工、一般化工和医药工业等；轻工还可分为造纸、食品、烟酒、玻璃等。

3. 按需水过程分类

按工业需水过程分类：①总需水，即工矿企业在生产过程中所需要的全部水量，包括空调、冷却、工艺、洗涤和其他需水。在一定设备条件和生产工艺水平下，其总需水量基本是一个定值，可以通过测试计算确定；②取用水或补充水，即工矿企业取用不同水源的总取水量；③排放水，即经过工矿企业使用后，向外排放的水量；④耗用水，工矿企业生产过程中耗用掉的水量，包括蒸发、渗漏、工艺消耗和生活消耗的水量；⑤重复用水，在工业生产过程中，二次以上的用水，称为重复用水，包括循环用水量和二次以上的用水量。

4. 按供水水源分类

按供水水源分类：①河水，企业直接从河内取水，或由专供河水的水厂供水。一般水质达不到饮用水标准，可作工业生产需水。②地下水，企业在厂区或邻近地区自备设施提取地下水，供生产或生活用的水。在我国北方城市，工业需水中取用地下水占相当大的比重。③自来水，由自来水厂供给的水源，水质较好，符合饮用水标准。④海水，沿海城市将海水作为工业需水的水源。有的将海水直接用于冷却设备，有的海水淡化处理后再用于生产。⑤再生水，城市排出废污水经处理后再利用的水。

工业需水的合理分类是进行工业需水调查、统计、分析的基础。其中按行业划分是基础，一般来说，行业划分越细，研究问题就越深入，精度就越高，但工作量会增加，而行业分得太粗，往往掩盖了矛盾，需水特点不能体现，影响工业需水问题的系统研究和成果精度。

（三）第三产业需水

第三产业需水包括商饮业和服务业需水。

四、生态环境需水结构分析

（一）河道内生态环境需水

河道内生态环境需水属非消耗性用水，按照生态环境要求可分为四个层次：河道生态基流、河道内最小生态环境需水量、特殊要求生态环境需水量、河道内生态环境总需水量。

河道内生态环境需水量按功能可分为维持河道基本功能的需水量（包括防止河道断流、保持水体一定的稀释能力与自净能力、河道冲沙输沙以及维持河湖水生生物生存的水量）；通河湖泊湿地需水量（包括湖泊、沼泽地需水）；河口生态环境需水量（包括冲淤保港、防潮压碱及河口生物需水）。

（二）河道外生态环境需水

按照目前我国水资源公报统计口径，河道外生态环境需水可分为城市生态环境需水

（包括城市河湖补水、绿地需水、环境卫生需水等）和农村生态环境需水（包括回补地下水、人工防护林草用水等）。

第二节　用水定额分析

《中华人民共和国水法》规定，国家对用水实行总量控制和定额管理相结合的制度。用水定额是确定生产单位产品或提供一项服务的具体用水量，是水资源管理的微观控制指标，节约用水规范化和计划用水总量核定的基础。

一、用水定额分类

为促进全国用水定额的编制，水利部于 1999 年就发布了《关于加强用水定额编制和管理的通知》文件，目前我国大部分地区已经编制了相应的用水定额并开始实施。由于用水定额涉及经济社会的各行各业和居民生活习惯等许多方面，要在水平衡测试的基础上确定各行各业、各种单位产品和服务项目的具体用水量。用水定额是指单位时间内，单位产品、单位面积或人均生活所需要的用水量，随社会经济发展、科技进步而逐渐变化。用水定额一般可分为农业灌溉用水定额、工业用水定额和生活用水定额三部分。

（一）农业灌溉用水定额

农业灌溉用水定额指某一种作物在单位面积上各次灌水定额的总和，即在播种前以及全生育期内单位面积的总灌水量，通常以 m^3/亩表示。灌水时间和灌水次数根据作物需水要求和土壤水分状况来确定，以达到适时适量灌溉。灌溉用水定额是指导农田灌水工作的重要依据，也是制定灌区水利规划、灌溉工程设计、编制灌区用水计划的基本资料。

农业用水定额包括作物灌溉用水定额、畜禽养殖业用水定额。灌溉用水定额通常由各有关部门分头编制。由于各部门编制的目标、分析计算方法和采用的资料不一致，所编制出来的灌溉用水定额存在很大差异，基本上形成三种不同内涵的灌溉用水定额成果，即需求型、规划型、统计型灌溉用水定额。

为加强农业用水管理，提高灌溉水的利用效率和效益，由水利部农村水利司主持，中国灌溉排水发展中心、水利部农田灌溉研究所、国家节水灌溉北京工程技术研究中心共同完成的《全国主要作物灌溉用水定额研究》成果，通过在 159 个省级分区 362 个典型县的现场调查，取得的 167 种作物 4 555 组灌溉用水数据以及大量的相关数据，总体上反映了全国不同区域灌溉用水的差别，其成果具有一定的可信度，总体上符合高效用水、节约用水的要求。

（二）工业用水定额

工业用水定额指为提供单位数量的工业产品而规定的必要的用水量，在工业生产中，每完成单位产品所需要的用水量称为产品用水定额。不同行业、不同产品所需的用水定额相差很大，工业产品有数千万种，即使是同一种产品，因受设备状况、工艺水平等因素的影响，用水定额也会有较大差别。工业用水定额与工业取水定额之间的差别主要在于工业企业的水重复利用率，也就是单位产品的新鲜水取用量与包括重复利用的总用水量。当单独分析一个工业企业用水情况时，可参考原建设部《工业用水考核指标及计算方法》（CJ 42—1999）标准进行衡量。当分析区域总体工业行业的用水情况时，实际上多指工业取水量，而习惯上又称为工业用水量。产品指最终产品或初级产品，对某些行业或工艺（工序），可用单位原料加工量为核算单元。

工业用水定额的制定是一项复杂而烦琐的工作，我国工业用水定额管理始于1984年，由原城乡建设环境保护部和国家经济贸易委员会联合发布《工业用水定额（试行）》，主要用做城市规划和新建、扩建工业项目初步设计的依据及考核工矿企业用水量的标准。2001年水利部《用水定额编制参考方法》中，界定了分析用水定额的水量范围，指出工业用水包括各工矿企业进行专业化生产过程中的生产用水、辅助生产部门所需的辅助生产用水（如锅炉水、空调用水、制冷用水等）和行政管理机构所需的附属生产用水；从用水方式来讲，可分为间接冷却用水、工艺用水、锅炉用水和生活用水四个方面。

2001年11月，原国家经济贸易委员会向国家标准化委员会提出制订高用水行业取水定额国家标准项目计划，经批准正式立项。目前已发布了《工业企业产品取水定额编制通则》及7个高用水行业定额国家标准，分别为火力发电、钢铁联合企业、石油炼制、棉印染产品、造纸产品、啤酒制造、酒精制造。

（三）生活用水定额

生活用水包括城市生活用水和农村生活用水两大类，其中城市生活用水可分为三类：

（1）城镇居民生活用水：指维持居民日常生活的家庭和个人用水，包括饮用、烹调、洗涤、卫生等室内用水和洗车、绿化等室外用水。

（2）城镇公共用水：指城镇公共设施和公共建筑用水，包括机关、学校、托幼、科研、饭店、旅店、商店、医院、影剧院、浴室、洗车、车站、码头、部队等公共设施与公共建筑用水。

（3）市政、园林、河湖环境用水：原归属在公共用水中，近年来随着环境建设的改善，用水量逐渐增加，逐步从公共用水中分离出来。

农村生活用水包括农村居民用水和牲畜用水，又称人畜用水定额。

生活用水定额由建设部标准定额司进行管理，目前制定的这方面标准规范主要有《城市居民生活用水量标准》（GB/T 50331—2002）、《城市给水工程规划规范》（GB 50282—98）等。此外，卫生部也制定了《农村生活饮用水量卫生标准》（GB 11730—89）。该标准适用于县、镇以下的农村自来水的设计与建设。标准中按气候把全国分为5类，按供水条件分为计量收费供水与免费供水两类。

由于工业的发展主要集中于城市，且长期以来城市用水管理归属住房和城乡建设部，在实际中将工业用水定额和城镇生活用水定额统称为城市用水定额。水利部最近制定了城市综合用水量标准，包括人均综合用水指标、地均综合用水指标、经济综合用水指标三类。将城市分为特大城市、大城市、中等城市、小城市四种等别。城市综合用水最大的特点是反映了我国气候及地理因素对城市水资源条件的影响，按水资源分区来测算用水指标，结合全国水资源综合规划成果，将全国划分为12个区，目前该规划已由国务院批复并已开始实施，可参考《城市综合用水量标准》（SL 367—2006）。

近年来，随着对生态环境的日益重视，已把维持生态环境所需的基本水量（如维持河流生命的最小基流量等）称为生态需水或生态环境用水等，有关用水规范还在研究中。

二、用水定额编制

（一）用水定额编制原则

制定用水定额是实行计划用水、节约用水规范化、科学化管理的重要措施，为此，定额的制定遵循以下基本原则：

（1）先进性、科学性原则。既考虑利用现有的节水技术、节水设备的节水能力，又尽量靠近全省或全国同行业的先进水平。

（2）合理性、可行性原则。兼顾行业的生产状况、设备状况、生产技术、生产工艺和生产环境等多种影响因素，进行合理定位。

（3）节水防污并行原则。对重复利用率低、污染严重的工业行业的产品用水定额加以严格控制。

（4）以供定需、合理配置原则。对高耗水、低产出的工业行业的产品用水定额加以控制。

（5）动态性原则。各类用水定额随社会发展和科技进步而发生变化，如生活水平提高、工艺技术进步等，农业用水定额还受到自然气候条件的影响，需要阶段性修订，以保证用水定额的科学性。

（二）用水定额合理性分析

实践证明，通过用水定额编制使用水定额管理对各行业具有很高的可操作性，定额标准的实施有力地促进了区域节水技术进步和管理水平提升，取得了显著的节水、环保、经济效益，对我国提高用水效率、缓解水资源瓶颈制约、实现水资源合理利用具有十分重要的现实意义。近年来，各省（自治区、直辖市）都已开展了各行业的用水定额编制工作，取得了丰硕的成果。目前，大多数省（自治区、直辖市）已将编制完成的各行业用水定额向社会发布，在编制节水灌溉规划时，可作为用水分析的重要依据。

在用水定额的确定上，合理性是当前用水定额应用中非常重要的问题。用水定额制定从理论上来讲，根据各单位的生产产量或产值用水来确定，应该是比较科学、合理的，但定额的使用往往是滞后的，工艺改变、人们生活水平的提高、工程供水能力的变化等使得用水定额经常发生变化，各地区还需要依据实际情况进行一定的调整或实地测定。

（1）生活用水定额。城镇居民生活用水与地区水资源禀赋、社会经济发展条件、文化生活、供水工程能力等密切相关。一般情况下，生活用水定额可以通过调查获得，在历史用水调查的基础上，遵循适当提高的原则进行确定。

（2）农业用水定额。农业用水中的灌溉用水占主体，对于灌溉来说有灌溉用水定额和灌溉定额，两者有一定的联系，也有根本区别。灌溉定额是依据农作物需水量、有效降水量、地下水利用量确定的，是满足作物对补充土壤水分要求的科学依据，注重的是灌溉的科学性，是一个设计参数，不具有比较标准的属性和支撑体系，如果要进行比较，只能通过不同设计方案进行技术经济分析。灌溉用水定额是衡量灌溉用水科学性、合理性、先进性，且具有可比性的准则，是农业用水管理的微观指标，成为客观评价灌溉用水的准则。

影响灌溉用水定额的因素很多，如水资源条件、工程条件、作物种类、管理模式、灌溉习惯等，需要通过当地现状调查资料进行分析。2004 年水利部组织开展了全国灌溉用水定额的编制工作，每个分区内选择 2～3 个典型县，通过现场调查提出了 193 种作物的灌溉用水定额，以现场调查典型县主要作物的现状亩均灌溉用水量，参考有关用水定额，并以当地可供灌溉水量为控制条件，在综合考虑自然地理、水资源特点、作物种植结构、工程类型、水源工程形式、节水灌溉发展水平等影响因素的情况下，采用综合方法制定各省（自治区、直辖市）主要作物的灌溉用水定额。实际采用灌溉用水定额时，可以相近的条件作为依据进行确定。

（3）工业用水定额。工业用水定额工作相对较为薄弱，这与工业种类繁多、工业主管部门的重点工作在节能减排方面有关。工业用水定额与生产工艺、水循环利用情况、产品形式等密切相关。目前，工业用水定额一方面可以参考地区经贸部门发布的高耗水行业用水定额，另一方面可以结合试点工业企业用水情况调查进行确定。随着国家最严格水资源管理制度的实施，要求各地区进行工业水平衡测试工作，工业用水定额的科学性将逐步趋于完善。

（4）其他用水定额。包括林牧渔业、建筑业、第三产业等，一般情况下变化不大，通过调查统计可以获得。在用水合理性分析时，可以在现状用水定额的基础上作适当的调整，应符合地区用水管理要求。

三、用水定额指标预测方法

尽管各类用水定额有很大的不确定性，但都有一定的变化趋势。在进行用水定额分析时，进行科学预测是很有必要的。定量预测就是将用水定额指标对象视为时间变量进行推演，表达指标未来发展状态规律的方法。如果对指标进行长期预测，需要的统计数据资料系列长，预测过程中的影响因素可能具有偶然性和突发性等许多不可控情况，同时还要考虑指标的边界条件和实际情况，一般只能给出变化的趋势性。受气候、工程条件等影响，农业用水指标和生态环境用水指标相对工业用水指标的波动性变化较大，表现出一定的随机性。因此，对指标进行预测分析既要考虑其趋势变化，也要满足一定的精度要求。根据指标现状变化特点，可采用不同的预测技术。常用的用水定额分析预测方法有趋势外推法、指数平滑法和 GM（1，1）模型法。

（一）趋势外推法

经济社会的发展过程有时可能出现某种跳跃，但主要还是渐进变化的，技术或经济发展的因素在很大程度上决定着未来的发展，在整个过程中认为它具有相对稳定性。对指标时间序列而言，预测与推断都是一种外推，趋势外推法就是由系统的历史和现实发展趋势得到系统运动变化的规律，并据此推测出该系统未来的状况。趋势外推法已成为科学技术发展渐进过程的一种主要技术预测方法，在世界各地区、各领域的应用最为广泛。

趋势外推法根据预测目标的时间序列和发展规律，研究变量的发展变化相对于时间之间的函数关系，通过建立适当的预测模型，推测并着重研究其可能的发展趋势，并用函数的形式加以量化，根据函数关系的形态不同，可分为直线趋势外推法、曲线趋势外推法，步骤如下：

（1）根据用水定额指标时间变化序列 $X^{(0)} = \{x^{(0)}(1), x^{(0)}(2), \cdots, x^{(0)}(n)\}$ 图，将其变化曲线与各类模型的图形进行比较，然后根据图形的变化趋势情况来选择直线拟合模型或曲线外推模型。

（2）如选择直线拟合模型，外推形式为 $\hat{x}^{(0)}(t) = b_0 + b_1 t$，根据最小二乘法确定直线模型的参数；如选择曲线外推模型，需要综合考虑多项式、指数或对数形式、生长曲线形式，以作进一步的预测模型选择。多项式一般形式为 $\hat{x}^{(0)}(t) = b_0 + b_1 t + b_2 t^2 + \cdots + b_k t^k$，指数形式为 $\hat{x}^{(0)}(t) = ae^{bt}$，生长曲线形式为 $\hat{x}^{(0)}(t) = \dfrac{L}{1 + ae^{-bt}}$，根据最小二乘法或通过变化后求得参数。

（3）根据模型拟合优度 $SE = \sqrt{\dfrac{\sum [\hat{x}^{(0)}(t) - x^{(0)}(t)]^2}{n}}$ 最小原则，结合指标实际变化情况，选择相应的曲线模型进行预测。

（二）指数平滑法

指标时间序列在一定程度上存在着前后依存关系，指数平滑法认为这种变化具有稳定性或规则性，最近的过去态势在某种程度上会持续到最近的未来，所以将较大的权数放在最近的状态，从而可被合理地顺势推延。指数平滑法兼容了全期平均法和移动平均法所长，尤其是资料相对缺乏时，能够考虑所有信息，给予不同的权重影响，具有逐期递推的性质。在经济社会发展预测中，指数平滑法是用得较多的一种，适用于时间序列趋势变动和水平变动事物的预测，包括一次指数平滑法、二次指数平滑法和多次指数平滑法。一次指数平滑法适用于水平型变动的时间序列预测，二次指数平滑法适用于线性趋势型变动的时间序列预测，多次指数平滑法适用于非线性趋势变动的时间序列预测，步骤如下：

（1）设用水定额指标变化序列 $X^{(0)} = \{x^{(0)}(1), x^{(0)}(2), \cdots, x^{(0)}(n)\}$，先进行指标序列的一次指数平滑值计算：

$$S^{(1)} = \{s^{(1)}(1), s^{(1)}(2), \cdots, s^{(1)}(n)\} \tag{4-1}$$

$$s^{(1)}(k+1) = \lambda_1 x^{(0)}(k) + (1 - \lambda_1) s^{(1)}(k) \tag{4-2}$$

λ_1 为加权平滑系数，$0 \leqslant \lambda_1 \leqslant 1$，可采用试算比较或一维优化方法求得。

（2）利用式（4-2）进行预测精度评价，如满足要求，可进行逐期递推预测；如不满足要求，在一次指数平滑结果基础上进行二次平滑计算，计算过程与一次指数平滑相同。

$$S^{(2)} = \{s^{(2)}(1), s^{(2)}(2), \cdots, s^{(2)}(n)\} \tag{4-3}$$

$$s^{(2)}(k+1) = \lambda_2 x^{(1)}(k) + (1 - \lambda_2) s^{(2)}(k) \tag{4-4}$$

如仍不能满足预测要求，可继续在一次指数平滑和二次指数平滑基础上，进行三次指数平滑计算，或者采用其他预测方法。

（三）GM(1，1) 模型法

用水定额既有一定的趋势性，也表现出一定的随机性。灰色系统理论把随机过程看做是在一定范围内变化的、与时间有关的灰色过程，经过 20 多年的发展，已经基本形成一门新兴学科的结构体系，针对"小样本、贫信息"不确定性问题着重研究，通过对原始数据的挖掘、整理来寻求其变化规律。其中，GM(1，1) 模型由于所需要建模信息少、计算方便等特点，在不同领域的广泛应用中取得了较好的效果，步骤如下：

（1）对用水定额指标变化序列 $X^{(0)} = \{x^{(0)}(1)，x^{(0)}(2)，\cdots，x^{(0)}(n)\}$ 进行级比检验，看其是否满足条件：

$$P^{(0)}(k) = x^0(k-1)/x^{(0)}(k) \tag{4-5}$$

其中的取值参考范围为 $P^{(0)}(k) \in (e^{-\frac{2}{n+1}}，e^{\frac{2}{n+1}})$，如果级比偏离过大则不适宜采用 GM(1，1) 模型进行预测，或者进行一定的预处理以满足建模要求。

（2）利用一次累加值生成新的 $X^{(1)}$ 序列：

$$X^{(1)} = \{x^{(1)}(1)，x^{(1)}(2)，\cdots，x^{(1)}(n)\} \tag{4-6}$$

$$x^{(1)}(i) = \sum_{k=1}^{i} x^{(0)}(k) \tag{4-7}$$

（3）构造累加矩阵 B 与常数项向量 Y_n。

取 $x^{(1)}$ 的加权均值：

$$z^{(1)}(k) = \alpha x^{(1)}(k) + (1-\alpha)x^{(1)}(k-1) \tag{4-8}$$

$$\boldsymbol{B} = \begin{bmatrix} -z^1(2) & 1 \\ -z^1(3) & 1 \\ \vdots & \vdots \\ -z^1(n) & 1 \end{bmatrix} \tag{4-9}$$

$$\boldsymbol{Y}_n = [x^{(0)}(2)，x^{(0)}(3)，\cdots，x^{(0)}(n)]^T \tag{4-10}$$

（4）用最小二乘法求解灰参数：

$$\hat{\boldsymbol{\alpha}} = \begin{bmatrix} \alpha \\ \mu \end{bmatrix} = (\boldsymbol{B}^T\boldsymbol{B})^{-1}\boldsymbol{B}^T\boldsymbol{Y}_n \tag{4-11}$$

将灰参数代入时间函数

$$\hat{x}^{(1)}(k+1) = \left(x^{(0)}(1) - \frac{\mu}{\alpha}\right)e^{-\alpha k} + \frac{\mu}{\alpha} \tag{4-12}$$

（5）还原计算，进行预测模型精度检验：

$$\hat{x}^{(1)}(k+1) = -\alpha\left(x^{(0)}(1) - \frac{\mu}{\alpha}\right)e^{-\alpha k} \tag{4-13}$$

GM(1，1) 模型精度检验有相对误差 α 检验、关联度 γ 检验、均方差比值 C 检验和小误差概率 P 检验，可参阅有关预测精度等级表。如果精度满足要求，可利用式（4-12）进行预测。如精度不符合要求，可进一步利用模型预测产生的残差序列 $e^{(0)}(k) = x^{(0)}(k) - \hat{x}^{(0)}(k)$ 进行修正建模，与 GM(1，1) 过程相同。另外，可以采用系统云灰色模型 SCGM(1，1)，或者将 GM(1，1) 模型与马尔科夫链过程结合起来，以增强用水定额预测的科学性。

第三节　需水量分析

一、需水量分析的基本要求

（一）需水预测原则

（1）需水预测应按用水统计口径进行预测，避免遗漏或重复。在进行预测时根据需要和条件，可再进行更细的分类。

（2）需水预测时宜采用多种方法。相对而言，定额法较为成熟，采用的较多，趋势法也具有一定的优越性。应以这两种方法为主要方法，并可采用产品产量法、人均综合用水量法、弹性系数法等进行复核。在对各种方法的预测成果进行相互比较和检验的基础上，经综合分析后提出需水预测成果。

（3）提出基准年和规划水平年不同年型的需水量方案，可在降水量系列中分别选择降水量频率与 $p=50\%$、$p=75\%$ 和 $p=95\%$（或 $p=90\%$）相当的年份，作为平水年、中等干旱年和特枯水年的代表年。

基准年需水量应在现状用水分析的基础上，按照现状经济社会发展水平、节约用水水平，考虑不同降水条件的影响，满足各类用水户合理需求的水量。

（4）需水预测成果要进行合理性分析，包括发展趋势分析、结构分析、用水效率分析、用水节水指标分析等。应对不同方案、不同水平年预测成果、国内外条件类似地区进行比较分析。

（5）对于经济社会发展、节水发展及需水量变化受不确定性因素影响较大的地区，应设置多组方案，给出预测值的幅度或范围。

（6）对于年内需水量变幅较大的地区和部门，应通过典型调查和用水量分析，提出年需水量的月分配系数和年内过程。农业需水季节性差异较大，应提出农业需水量的月分配系数及其年内过程。可根据种植结构、灌溉制度，结合典型调查和灌溉试验站的分析成果综合确定。

（二）经济社会发展指标预测

与需水预测有关的经济社会发展指标应包括人口及城市化率、经济发展指标、农业发展及土地利用指标等。各项指标宜采用有关部门提供的预测成果，或依据其提供的资料进行预测。

（1）人口预测成果应包括总人口、城镇人口、农村人口、城市化率等。人口预测宜采用人口发展规划的成果，或根据计划生育行政主管部门、社会经济信息统计主体部门和宏观调控部门提供的资料进行预测；宜采用常住人口口径进行人口预测。

（2）国民经济发展指标包括地区生产总值及其组成结构、工业总产值（增加值）以及发展速度等。它宜采用国民经济和社会发展规划及有关行业规划、专项规划的成果，或根据宏观调控部门、经济综合管理部门和社会经济信息统计主体部门提供的资料进行预测。

（3）农业发展及土地利用指标应包括农田灌溉面积、林果地灌溉面积、牧草场灌溉面积、鱼塘面积、牲畜存栏数等，必要时还可包括耕地面积、主要农作物的播种面积、农业产值（增加值）、粮食产量等。农业发展及土地利用指标宜采用土地利用总体规划的成果，或根据土地行政主管部门、农业发展主管部门和水行政主管部门提供的资料进行预测。预测耕地面积时，应遵循国家有关土地管理法规与政策以及退耕还林还草还湖等有关政策，考虑基础设施建设和工业化、城市化发展等占地的影响。预测灌溉面积时，宜以水行政主管部门的现状统计数据为基础。

（三）现状节水潜力分析

在进行需水分析时，应将节水分析作为一个重要环节，其内容主要包括现状用水水平与用水效率分析、各地区各部门节水潜力分析、不同水平年节水目标与要求、节水方案与相应节水措施和投资、不同节水模式下需水预测方案比较等，参考水利部颁发的《节水型社会建设规划编制导则》（2008）中关于节水潜力的计算方法，分析各地区各行业的节水潜力。

现状节水潜力是在现状经济社会条件下的人口、经济量和实物量，按照远期水平年的节水标准计算出的需水量与现状用水量的差值。其分析计算如下：

（1）农业节水潜力计算：

$$dW_n = A_0(Q_{m0} - Q_{mt}) \tag{4-14}$$

式中　dW_n——农田灌溉节水潜力；

　　　A_0——现状灌溉面积（有效灌溉面积）；

　　　Q_{m0}、Q_{mt}——平水年情况下现状、规划年毛灌溉需水定额。

（2）工业节水潜力计算：

$$dW_g = Z_0(W_{Z0} - W_{Zt}) \tag{4-15}$$

式中　dW_g——工业节水潜力；

　　　Z_0——现状工业增加值；

　　　W_{Z0}、W_{Zt}——现状、规划年万元工业增加值取水量。

（3）城镇生活节水潜力计算。主要由供水管网节水和节水器具节水两部分组成。

供水管网节水潜力用下式计算：

$$dW_{gw} = W_{gw0} - W_{gw0}(1 - \eta_0)/(1 - \eta_t) \tag{4-16}$$

式中　dW_{gw}——供水管网节水潜力；

　　　W_{gw0}——自来水厂供出的城镇生活用水量；

　　　η_0、η_t——现状、规划年供水管网漏失率。

节水器具节水潜力可采用下式估算：

$$dW_{qj} = RJ_Z \times 365/1\,000 \times (P_t - P_0) \tag{4-17}$$

式中　dW_{qj}——节水器具节水潜力；

　　　R——城镇人口；

　　　J_Z——节水器具日可节水量，取 28 L/d；

　　　P_0、P_t——现状、规划年节水器具普及率。

二、生活需水量预测

生活需水量预测多采用趋势法，应根据发展指标的预测结果，结合水资源条件和供水能力建设，拟定与其经济发展水平及生活水平相适应的城镇生活用水定额和农村生活用水定额，分别进行城镇居民生活和农村居民生活需水预测。

城镇居民生活用水定额应在现状城镇生活用水调查与用水节水水平分析的基础上，参考国内外同类地区或城市居民生活用水变化的趋势和增长过程，结合对生活用水习惯、收入水平、水价水平的分析，根据未来的发展水平和生活水平确定不同水平年用水定额。

不同水平年的农村居民生活用水定额应在对过去和现在用水定额分析的基础上，考虑未来生活水平提高和供水条件的改善等综合拟定。

有关人口规划数据来源一般可参考地区城市发展总体规划、国民经济发展规划、人口发展专题规划等。

三、农业需水量预测

农业需水包括农田灌溉需水和林牧渔业需水。

（1）农田灌溉需水。农田灌溉用水定额，选用代表性作物结合农作物播种面积预测成果或复种指数加以综合确定，预测农田灌溉用水定额应充分考虑田间节水措施以及科技进步的影响，分别提出降水频率为 $p=50\%$、$p=75\%$ 和 $p=95\%$ 的灌溉用水定额。根据农田灌溉水利用系数进行毛灌溉需水量的预测。

对于井灌区、渠灌区和井渠结合灌区，应根据节约用水的有关成果分别确定各自的渠系水利用系数，计算毛灌溉需水量。

（2）林牧渔业需水包括林果地灌溉、草场灌溉、牲畜用水和鱼塘补水等四类。林牧渔业需水量中的灌溉（补水）需水量部分受降水条件影响较大，有条件的或用水量较大的需分别提出降水频率为 $p=50\%$、$p=75\%$ 和 $p=95\%$ 的预测需水成果，其总量不大或不同年份变化不大时可用平均值代替。

农业需水预测也可采用综合定额法，灌溉需水量与降水频率、灌溉面积、作物种植类、灌溉用水定额等因素有关。

$$WA_t = \sum_{i=1}^{m_t} IW_{i,t} \cdot A_{i,t} \tag{4-18}$$

式中　WA_t——预测年农业灌溉需水量；

　　　$IW_{i,t}$——预测年第 i 种作物灌溉用水定额；

　　　$A_{i,t}$——预测年第 i 种作物种植面积；

　　　m_t——预测年作物种植类型数。

在进行农业需水预测时，应注意以下问题：

（1）农业净灌溉用水定额可根据作物的需水量考虑田间灌溉损失计算，作物需水量应考虑作物组成及复种指数。毛灌溉需水量应根据净灌溉用水定额和灌溉水利用系数计算。有条件的地区，按照有关规定，可采用彭曼公式计算农作物蒸腾蒸发量、扣除有效降水并考虑田间灌溉损失计算灌溉净定额。

（2）灌溉用水定额可分为充分灌溉和非充分灌溉两种类型。水资源比较丰富的地区，宜采用充分灌溉用水定额；水资源比较紧缺的地区，宜采用非充分灌溉用水定额。灌溉用水定额分析计算应充分利用灌溉试验站场以及有关的资料和成果。

（3）禽畜饲养需水是指家畜家禽养殖场的需水，可按大牲畜、小牲畜、家禽三类分别确定其用水定额，也可根据肉禽的产量折算成牲畜头数估算需水量。鱼塘需水量应根据鱼塘面积与补水定额估算，补水定额为单位面积的补水量，根据降水量、水面蒸发量、鱼塘渗漏量和年换水次数确定。

渔业需水指养殖水面蒸发和渗漏所消耗水量的补充值。

$$W_{渔} = \omega(\alpha E - P + S) \tag{4-19}$$

式中　ω——养殖水面面积；

　　　E——水面蒸发量，由蒸发器测得；

　　　α——蒸发器折算系数（可根据附近水文气象部门资料获得）；

　　　P——年降水量；

　　　S——年渗漏量（由调查、实测或经验数据估算）。

我国对农业需水量的试验研究是在 20 世纪 50 年代初期在全国范围内开展起来的，已积累有丰富的试验资料和计算成果，有些省区还绘制出水稻、小麦等主要作物的需水量等值线图，可供规划时参考。

四、工业和建筑业需水量预测

工业需水量预测按高用水工业、一般工业和火（核）电工业等三类进行预测。

高用水工业和一般工业需水可采用万元工业增加值用水量法进行预测，高用水工业需水量预测可参照经济贸易委员会编制的工业节水规划的有关成果。火（核）电工业分循环式和直流式两种用水类型，可按照单位发电量用水定额进行预测。有关部门和省（自治区、直辖市）已制定的工业用水定额可作为工业用水定额预测的基本依据。远期工业用水定额的确定可参考目前经济比较发达、用水水平比较先进的国家或地区现有的工业用水定额水平，结合本地发展条件确定。

工业发展规模资料可以从地区部门工业发展规划、国民经济发展规划等有关规划成果获得。如果地区工业分布格局差异大、工业种类多、工业用水量大，则采用综合法能反映不同部门和行业需水的变化特点。

设 $WDi^0(i, j)$ 和 $WDi^T(i, j)$ 为第 i 分区第 j 类型基准年和规划年工业用水量，按照工业发展规划，每一时段 k 由于工业调整相应需水量变化为 $\Delta WDi^k(i, j)$，且该时段的用水增长率为 σ_i，在趋势法的基础上考虑 σ 的阶段变化性 σ_i；在工业分块预测法的基础上将增加的需水量同趋势法一样预测；在相关法的基础上，对工业产值的预测看做用水量预测，并考虑工业结构需水量增长情况有无大的变化，则形成工业需水量预测的综合法：

$$WDi^T = \sum_{i=1}^{Nfq} \sum_{j=1}^{Nhy} \sum_{k=0}^{n} \Delta WDi^k(i,j) \cdot \prod_{l=k}^{n} (1 + \delta_k \sigma_l)^{T_l} \cdot iplot(n) \tag{4-20}$$

式中　Nfq——分区数；

　　　Nhy——工业行业分类数；

　　　n——计算时段数；

　　　δ_k——狄拉克函数，新增工业用水量成为后续时段的基础工业用水时为 1，当增加的工业在后续需水中保持常量时为 0；

　　　σ_l——某时段的用水增长率，当增加的工业在后续时段需水中保持常量时为 0；

　　　T_l——时段内的年数；

　　　$iplot（n）$——内插函数，处理分段数与规划期不吻合情况。

建筑业需水以单位建筑面积用水量或万元增加值用水量法预测：

$$WC_t = ICW_t \cdot E_t \tag{4-21}$$

式中　WC_t——预测年建筑业需水量；

　　　ICW_t——预测年建筑业单位面积或万元增加值用水定额；

　　　E_t——预测年建筑业产值或建筑面积。

五、第三产业需水量预测

第三产业需水量宜采用趋势法或城镇人均用水定额法进行预测。第三产业包含的各种行业用水的差异较大，确定用水定额时要考虑行业的组成情况。第三产业发展规模可以从地区国民经济发展规划、相关部门的专业规划中获得。

六、生态环境需水量预测

对生态环境需水的概念目前在认识上仍有不同的看法。生态与环境是分属两个不同学科但是在含义上有重叠的概念，有的专家或学者建议将其分开，即分为生态需水和环境需水。生态需水侧重生态系统中生物目标的保护，环境需水侧重生态系统中环境因子水质目标的保护。

（一）生态需水量估算方法

生态需水的研究对象包括河流、湖泊、湿地、森林、绿洲等众多水域生态系统。由于河流与人类活动的关系最为密切，因此生态需水的研究一直主要集中在河流方面，从最初的满足河流某些特定功能如航运，发展到结合水生生物目标保护研究，以美国最具有典型性和代表性，其间关于生态需水量的相近概念如河道枯水流量、河道内流量、生态可接受流量等相继提出。依据对河流生态需水的不同阶段目标和要求，进而形成了各种计算方法。

1. 水文统计学方法

Texas 法、基本流量法（Basic Flow）、NGPRP 法、Tennant 法、水文指标 RVA 法等均属于水文学方法，最具有代表性的方法为 Tennant 法，影响较大。Tennant 在对美国 11 条河流的断面数据进行分析后，依据流量对应的流速、水深等增幅大小，认为年均流量的 10% 是河流生态环境得以维持的最小流量，并以预先确定的年平均流量百分比将河流生态环境划分为不同的等级，如表 4-2 所示。

Tennant 法将年平均流量的 10% 作为水生生物生长的低限，年平均流量的 30% 作为水生生物的满意流量，年平均流量的60%作为最佳范围的基础。我国一般采用改进的7Q10法，以河流近10年最枯月平均流量或90%保证率下最枯月平均流量作为推荐的河道生态流量来适应国内河流对生态流量的要求。

2. 水力学方法

在河流生态需水研究中，有许多都直接或间接属于形态学观点的范畴。基于河道水力参数来确定河道生态流量的计算方法都在某种程度上考虑了河道的特性，即水力学方法，如湿周法、R2CROSS法等，以湿周法最具有代表性。水力学方法主要是依据现场量测或调查的水文水力等资料，绘制相应的关系曲线，依据关系图中的变化情况，给出河流推荐流量。对多条河流的湿周进行研究之后发现，多年平均流量的10%所占有的湿周为最大湿周的50%，多年平均流量的30%则接近于最大湿周。该法通过河道断面确定湿周与流量之间的关系，找出影响流量变化的关键点，其对应的流量作为河道流量的推荐值。

表4-2　河道流量等级标准设定的 Tennant 法

流量等级描述	推荐的基流百分比标准（年平均流量百分数）	
	10月至翌年3月	4~9月
最大流量	200	200
最佳流量	60~100	60~100
极好	40	60
非常好	30	50
好	20	40
中等或差（退化）	10	30
最小	10	10
极差	<10	<10

3. 生物学方法

生物学方法借助于水文学或水力学等方法，用生态环境质量指标的变化来代替生物种群的变化，因此生物学方法本质上是水文学、水力学方法的拓展。从生态系统要保护的水生生物出发，通常的研究对象是鱼类，建立河道流量与生物量或种群变化关系，在生态需水的研究过程中，对特定生物的保护目标或多或少地贯穿在其中。生物完整性是生态系统基础，是衡量生物多样性和完整性的前提条件。具有代表性的生物学方法是美国中西部评价鱼群落的方法，即生物完整性指数 IBI 法。该法主要依据所要保护的敏感高级指示物种（一般为鱼类）对水域生态指标的需求与当前生态系统的状况进行比较，对现状作出判断，然后给出提高多样性和稳定性发展的蓄水量要求。此外，生态环境模拟法是现状生物学方法中的主流方法，将生物资料与河流流量研究相结合，以生物为主要因子，考虑生态环境对河流流量的季节性变化要求，但该方法在应用中往往受生物资料缺乏的限制。

（二）环境需水量估算方法

环境需水量指为达到或维持既定的水环境保护目标所需要的水量，一般指水质目标，往往是与水体污染指标密切相关的。环境需水的计算方法可以参照国家发布的《水域纳污能力计算规程》（GB/T 25173—2010），包括河流、湖泊、水库、渠道等不同类型水体纳污能力计算模型。实践中，由于零维模型或箱式模型采用质量平衡原理，应用相对简便，较为常用。

零维模型根据水质状况将水体视为一个整体单元或划分成几个不同单元，假定区域水体污染物内部完全掺混均匀，根据质量守恒原理可以推求环境需水量。

$$(C_0 V_0 + C_{in} W_{in} - C_s W_s)(1 - K_h) = C_s (V_0 + W_{in} - W_s) \qquad (4\text{-}22)$$

式中　C_0——单元现状某污染物指标浓度；

C_{in}——进入单元水体的污染物浓度；

C_s——完全混合后排出水体的污染物浓度，即水质目标达标控制浓度；

V_0——单元水体的体积；

W_{in}——某污染物指标达标条件下的环境需水量；

W_s——排出水体的水量；

K_h——污染物自净能力的比例，可由衰减系数转化得到。

首先，通过对不同水质污染物浓度指标达标的需水量进行计算，然后取各种污染物控制目标下最大的需水量作为环境需水的下限值。

（三）生态环境需水量估算方法

在很多不具备分别计算生态需水与环境需水的条件时，建议按照水利部发布的《水资源供需预测分析技术规范》（SL 429—2008）、《河道内生态需水评估导则》（试行）中生态环境需水预测的方法进行预测，便于各地区统一口径，也可为地区水资源综合规划提供相应成果。

1. 河道内生态环境需水量估算

按照生态环境功能计算河道内生态环境需水量，主要采用以下三类方法：一是流量计算方法（标准流量设定法），如7Q10法、河流流量推荐值法等；二是水力学法，如R2CROSS法、湿周法等；三是基于生物学基础的栖息地法，如河道内流量增加法、CASIMIR法。应根据实际条件和工作的要求，选择合适的计算方法计算河道内生态环境需水量。

河道内生态环境需水量属非消耗性用水，一般采用占河道控制节点多年平均年径流量的百分数进行预测统计。根据各地的河流特点和生态环境目标要求，分析确定其占多年平均年径流量的百分数，北方河流一般采用10%～20%、南方河流一般采用20%～30%作为参考范围。

2. 河道外生态环境需水量估算

根据生态环境维持与修复目标和对各项生态环境功能保护的具体要求，结合实际情况，采用相应的计算方法预测河道外生态环境需水量。对城市绿化、防护林草等以植被需水为主体的，可采用灌溉定额法；对河湖、湿地等补水，可采用计算耗水量的方法。

（1）城镇绿化需水量可采用人均绿化用水指标或单位绿地面积用水指标进行预测。人工防护林草需水量可参照农业灌溉需水量预测的方法，采用单位面积需水定额进行预测。

（2）城镇河湖生态环境需水量应根据需维持的河湖面积，分析单位水面面积蒸发和渗漏损失，并适当考虑改善水质的换水要求，按照拟定水面面积的补水定额进行预测。

第五章　区域土地资源调查与评价

　　土地资源调查与评价是水土资源评价管理领域中一项十分重要的基础性工作。通过不同目的或规模的土地资源调查，能及时可靠地获取不同区域的土地类型的数量、空间分布规律及其利用情况，进而通过土地评价对土地资源的质量、适宜性、生产潜力等作出科学的鉴定，为土地资源的动态监测、可持续利用与管理提供现实依据。

　　土地资源评价又称土地评价，是指为了一定的目的，在一定的用途条件下，对土地质量的高低或土地生产力的大小进行评定的过程。土地评价是国土开发整治与发展战略研究的重要依据，是协调区域土地开发与土地保护、实现土地资源可持续发展的基本手段。科学进行土地资源评价有利于了解区域土地资源分布的特点，为更好地保护和利用土地资源提供科学依据与策略。土地资源评价已日益广泛地应用于各个领域，成为制定土地规划过程中的技术手段之一，是土地资源调查的重要组分和土地管理的一项基础性工作。

　　土地评价的实质是鉴定土地质量的好坏，分析土地质量与土地用途两者之间的关系，揭示土地的开发、利用与保护方向和途径。研究对象为土地质量（如气候、地形、土地、水文、社会经济因素等）和土地用途（包括各种土地利用方式）。研究目标是分析各种可能被考虑的土地用途在一定区域内的适宜性程度，包括当前适宜性和潜在适宜性、生态适宜性、经济适宜性和社会适宜性。

第一节　土地资源利用分类

一、我国土地资源状况

　　土地资源是指已经被人类所利用和可预见的未来能被人类利用的土地。土地资源既包括自然范畴（即土地的自然属性），也包括经济范畴（即土地的社会属性），是人类的生产资料和劳动对象。根据 2007 年土地利用变更调查结果，我国现有耕地 12 177.59 万 hm^2、园地 1 181.82 万 hm^2、林地 23 612.13 万 hm^2、牧草地 26 193.20 万 hm^2、其他农用地 2 554.10 万 hm^2、居民点及独立工矿用地 2 635.45 万 hm^2、交通运输用地 239.52 万 hm^2、水利设施用地 361.52 万 hm^2，其余为未利用地。

　　当前，我国土地资源的特征主要表现为以下几个方面：

　　（1）绝对数量大、人均占有量少。我国耕地面积居世界第 4 位、林地居第 8 位、草地居第 2 位，但人均占有量很低。世界人均耕地 0.37 hm^2，我国人均仅为 0.1 hm^2。发达国家 1 hm^2 耕地负担 1.8 人，发展中国家负担 4 人，我国则需负担 8 人，近年来我国非农业用地逐年增加，人均耕地将逐年减少，土地的人口压力愈来愈大。

　　（2）类型多样、区域差异显著。我国地跨赤道带、热带、亚热带、暖温带、温带和寒温带，其中亚热带、暖温带、温带合计约占全国土地面积的 71.7%，温度条件比较优越。从东到西又可分为湿润地区（占土地面积 32.2%）、半湿润地区（占17.8%）、半干旱地区（占 19.2%）和干旱地区（占 30.8%）。由于地形条件复杂，山地、高原、丘陵、盆地、平原等各类地形交错分布，形成了复杂多样的土地资源类型，区域差异明显，为综合发展农、林、牧、副、渔业生产提供了有利的条件。

（3）难以开发利用和质量不高的土地比例较大。我国有相当一部分土地是难以开发利用的。在全国国土总面积中，沙漠占 7.4%，戈壁占 5.9%，石质裸岩占 4.8%，冰川与永久积雪占 0.5%，加上居民点、道路占用的 8.3%，全国不能供农林牧业利用的土地约占全国土地面积的 26.9%。

此外，还有一部分土地质量较差。在现有耕地中，涝洼地占 4.0%、盐碱地占 6.7%、水土流失地占 6.7%、红壤低产地占 12%、次生潜育性水稻土占 6.7%，各类中低产田面积合计超过 8 000 万 hm^2，约占全国耕地总面积的 65%。

二、土地利用类型及特点

土地利用类型划分是指对现有的土地利用状况，根据其利用的方式、结构及其特征的相似性与差异性而进行同级土地资源的类型分类（或归并）和土地资源类型分级。其结果是划分出大小不同、层次有别的土地利用类型单位和土地资源的利用分类系统。它具有以下特点：第一，它是在自然、经济和技术条件影响下，经过人类劳动干预而形成的产物；第二，在空间分布上它具有一定的地域分布规律，但不一定连片，可以重复出现；第三，在时间上随着社会经济和技术条件的改善，土地利用方式及其特点也有明显的动态变化；第四，它是根据土地利用的地域差异划分的，是反映土地用途、性质及其分布规律的基本地域单位。

三、土地利用类型划分原则和依据

土地利用类型的划分是研究土地合理利用的一项基础工作。通常，土地利用类型的划分原则是：①充分考虑土地利用现状的特征；②反映土地利用的地域性；③适应经济建设的需要，充分考虑生产应用性；④具有一定的科学系统性。

土地利用类型划分的依据主要是土地的用途、经营特点、利用方式和覆盖特点等因素。以我国土地利用现状调查技术规程中的分类方案为例，一级类型的划分以土地用途或土地在国民经济中的作用作为划分的基本依据；二级类型以利用方式为主要标准，同时也考虑了经营特点、覆盖度等因素。

四、我国土地利用分类系统

土地利用分类系统是根据土地利用方式、结构及特点的相似性和差异性，按照一定的原则和依据，划分为一个不同层次的类型结构体系。目前，国际上多数国家采用两级制的土地资源利用类型系统，如英国、美国等。日本由于土地利用调查工作较细，采用三级类型系统。我国于 2007 年开始颁布执行新的《土地利用现状分类标准》（GB/T 21010—2007），该标准采用一级、二级两个层次的分类体系，共分 12 个一级类、56 个二级类。其中一级类包括耕地、园地、林地、草地、商服用地、工矿仓储用地、住宅用地、公共管理与公共服务用地、特殊用地、交通运输用地、水域及水利设施用地、其他土地，二级类包括水田、水浇地、旱地、果园、茶园等56个类别。

（一）耕地

耕地指种植农作物的土地，包括熟地，新开发、复垦、整理地，休闲地（含轮歇地、轮作地）；以种植农作物（含蔬菜）为主，间有零星果树、桑树或其他树木的土地；平均每年能保证收获一季的已垦滩地和海涂。耕地中包括南方宽度<1.0m，北方宽度<2.0m固定的沟、渠、路和地坎（埂）；临时种植药材、草皮、花卉、苗木等的耕地，以及其他临时改变用途的耕地。

（二）园地

园地指种植以采集果、叶、根、茎、汁等为主的集约经营的多年生木本和草本作物，覆盖度大于50%和每亩株数大于合理株数70%的土地。它包括用于育苗的土地。

（三）林地

林地指生长乔木、竹类、灌木的土地，以及沿海生长红树林的土地。它包括迹地，不包括居民点内部的绿化林木用地，铁路、公路征地范围内的林木，以及河流、沟渠的护堤林。

（四）草地

草地指以生长草本植物为主的土地。

（五）商服用地

商服用地指主要用于商业、服务业的土地。

（六）工矿仓储用地

工矿仓储用地指主要用于工业生产、采矿、物资存放场所的土地。

（七）住宅用地

住宅用地指主要用于人们生活居住的房基地及其附属设施的土地。

（八）公共管理与公共服务用地

公共管理与公共服务用地指用于机关团体、新闻出版、科教文卫、风景名胜、公共设施等的土地。

（九）特殊用地

特殊用地指用于军事设施、涉外、宗教、监教、殡葬等的土地。

（十）交通运输用地

交通运输用地指用于运输通行的地面线路、场站等的土地。它包括民用机场、港口、码头、地面运输管道和各种道路用地。

（十一）水域及水利设施用地

水域及水利设施用地指陆地水域、海涂、沟渠、水工建筑物等用地。它不包括滞洪区和已垦滩涂中的耕地、园地、林地、居民点、道路等用地。

（十二）其他土地

其他土地指上述地类以外的其他类型的土地。

土地资源现状分类名称、编码及二级类含义见附录三。

第二节　土地资源调查

土地资源调查就是运用土地资源学的知识，用遥感和测绘制图等手段，查清土地资源的类型、数量、质量、空间分布以及它们之间发生的规律和相互关系，为农业综合区划、土地资源评价以及土地资源的科学管理提供服务。

一、土地资源调查的基本内容

土地资源调查主要包括土地类型、数量、质量、权属、分布及利用现状等的调查。根据调查项目的性质和侧重点的不同，可把土地资源调查区分为若干类型。如土地利用现状调查是以土地利用状况为主的调查；土地资源质量调查是以影响土地质量的自然和社会因素为主的调查；土地类型调查是以土地类型以及空间分布规律为主的调查；还有以土地权属状况为主的土地权属调查等。具体调查时，有些调查内容是综合性的，各种调查之间没有明显的界限。

土地资源调查的目的是：①为土地资源的科学管理提供基础数据；②为土地评价和土地利用规划提供基础图件和属性数据；③为国家和地区的农业区划和国民经济计划提供基础；④为了实现对土地资源的动态监测。

土地资源调查可分为概查和详查两种形式，其具体任务包括四个方面：①查清各类土地资源的数量；②查清土地资源的基本特性和质量状况；③分析土地利用存在的问题，并进行土地利用分区；④完成调查成果图，有条件的地区要逐步建立土地资源管理信息系统或数据库，如土地利用现状图、土地类型图、土地适宜性图、土地生产潜力图以及资源各构成要素图等。

二、土地利用现状调查

土地利用现状调查是指以一定行政区域或自然区域（或流域）为单位，查清区内各种土地利用类型面积、分布和利用状况，并自下而上逐级汇总为省级、全国的土地总面积及土地利用分类面积而进行的调查。土地利用现状调查是现阶段土地资源调查的重要组成部分。

（一）土地利用现状调查的基本内容

（1）土地利用现状分类与分布状况；

（2）境界与土地权属界限；

（3）量算行政辖区范围内的土地总面积和各类土地面积；

（4）按土地权属单位及行政辖区范围，自下而上逐级汇总土地面积和各类土地面积；

（5）编制土地利用现状图、土地权属界限图；

（6）总结土地利用的经验教训，提出合理利用土地的建议；

（7）编写土地利用现状报告，进行土地利用现状调查总结。

（二）土地利用现状调查的主要工作成果

（1）县、乡（镇）、村各类土地面积的统计表；

（2）县、乡（镇）土地利用现状图；

（3）分幅土地权属界限图；

（4）县土地利用现状调查报告，乡（镇）土地利用现状说明书；

（5）县、乡（镇）土地边界接合图表。

（三）土地利用现状调查工作程序

土地利用现状调查工作程序大致可分为准备工作、外业调绘、内业工作、检查验收与成果归档五个阶段，具体见图5-1。

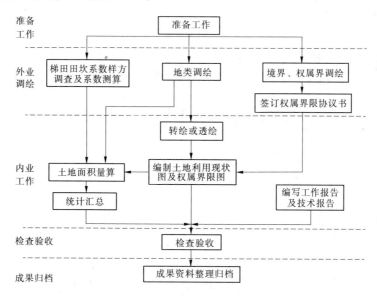

图5-1　土地利用现状调查的一般工作程序

三、土地资源质量调查

由于土地是由多种要素构成的自然地理综合体，具有多种功能，因此土地质量具有相对性。所谓相对性，是指在不同的用途条件下，土地资源质量的含义不同。如农用地的质量包括了三个既相互区别又相互联系的方面，即生产潜力、适宜性和利用效益；交通用地质量是指土地的工程性质，至少包括地基承载能力、地面工程量大小以及抗滑坡、风沙的能力等。因此，土地资源质量是与土地用途密切关联的。

土地资源质量调查主要是根据土地评价的需要查清土地质量的性状指标。性状指标指土地的可量度或可量测的属性，如自然、社会和经济属性。土地资源质量调查可通过多种方式来完成，一类是野外实地调查及测定；另一类是通过收集相关学科的调查成果和分析已有的文献资料。

农用土地质量调查一般应完成下列任务：

（1）查明对土地资源质量有影响的土地因子，包括自然因子（温度、降水、地形地貌、植被、土壤、地表水、地下水、水利设施状况等）和社会经济因子（人口和劳动力、交通状况、公共基础设施条件、土地生产力及其收益等），配合土地构成要素分布图，从而了解区域内自然经济概况。

（2）查明影响土地资源质量的主导因子和限制性因素，在综合分析的基础上，为今后各类土地的利用改造指明方向。

（3）对各类农用地质量在查清等级面积及其分布基础上作出科学的评价和分析，预测未来土地演变趋势。

四、土地类型调查

土地是由气候、岩石、土壤、水、植被等各种自然要素构成的，同时又时刻受到人类活动影响的一个复杂的自然地理综合体。由于构成要素的地域分异和人类活动对土地的影响程度或方式的差异，形成了不同特色的土地类型。土地类型调查是土地类型研究的核心内容，也是研究和认识区域土地资源基本特征的重要途径。

土地类型调查的主要内容，一是分析土地构成要素与土地类型形成和分布之间的内在联系，建立区域土地类型分类系统，查清各种土地类型的数量、质量与空间分布状况；二是分析一个地区土地类型的分异规律，揭示土地类型的形成、特性、结构与动态演替规律。

第三节　土地适宜性评价

一、土地适宜性评价的概念

土地适宜性评价大多以发展农业为目的，根据某块土地、针对特定利用方式是否适宜及适宜程度如何来进行等级评定。土地适宜性主要有两方面的含义：一是根据作物或土地利用方式的适宜程度，分为适宜、较适宜、勉强适宜和不适宜；二是指土地利用方向之间的差异程度，即土地分别适宜于发展农、林、牧及其他地类方面的差异，表现为宜农、宜林、宜牧、宜渔业和宜灌溉等。

土地适宜性评价是土地利用规划与管理的重要内容，通过评价可以为土地利用现状分析、土地利用潜力分析、土地利用结构和布局调整、土地利用规划与土地开发提供科学依据。

土地适宜性评价是最普遍和最常用的一种土地评价，是土地潜力评价的进一步发展。根据土地适宜性评价的属性范围来划分，有总体评价和单项评价。总体评价是根据土地用于农业生产的适宜程度和限制性程度，确定土地质量等级；单项评价是根据土地对栽培某种作物的适宜程度和限制因素评定土地质量等级。二者既有区别，又相互联系。前者在总体上确定了土地最佳利用方式，为单项评价奠定了基础；后者是在总体评价基础上的深入，以进一步确定农业用地的最佳利用方式。

二、土地适宜性评价的程序

土地适宜性评价的程序是：选择评价对象，划分土地评价单元，选择评价项目

（参评因素），确定土地评级标准，评价因子量化分级、权重的确定，评定土地等级，成果资料整编等。

（一）划分土地评价单元

土地评价单元是土地评价对象的最小单位，是土地的自然属性和社会经济属性基本一致的空间客体，是具有专门特征的土地单位并用于制图的基本区域。单元内部性质相对均一或相近，单元之间既有差异性又有可比性，能客观地反映出土地在一定时期和空间上的差异。

土地评价的最终结果是通过对土地评价单元的质量鉴定得出的，因此评价单元的划分与土地评价工作量的大小和评价成果应用有密切的联系。目前，土地适宜性评价中划分土地评价单元的方法大致有以下六种：

（1）以土地类型（或土地资源）单元为评价单元。以土壤—地貌—植被—利用现状的相对一致性作为划分依据；

（2）以土壤分类单位（我国采用土类、土属、土种，英国、美国采用土系）为评价单元，划分的依据是土壤分类体系；

（3）以土地利用类型单元为评价单元，划分依据是土地利用分类体系；

（4）以生产地段或地块（我国的承包地，国外的大型农场或大农场的作业地块）作为评价单元；

（5）以行政区划单位（如乡、村）为评价单元；

（6）以地理坐标网格为评价单元。

划分土地评价单元的方法应根据评价的目的及被评价地区的自然条件和技术资料情况确定。

（二）选择评价项目和确定评级标准

1. 评价项目的选取

评价项目又称质量鉴定因素或参评因素，是指参与评定土地质量等级的一种可度量或可测定的土地属性，如坡度、地下水埋深、土壤质地等。适宜性评价的关键就是如何根据区域的实际情况合理选择对评价起主导限制（促进）作用，而且比较稳定、可量化表示的参评因子。以宜耕、宜林、宜园、宜牧等为适宜级，适宜级中又分为高度适宜、中度适宜、勉强适宜及不适宜4个等级或者一等地、二等地、三等地3个级别。

正确选择评价项目，是科学揭示土地质量差异的前提，是土地评价的核心，也是土地评价依据在定性基础上的量化过程，关系到评价工作的科学性与置信度。一般应符合以下基本要求：

（1）所选的评价项目应能正确反映出土地自然属性的差异，并根据地区特点有所侧重。例如，丘陵地区的坡度、平原地区的土壤条件都是影响各自土地质量的主导因素，应选为评价项目。

（2）对于不同用途的土地，应分别选择相应的评价项目，因为不同的作物对土地质量有不同的要求。

（3）选择影响土地质量的稳定性因素作为评价项目。为使土地评价成果资料在较长一段时间内具有应用价值，必须选择对土地肥力状况具有显著影响，且又不易改变的稳定性因素,如坡度、土层厚度等作为评价项目。通常,速效养分不宜列为评价项目,因为它们经常变化,是一些动态因素。

(4) 既要选择自然因素,也要选择有关的社会经济因素,如产量、土地位置、交通条件等。

根据影响土地适宜性的自然属性和社会经济因素,综合地质地貌、气候条件、土壤条件和区位条件各个方面,确定影响因子有地形坡度、海拔高度、土壤有机质、土层厚度、土壤质地、光照强度、≥10 ℃积温、降水量、酸碱度(pH 值)、交通、灌溉条件、基岩裸露面积等。实践证明,没必要将每一个项目都选作评价因子,只需从诸多因子中选取少数几个能够真实全面反映影响土地适宜性的评价因子即可。评价因子的选取并非固定不变,应因地制宜灵活选取,不同的评价区域或土地类型选取不同的评价因子。

2. 评级标准的确定

评价项目确定后,根据评级目标和地区特点,分别拟定各评价项目的分级标准。有关参评项目分级指标列于表 5-1 ~ 表 5-8。

表 5-1　土地坡度分级指标

地区	平原					山区				
坡降	0.2% ~ 0.5%	0.5% ~ 1%	>1%	0.01% ~ 0.2%	<0.01%	<3°	3° ~ 8°	8° ~ 15°	15° ~ 25°	>25°
评级	I	II	III	IV	V	I	II	III	IV	V

表 5-2　耕层与有效土层厚度分级指标

项目	耕层厚度(cm)					有效土层厚度(cm)				
	>40	25 ~ 40	15 ~ 25	10 ~ 15	<10	>100	50 ~ 100	30 ~ 50	15 ~ 30	<15
评级	I	II	III	IV	V	I	II	III	IV	V

表 5-3　土壤肥力分级参考

评级	养分含量				
	有机质(%)	全氮(%)	水解氮(mg/kg)	速效磷(mg/kg)	速效钾(mg/kg)
I	>4	>0.2	>150	>40	>200
II	3 ~ 4	0.15 ~ 0.2	120 ~ 150	20 ~ 40	150 ~ 200
III	2 ~ 3	0.1 ~ 0.15	90 ~ 120	10 ~ 20	100 ~ 150
IV	1 ~ 2	0.075 ~ 0.1	60 ~ 90	5 ~ 10	50 ~ 100
V	0.6 ~ 1	0.05 ~ 0.075	30 ~ 60	3 ~ 5	30 ~ 50
VI	<0.6	<0.05	<30	<3	<30

表5-4　土层厚度分级参考

评级	寒温带、温带山地或亚热带 高山地区（cm）	热带、亚热带红黄壤地区 （cm）
Ⅰ厚层	>80	>100
Ⅱ中厚层	60～80	80～100
Ⅲ中土层	30～60	40～80
Ⅳ薄土层	<30	<40

表5-5　土壤酸碱度分级参考

土壤酸碱度	pH值	评级	适宜栽培的作物
强酸性土	<4.5	Ⅳ～Ⅴ	一般作物难以生长
酸性土	4.5～5.5	Ⅲ	茶、油菜、大麦、荞麦、柑橘等
微酸性土	5.5～6.5	Ⅱ	一般作物可以生长
中性土	6.5～7.5	Ⅰ	一般作物均宜生长
微碱性土	7.5～8.0	Ⅱ	一般作物均可生长
碱性土	8.0～9.0	Ⅲ	棉花、向日葵、高粱等作物还可生长
强碱性土	>9.0	Ⅳ～Ⅴ	一般作物难以生长

表5-6　土壤侵蚀程度分级指标参考

侵蚀类型		侵蚀强度分级			
		轻度	中度	强度	剧烈
片蚀	耕作土壤按侵蚀后土壤存留程度划分	表土小部分被蚀	表土50%被蚀	表土全部被蚀	心土部分被蚀
	非耕作土壤根据植被覆盖度划分	覆盖度>70%	覆盖度30%～70%	覆盖度<30%	—
沟蚀	按侵蚀沟面积占总面积的比例划分	<10%	10%～25%	25%～50%	>50%
崩塌	按崩塌面积占山丘面积的比例划分	<10%	10%～20%	20%～30%	>30%

表5-7　盐碱土地区地面排水坡降分级参考

地面坡降分级	坡降	排水产生的问题
平坦	<0.000 1	自然排水困难
微倾斜	0.000 1～0.002	自然排水有一定困难
倾斜	0.002～0.005	自然排水较适合
很倾斜	0.005～0.01	自然排水易产生冲刷
极倾斜	>0.01	自然排水产生冲刷和崩塌

表 5-8　　盐碱土地区潜水埋深分级参考

分级	潜水埋深（m）	土壤中产生的危害	改良利用措施
沼泽化深度	<1.0	湿度过大，主要是土壤沼泽化，盐碱化一般不严重	如地下水矿化度低，可以疏平或种稻改良
强烈积盐深度	1.0～1.5	处于强烈上升高度，土壤积盐重	必须建立完整的排水系统，迅速降低地下水位
积盐深度	1.5～2.0	处于强烈上升高度以上，积盐可能稍轻	必须建立完整的排水系统，迅速降低地下水位
较安全深度	2.0～3.0	积盐迅速下降，但还在临界深度上下	建立完整的排水系统，间距可增大
安全深度	>3.0	在临界深度以下，积盐基本停止	建立排水系统，防止次生盐碱化

（三）评价因子权重的确定

在评价单元中，各参评因子对评价目标的影响程度不一样。为了反映各评价单元内和各参评因子间的差异，可通过每个因子对土地利用贡献大小赋予一定的权重来尽可能准确地反映土地的质量。如何选择对指标进行赋值的最佳方法是土地综合评价的关键。确定权重的方法一般有经验判断法、多元线性回归分析法和德尔斐法。

1. 经验判断法

根据经验判断选择评价因素，并将诸因素以等权或赋予各因素以等差指数处理。

2. 多元线性回归分析法

在土地适宜性评价中，特定土地用途或土地利用方式的适宜程度与多要素的土地评价因子之间存在着相关影响。多元线性回归分析法就是把一定地域范围内的土地评价要素与土地适宜程度之间的关系描述为具有线性关系的函数，建立回归模型。一般可用以下多元线性回归方程表示：

$$y = B_0 + B_1 X_1 + B_2 X_2 + \cdots + B_k X_k \tag{5-1}$$

式中　B_0——回归常数；

　　　X_1，X_2，…，X_k——土地评价要素；

　　　B_1，B_2，…，B_k——回归系数；

　　　y——土地适宜程度等级。

根据一定数量的样本可求解上述回归常数和回归系数。

3. 德尔斐法

德尔斐法的主要工作是通过专家对鉴定因素的指标值及其权重作了概率估计。首先，约请有经验的专家采用因素比较法独自对各项因素的权重进行判别，按重要程度由小到大排列，设因子 U_i（$i = 1$，2，…，n）；其次，确定后一个因子对前一个因子的重要程度（R_i），用相关系数表示，并令第一个因子的重要程度为1.0。R_i代表某一个因子与前一个因子重要程度之比，各因子权重W_i按下式计算：

$$W_i = \frac{U_i}{\sum\limits_{i=1}^{n} U_i} \tag{5-2}$$

式中的W_i表示因子i的权重，$U_1 = 1.0$，$U_i = R_i \times R_{i-1} \times \cdots \times R_1$。

（四）土地适宜性等级的评定

1. 经验判断指数和法

经验判断指数和法就是以当地多年生产经验为依据选出参评项目，并确定各参评项目对土地质量影响程度的经验权重（即指标指数），然后按评价单元累加诸参评项目的指标指数求得指数和，再对照指数范围，评定各土地评价单元的质量等级。

该法是一种简单易行的土地适宜性评价方法；缺点是参评项目的选择及其权重常常依据多年生产实践经验来确定，不同人员的评价结果会有较大差异，不可类比。应用此法时，应加强实地调查研究，充分利用不同质量土地产量对比试验资料。

2. 回归分析指数和法

回归分析指数和法是依据土地质量与土地生产力（作物产量或产值）之间的相关关系，通过回归分析，筛选并确定参评项目及其权重。具体步骤如下：

（1）初步选定若干参评项目。

（2）抽样调查样本的经济指标和自然属性指标，均匀布点抽样，样本数量要大于30个。

（3）建立多元线性回归方程，计算回归系。以产量为因变量y，参评项目指标为自变量X_1，X_2，$\cdots$，X_k，建立多元线性回归方程：

$$y = B_0 + B_1X_1 + B_2X_2 + \cdots + B_kX_k + \varepsilon \tag{5-3}$$

式中　B_0——回归常数；

　　　B_1，B_2，$\cdots$，B_k——回归系数；

　　　ε——剩余误差。

根据样本的自变量和因变量进行多元回归计算，计算出各回归系数的估计值b_0，b_1，b_2，$\cdots$，b_k，得经验回归方程：

$$\hat{y} = b_0 + b_1x_1 + b_2x_2 + \cdots + b_kx_k \tag{5-4}$$

（4）计算复相关系数R：

$$R = \sqrt{u/L_{yy}} \tag{5-5}$$

式中　u——回归平方和；

　　　L_{yy}——离差平方和。

R值一般为$0 \sim 1$，R越接近1，回归效果越好。

（5）进行方差分析：

$$F = (R^2/K)/[(1 - R^2)/(N - K - 1)] \tag{5-6}$$

式中　K——自变量个数；

　　　N——样本容量。

计算出 F 值后，根据给定的显著性水平 α、自由度 K 及 $(N-K-1)$，利用 F 分布表，查出相应的临界值 F_α，若 $F > F_\alpha$，则回归效果显著，回归方程有使用价值。

（6）进行 t 检验：

$$t_i = b_i / \sqrt{c_{ii} s_y} \qquad (5\text{-}7)$$

式中　c_{ii}——正规方程系数矩阵逆阵对角线上各元素；

　　　s_y——剩余标准差。

若 t_i 大于临界值 t_α，则认为该自变量作用显著。t_i 愈大，x_i 愈重要。在土地评价中，当 t_i 小于 1 时，可以认为该自变量作用不显著，应予以剔除。

（7）计算标准回归系数 b_i' 和参评项目的权重 W_i：

$$b_i = b_i' \sqrt{L_{ii} / L_{yy}} \quad (i = 1, 2, \cdots, n) \qquad (5\text{-}8)$$

式中　L_{ii}——X_i 的离差平方和。

标准回归系数 b_i' 与原度量单位无关，可以相互比较，可作为确定评价项目权重的依据。

$$W_i = (b_i' / \sum b_i') \times 100 \qquad (5\text{-}9)$$

（8）确定评价指数、总指数和、指数范围。首先要为每等地确定等级权重 α_j（j 为等级号），则评价指数 = 评价项目权重（W_i）×等级权重（α_j）。计算出每等地的指数和，再用等距法可求出每等地的指数范围。

（9）评定土地等级。按回归分析法筛选出来的评价项目及指数，对土地评价单元逐个进行质量鉴定，求出每个评价单元的指数和，并对照指数范围评定出最终土地等级，与经验判断指数和法相比较，回归分析指数和法具有较强的科学性。

3. 指数和法与极限条件法相结合

当选取好研究区域的参评因子和确定权重后，采用指数和法与极限条件法相结合来评定土地适宜性的等级。首先，在确定各参评因子权重的基础上，将每个单元针对各个不同适宜类所得到的各参评因子等级指数分别乘以各自的权重值；然后，进行累加，分别得到每个单元适宜类型（如宜耕、宜林、宜牧）的总分；最后，根据总分的高低确定每个单元对各土地适宜类的适宜性等级。其计算公式为

$$R(j) = \sum_{i=1}^{n} F_i W_i \qquad (5\text{-}10)$$

式中　$R(j)$——第 j 单元的综合得分；

　　　F_i、W_i——第 i 个参评因子等级指数、权重值；

　　　n——参评因子的个数。

当某一因子受到很强烈的限制时，会严重影响这一评价单元对于所定用途的适宜性。因此，还需结合极限条件法进行评定，即只要评价单元的某一参评因子指标值为不适宜时（等级指数为 0），不论综合得分多高，都定为不适宜土地等级。

（五）成果资料整编

绘制土地适宜性总体评价图和土地适宜性单项（各个农作物）评价图，以及评价说明书等。

第四节　土地经济评价

土地经济评价是以土地经营者投入产出为标准，评价土地利用及其适宜性的一种土地评价。在进行土地经济评价时，应把土地因素孤立起来（即将土地作为独立的变量），而其他非土地的因素固定下来，从而计算土地的投入产出经济指标，准确地反映土地因素对经济效果和经济效益的影响。通过这样的经济度量指标，就可以比较不同土地类型对某种利用的适宜性程度，也可以比较同一土地类型对不同利用的适宜性程度。

土地经济评价所依据的因素如价格、市场容量等变化较频繁，因此土地经济评价往往变化性较大，必须对土地进行经常的经济评价，以便及时地反映土地生产力水平的变化。

土地经济评价指标一般有单位面积土地总产值、纯收入、利润等。在进行较大土地改造工程的情况下，还要对土地投资进行贴现分析，计算土地投资的回收期等指标。

在进行土地评价时，往往还要结合自然的、社会的标准进行分析。使各种土地利用指标及标准结合起来的方法之一是评分法。评分法是在调查收集待评价区各土地评价单元的社会经济指标的基础上，以某单元的有关指标的绝对值为基准，核算出其他各单元与该基准单元之间的相对比值，用分数形式表示，以表达相互间的相对价值度；或者在评分基础上将全部评价单元按分数区分为若干等，通过加权平均求算各等土地的平均分数。

社会经济指标，根据评价目的来选择。现以投入产出比为指标概述评分过程如下。

（1）核算各评价单元（土种或土块）的产投比。

①投入方面。计算各评价单元包括物化劳动及活劳动在内的投资额。②产出方面。将各评价单元各种作物的产量都换算成货币表现的产值。

（2）计算各土地评价单元的分数。

以某一土地的产投比为基准（作为100分），按下列公式计算各单元的分数：

$$B = \frac{G}{G_0} \times 100 \tag{5-11}$$

式中　B——被评单元的分数；

　　　G_0——选为基准单元的经济指标（产投比）值；

　　　G——被评单元的经济指标（产投比）值。

一般选取经济指标值最高的单元作为基准单元。

①划分等级。根据各评价单元的分数，将全部评价单元划分成若干个等级。每一等级包括的分数段可以根据土地等级之间的差异情况而定，亦可等段划分。

②计算每等土地的平均分数。用加权平均法计算每等土地的平均分数，计算公式为

$$\bar{B}_i = (B_{i1}P_{i1} + B_{i2}P_{i2} + \cdots + B_{in}P_{in})/(P_{i1} + P_{i2} + \cdots + P_{in}) \tag{5-12}$$

式中　$\bar{B}_i$——第 i 等土地的加权平均分数；

　　　B_{i1}，B_{i2}，$\cdots$，B_{in}——第 i 等土地中各评价单元的分数；

　　　P_{i1}，P_{i2}，$\cdots$，P_{in}——第 i 等土地中各评价单元占第 i 等土地总面积的比重。

至此，各评价单元的分数或者等级已经计算出来，便可以相对区别出各单元经济价值上的差异。

第六章　区域水土资源供需平衡分析

第一节　水土资源供需平衡分析内容与原则

一、水土资源供需平衡分析的主要内容

区域内的水资源和土地资源都是有限的自然资源，二者相辅相成又相互制约。水资源是土地资源发挥最大生产优势的基本条件之一，而土地资源的利用程度也将影响水资源利用的效率及其可持续性。区域水土资源供需平衡分析包括水资源和土地资源两个方面内容。

水资源供需平衡分析是指在一定范围（行政、经济区域或流域）、一定时段内，对某一水平年（如现状或规划水平年）及某一保证率的各部门供水量和需水量平衡关系的分析。水资源供需平衡分析是水资源配置工作的重要内容。它以计算分区为单元进行计算，以流域或区域水量平衡为基本原理，对区域或流域内水资源的供、用、耗、排水等进行长系列调算或典型年分析，得出不同水平年各区域（流域）的相关指标。

水资源供需平衡分析的主要内容包括：①通过可供水量和需水量的分析，弄清楚水资源总量的供需现状和存在的问题；②针对不同时期不同部门的水供需平衡分析，预测未来，了解水资源余缺的时空分布；③针对水资源供需矛盾，进行开源节流的总体规划，明确水资源综合开发利用保护的主要目标和方向，实现区域或流域水资源持续开发利用。

土地资源评价的主要内容包括对土地各个要素和有关土地利用的社会经济条件的综合考察、土地质量等级评定、土地利用合理程度和改变用途的可能性阐明等。对节水灌溉而言，就是评价土地对特定用途的适宜性。

区域水土资源平衡及评价分析的主要目的是要理清所研究区域内可开发利用的水资源量和经济社会发展对土地资源提出的要求及可供使用的各种土地资源情况，分析二者的搭配情况，以确定适宜的区域经济发展格局、规模和水土资源利用策略，保障水资源的可持续利用，充分发挥农业土地资源生产潜力，达到人口、资源、环境与社会的健康协调和可持续发展。

二、水土资源供需平衡分析的基本原则

（一）水资源供需平衡分析原则

水资源供需平衡分析涉及社会、经济、环境生态等各方面，需遵循以下原则。

1. 近期和远期相结合原则

客观分析水资源总量、时空分布、可利用量和水资源承载能力，同时分析水资源供

水能力和实际利用量，努力做到与人口、资源、生态环境的相互协调，保障水资源可持续利用。水资源的供需关系不仅与自然条件密切相关，而且受人类活动的影响，即与经济社会发展阶段有关。同一地区，在经济社会不同发展阶段和发展水平下，水资源供需平衡是处于动态变化中的，因此区域水资源供需必须有中长期的规划，要做到未雨绸缪，从长计议。供需平衡分析一般分为现状、近期、中期和远期几个阶段，既要把现阶段的供需情况调查清楚，又要充分分析未来地区水资源供需变化形势，把远期和近期目标结合起来。

2. 流域和区域相结合原则

水资源具有按流域分布的规律，而用水部门又有明显的地区分布特点，经济或行政区域和河流流域往往是不一致的。因此，在进行水资源供需平衡分析时，要认真考虑这些因素，划好分区，把小区和大区、区域和流域结合起来。20 世纪 80 年代以来，我国在全国范围内按流域和行政区域都做过水资源评价和规划，在进行具体的水资源供需分析时，要和水资源评价合理衔接。在牵涉到上下游分水和跨地区、跨流域调水时，更要注意流域和区域相结合。

3. 综合利用和保护相结合原则

水资源是具有多种用途的资源，其开发利用应做到综合考虑，尽量做到一水多用，发挥其综合效益。在供需分析中，对有条件的地方供水系统应多种水源联合调度，用水系统可以考虑各部门交叉或重复使用，排水系统要注意各部门的排水特点和排污、排洪要求。在开发利用水资源发挥其最大经济效益的同时，也应十分重视水资源的保护。例如，对地下水的开采要做到采补平衡，不应盲目过量超采；作为生活用水的水源地则不宜开发水上旅游和航运等不利于水资源保护的项目；在建设工业区时，对其排放的有毒有害物质应作妥善处理，以免污染当地水资源。

（二）土地资源供需平衡分析原则

区域土地资源的供需平衡分析所包含的内容较多，对于土地资源数量和质量的分析也要遵循合理开发、效益最优、可持续利用、因地制宜等基本原则。对于与水资源利用和农业节水发展相关的区域土地资源的供需平衡分析，关键是考虑水土资源一致性。依据土壤普查和土地利用规划，分析土地功能分区及其水资源需求情况。在水资源相对丰富的地区，要注意分析土地后备资源和水土资源在空间上的一致性；在水资源紧缺的地区，要特别注意避免灌溉规模过大，以水资源的可持续利用促进土地资源的效益发挥。

第二节　水资源供需平衡分析方法

水资源供需平衡分析要按照一定的雨情、水情来进行分析计算，主要有两种分析方法，即系列法和典型年法（或称代表年法）。系列法是按雨情、水情的历史系列资料进行逐年的供需平衡分析计算；而典型年法仅需根据具有代表性的几个不同年份的雨情、水情进行分析计算，不必逐年计算。

这里必须强调的是，不管采用何种分析方法，所采用的基础数据（如水文系列资料、水文地质的有关参数等）的质量是至关重要的，其准确性将直接影响到供需分析成果的合理性和实用性，以下主要介绍两种方法：一种叫典型年法，属常规方法；另一种叫水资源系统动态模拟分析法，属系列法的一种。

一、典型年法

（一）典型年法的含义

典型年又称代表年法，是指对某一范围的水资源供需关系只进行典型年份平衡分析计算的方法。其优点是可以克服资料不全（如系列资料难以取得时）及计算工作量太大的问题。

因为按历史长系列逐年进行分析计算，往往分析计算工作量大，而且在系列资料缺乏时，系列法难以进行。所以，在一般的区域水资源供需平衡分析时，可以采用典型年法。

由于区域内降水、径流及用水情况在不同分区、不同年份和不同季节都有一定差异，即使在同一年，区域内各分区的降水频率也不一定相同，所以在选择一个流域或一个区域的典型年时，应从面上分析区内旱情的特点及其分布规律，找出有代表性的年份。

首先，根据需要来选择不同频率的若干典型年。我国规范规定：特别丰水年频率 $p = 5\%$、丰水年频率 $p = 25\%$、平水年频率 $p = 50\%$、一般枯水年频率 $p = 75\%$、特别枯水年频率 $p = 90\%$（或 95%）。在进行区域水资源供需平衡分析时，北方干旱和半干旱地区一般要对 $p = 50\%$ 和 $p = 75\%$ 两种代表年的水供需进行分析；在南方湿润地区，一般要对 $p = 50\%$、$p = 75\%$ 和 $p = 90\%$（或 95%）三种代表年的水供需进行分析。

典型年法要求所选典型年具有较好的代表性，其选择需把握好年总水量和年来水量分配两个环节。典型年水量常采用按实际来水量进行分配，但地区内降水、径流的时空分配受所选择典型年支配，具有一定的偶然性，故为了克服这种偶然性，通常选用频率相近的若干个实际年份进行分析计算，并从中选出对供需平衡偏于不利的情况进行分配。

（二）计算分区和计算时段

在进行水资源供需平衡分析时，就某一区域而言，其供水量和需水量在地区和时间上的分布都是不均匀的，因此必须进行分区和确定计算时段。

1. 计算分区

分区进行水资源供需平衡分析研究，有助于弄清水资源供需平衡要素在各地区之间的差异，并针对不同地区的供用水特点采取不同的对策和措施。在分区时，一般应考虑以下原则：

（1）尽量按流域、水系划分，对地下水开采区应尽量按同一水文地质单元划分，这样便于算清水账。

（2）尽量照顾行政区划的完整性，这样便于资料的收集和统计，另外按行政区划更有利于水资源的开发利用和保护的决策与管理。

（3）尽量不打乱供水、用水、排水系统。

分区的方法是逐级划分，即把要研究的区域划分为若干个一级区，每个一级区又划分为若干个二级区，以此类推，最后一级区称为计算单元。分区面积的大小应根据需要和实际情况而定。分区过大，往往会掩盖供需矛盾，无法反映供需的真实情况；而分区过小又会增加计算工作量。因此，在实际工作中，在供需矛盾比较突出的地区或工农业比较发达的地方分区宜小；对于不同的地貌单元（如山区和平原）或不同类型的行政单元，宜划为不同的计算区；对于重要的水利枢纽所控制的范围，应专门划出进行研究。

我国 2000 年为编制全国水资源综合规划，根据《全国水资源综合规划任务书》的要求制定了全国水资源分区。全国统一的水资源分区设定到三级区，三级以下分区由流域机构协商各省（自治区、直辖市）根据工作需要按规定要求编制。为保持大江大河的整体性，将全国划分为松花江区、辽河区、海河区、黄河区、淮河区、长江区、东南诸河区、珠江区、西南诸河区、西北诸河区 10 个一级区。二级区以保持河流水系的完整性为原则，并参照了中国水资源利用分区的 Ⅱ 级适当调整，共划分为 80 个。在流域分区的基础上，考虑流域分区与行政区域相结合的原则，全国共划分三级区 214 个。在三级区的基础上以行政区划（省、自治区、直辖市或地级市）来划分，流域与各省、市根据当地的特点和工作需要再细化到四级区或五级区，确定计算分区单元。

2. 计算时段的划分

区域水资源计算时段可分别采用年、季、月、旬和日，选取的时段长度要适宜，划得太大往往会掩盖供需之间的矛盾，缺水期往往是处在时间很短的几个时段里，因此只有把计算时段划分得合适，才能把供需矛盾揭露出来。但划分时段并非越小越好，时段分得太小，许多资料无法取得，而且会增加计算分析的工作量，所以实际工作中划分计算时段一般以能客观反映计算地区水资源供需为准则。在做水资源规划（流域或区域水资源规划、区域节水灌溉规划等）时，应着重方案的多样性，计算时段可采用以年为单位。如果是以旬或月为计算时段的分析，最后计算也应汇总成以年为单位的供需平衡分析。

（三）典型年和水平年的确定

1. 不同频率典型年的确定

不同频率是指水文资料统计分析中的不同频率，如前所述，通常可选取如下几种频率，即 $p=50\%$、$p=75\%$、$p=90\%$ 或 $p=95\%$，以代表不同的来水情况，典型年来水量的选择需要用统计方法推求。

1）典型年来水量的选择

典型年来水量需用统计方法推求。首先根据各分区的具体情况来选择控制站，以控制站的实际来水系列进行频率计算，选择符合某一设计频率的实际典型年份，然后求出该典型年的来水总量。可以选择年天然径流系列或年降水量系列进行频率分析计算。例如，北方干旱半干旱地区，降水较少，供水主要靠径流调节，则常用年径流系列来选择典型年。南方湿润地区，降水较多，缺水既与降水有关，又与用水季节径流调节分配有关，故可以有多种系列来选择典型年。又如，在西北内陆区，农业灌溉取决于径流调节，故多采用年径流系列来选择代表年，而在南方地区农作物一年多熟，全年灌溉，降水对灌溉用水影响很大，故常用年降水量系列来选择典型年。至于降水的年内分配，一般是挑选年降水量接近典型年的实际资料进行缩放分配。

2）典型年来水量的分布

常采用的一种方法是按实际典型年的来水量进行分配，但地区内降水、径流的时空分配受所选择典型年的支配，具有一定的偶然性，故为了克服这种偶然性，通常选用频率相近的若干个实际年份进行分析计算，并从中选出对供需平衡偏于不利的情况对来水进行分配。

2. 水平年的确定

区域水资源供需平衡分析是要弄清研究区域现状和未来一段时期内水资源供需状况，通常并不针对未来每一年去分析，而是选择几个代表年去分析，通过对代表年的分析，基本掌握区域水资源供求态势。不同时段内水资源供需状况与区域的国民经济和社会发展有密切关系，因此选择出的代表年，要能反映出区域不同发展阶段社会经济达到的水平、相应的需水水平和水资源开发利用水平，并应与该区域的国家经济和社会发展规划水平相一致，所以通常也称其为水平年。水平年包括现状水平年（基准年）及规划水平年（近期水平年、远期水平年、远景设想水平年）。

一般情况下，需要研究分析三个发展阶段的供需情况，即所谓的三个水平年（现状水平年、近期水平年和远期水平年）的情况。现状水平年又称基准年，指现状统计数据采用的基准年，通常以已过去的某一年为代表来分析，应尽可能采用最能真实反映工程现状的年份；近期水平年为基准年以后的 5～10 年，远期水平年一般为基准年以后的 15～30 年。

（四）可供水量和需水量的分析计算

1. 可供水量

可供水量是指不同水平年、不同保证率或不同频率条件下通过工程设施可提供的符合一定标准的水量，包括区域内的地表水、地下水、外流域的调水、污水处理回用和海水利用等。一个地区的可供水量来自该区的供水系统。供水系统从工程分类，包括蓄水工程、引水工程、提水工程和调水工程。按水源分类可分为地表水工程、地下水工程和污水再生回用工程类型；按用户分类可分为城市供水、农村供水和混合供水系统。需要明确的是，可供水量不等于天然水资源量，也不等于可利用水资源量。可供水量一般应小于天然水资源量，也小于可利用水资源量。对于可供水量，要分类、分工程、分区逐项逐时段计算，最后还要汇总成全区域的总供水量。可供水量具体分析计算可参见第三章相关内容。

2. 供水保证率的概念

在供水规划中，按照供水对象的不同，应规定不同的供水保证率，例如居民生活供水保证率 $p = 95\%$ 以上，工业用水供水保证率 $p = 90\%$ 或 95%，农业用水供水保证率 $p = 50\%$ 或 75% 等。所谓供水保证率，是指多年供水过程中，供水得到保证的年数占总年数的百分数，常用下式计算：

$$p = \frac{m}{n+1} \times 100\% \qquad (6\text{-}1)$$

式中　p——供水保证率；

m——保证正常供水的年数；

n——供水总年数。

保证正常供水是指通常按用户性质，如果能满足其需水量的 $90\% \sim 98\%$（即满足程度），即视为正常供水。供水总年数通常指统计分析中的样本容量（总数），如所取降水系列的总年数或系列法供需分析的总年数。

根据上述供水保证率的概念，可以得出两种确定供水保证率的方法：

（1）上述的在今后多年供水过程中有保证年数占总供水年数的百分数。今后多年是一个计算系列，在这个系列中，不管哪一个年份，只要有保证的年数足够，就可以达到所需保证率。

（2）规定某一个年份，如 2010 水平年，这一年的来水可以是各种各样的，现在把某系列各年的来水都放到 2010 水平年去进行供需分析，计算其供水有保证的年数占系列总年数的百分数，即为 2010 水平年的供水遇到所用系列的来水时的供水保证率。

根据上述概念，水资源供需平衡分析中典型年法的供水保证率可以这样理解和计算：从表面上看，典型年份只进行了个别水平年的供需水计算，不能统计出供水保证率。但所选择的典型年，其来水具有不同的频率，这样其供需平衡分析也有保证率的概念。$p = 50\%$ 的来水就是指年来水总量大于或等于那一年（$p = 50\%$）的年数占统计样本总年数的 50%。既然来水总量等于那一年（$p = 50\%$）的能保证，则大于那一年（$p = 50\%$）的一般也应该能保证（当然还有来水的时间分配问题）。所以，在典型年法中，若 $p = 50\%$ 的年份供需能平衡，则其供水保证率为 $p = 50\%$。对于 $p = 95\%$ 的年份，供需分析得出不平衡，还缺水，说明其供水保证率不足 95%。但这样的结论太笼统，并不能说明各用水部门供需的矛盾，实际上对生活、工业、农业供水应区别对待，有时生活、工业部门仍可保证供水（只要供水系统有保证），而所缺水量可能主要由农业等部门来承担。因此，应具体分析区域内哪些用水部门真正缺水及其缺水程度和影响，然后作出科学的分析评价及提出解决的具体措施。

3. 需水量

需水量分析是水资源供需平衡分析的主要内容之一。按照《全国水资源综合规划技术大纲》要求，需水根据用水户可以分为生活、生产和生态环境三大类，其详细分析计算可参见第四章区域需水量分析相关内容，这里不再赘述。

（五）水资源供需平衡分析的分类

一个区域水资源供需分析的内容是相当丰富和复杂的，可以从以下几个方面进行：

（1）从分析的范围考虑，可划分为：①计算单元的供需分析；②整个区域的供需分析；③河流流域的供需分析。

计算单元（可视为一小区域）是供需分析的基础，属于区域或流域内的一个面积最小的小区。

（2）从可持续发展观点，可划分为：①基准年的供需分析；②规划水平年的供需分析。

基准年供需分析一般是针对现状情况的，而不同发展阶段的供需分析是针对未来情况的，含有展望和预测的性质，但要做好不同发展阶段（不同水平年）的供需分析，必须以现状的供需分析的成果为依据，因此基准年供需分析是规划水平年供需分析的基础。

（3）从供需分析的深度，可划分为：①不同发展阶段（不同水平年）的一次供需平衡分析；②不同发展阶段（不同水平年）的二次供需平衡分析；③不同发展阶段（不同水平年）的三次供需平衡分析。

水资源一次供需平衡分析就是在流域现状供水能力与外延式增长的用水需求间所进行的供需平衡分析，其主要目的是了解和明晰现状供水能力与外延式用水需求条件下的水资源供需缺口。水资源二次供需分析主要是在一次供需分析的基础上，在水资源需求方面通过节流等各项措施控制用水需求的增长态势，预测不同水平年需水量；在水资源供给方面通过当地水资源开源等措施充分挖掘供水潜力，给出不同水平年供水工程的安排；通过调节计算，分析不同水平年的供需态势；通过供给和需求两方面的调控，基本实现区域水资源的供需平衡，或者使缺口有较大幅度的下降。水资源三次供需分析是在二次供需分析的基础上，进一步考虑跨流域调水解决当地缺水问题，将当地水与外调水作为一个统一整体进行调配；将二次供需平衡的供需缺口作为需水项，以不同调水规模的方案作为新增供水项，参加水资源供需平衡；通过不同方案的对比和分析，为确定调水工程的规模提供依据。

（六）计算单元的现状供需平衡分析

计算单元的现状供需平衡分析应包括下述几方面内容：

（1）调查统计现状年份计算单元内各水源的实际供水量和各部门的实际用水量。

（2）进行水量平衡校核。利用该年份计算单元的入、出境水文站的径流资料，地下水位观测资料，以及降水量等资料，进行水量平衡校核，分析验证现状年供需平衡分析各项指标和参数的合理性。

（3）现状供需状况及平衡分析。对现状年的实际供、用水情况和不同频率来水情况下的供需平衡状况可进行列表分析，如表6-1和表6-2所示。需要注意的是，表6-1和表6-2中的项目仅为示例，具体使用中应根据实际需要增加或减少项目。其次，现状年要标明是哪一年，当年降水量、相应频率等均要说明。此外，各计算单元之间往往存在着水力关系，对有水力联系的计算单元进行供需分析时，应按照自上而下、先支流后干流的原则，逐个单元地进行，上单元的弃水退水或供水应传递到下单元参加供需计算，应根据具体情况进行分析。

表6-1　现状年（××年）实际供用水量

年份		年降水量		频率（%）		
实际供水量			实际用水量			平衡状况
地表水	地下水	合计	城市	农村	合计	

表6-2 现阶段水资源供需状况

可供水量						需水量						平衡情况	
$p=50\%$			$p=75\%$			$p=50\%$			$p=75\%$			$p=50\%$	$p=75\%$
地表水	地下水	合计	地表水	地下水	合计	城市	农村	合计	城市	农村	合计		

（七）整个区域的水资源供需平衡分析

整个区域的水资源供需平衡分析是在单元供需平衡分析的基础上进行的，应该汇总和协调所有计算单元供需平衡分析的成果，并能够全面地反映出整个区域的水资源供需平衡分析关系和供需矛盾的状况，以及该范围内供水的规模及其相应的水资源利用程度和效果。汇总和协调各计算单元供需平衡分析的方法有典型年法和同频率法两种。

1. 典型年法

先根据全区域的雨情和水情情况选定代表年，然后根据该代表年的来水情况，自上而下、先支流后干流逐个计算各个单元的供需情况，最后将各个单元的供需成果进行汇总，即得整个区域的水资源供需情况。

2. 同频率法

同频率法的一般步骤是，首先，根据实际情况先把整个区域划分为若干个流域，每个流域根据各自的雨情、水情情况选择各自的代表年；然后，采用与典型年法相同的方法，逐个进行计算单元水供需平衡分析并将同一流域的计算单元水供需平衡分析成果相加；最后，把各流域同频率的计算成果汇总即得到整个区域的水资源供需分析的成果。

（八）规划水平年供需平衡分析

（1）在对水资源供需平衡现状分析的基础上，还要对将来不同水平年的水资源供需情况进行分析。规划水平年供需平衡分析应以基准年供需平衡分析为基础，根据各规划水平年的需水预测和供水预测成果，组成多组方案，通过对水资源的合理配置，进行供需水量的平衡分析计算，提出各规划水平年、不同年型、各组方案的供需平衡分析成果。

（2）各规划水平年供需平衡分析应设置多组方案。由需水预测基本方案与供水预测"零方案"组成供需平衡分析起始方案。然后由需水预测的比较方案和供水预测的比较方案组成多组供需平衡分析的比较方案。应在对多组供需平衡分析比较方案进行比选的基础上，提出各规划水平年的推荐方案。

（3）水资源供需平衡分析宜采用长系列系统分析方法。应根据控制节点来水、水源地供水和用户需求的关联关系，通过水资源的合理配置进行不同水平年供需水量的平衡分析计算，得出需水量、供水量和缺水量的系列，提出不同水平年、不同年型供需平衡分析结果。

（4）资料缺乏的地区可采用典型年法进行供需平衡分析计算，应选择不同年型的代表年份，分析各计算单元、不同水平年来水量、需水量和供水量的变化，进行供需水量的平衡分析计算，得出各计算单元不同水平年和不同年型的供需平衡分析成果，并进行汇总综合。

（5）在进行特殊枯水年或连续枯水年的供需平衡分析时，应结合各规划水平年在特殊干旱期的需水和供水状况，分析可供采取的进一步减少用水需求和增加供给的应急措施，并对采取应急措施的作用和影响进行评估，制订应急预案。特殊干旱期压减需水的应急对策主要有降低用水标准、调整用水优先次序、保证生活和重要产业基本用水、适当限制或暂停部分用水量大的用户和农业用水等。特殊干旱期增加供水的应急对策主要有动用后备和应急水源、适当超采地下水和开采深层地下水、利用供水工程在紧急情况下可动用的水量、统筹安排适当增加外区调入的水量等。

二、水资源系统动态模拟分析法

（一）动态模拟分析法的优点

水资源供需平衡问题有以下特点：

（1）水资源平衡问题可以看成是由许多子系统组成的大系统，各子系统又可看成由低一层次的分系统组成，根据实际情况还可以继续划分小系统，这样关系清楚、便于分析。

（2）系统之间存在着相互关联、依赖和制约的关系。

（3）系统有一个或多个服务目的或目标。

（4）系统是可以控制（设计和管理）的。控制的目的是为目标服务，控制的原则是统筹兼顾、全面规划、协调发展。

既然水资源供需系统具有以上特点，就可以利用系统的思想和系统分析的方法对水资源系统进行动态模拟计算。与典型年法相比，动态模拟分析法具有如下优点：

（1）该方法不是对某一个别的典型年进行分析，而是在较长的时间系列里对一个地区的水资源供需的动态变化进行逐个时段模拟和预测。

（2）该方法不仅可以对整个区域的水资源进行动态模拟分析，而且由于采用不同子区和不同水源（地表水与地下水、本地水资源和外域水资源等）之间的联合调度，能考虑它们之间的相互联系和转化。

（3）该方法采用系统分析方法中的模拟方法，仿真性好，具有能直观形象地模拟复杂的水资源供需关系和管理运行方面的功能，可以按不同调度及优化的方案进行多情景模拟，并可以对不同的供水方案的社会经济和生态环境效益进行评价分析，便于了解不同时间、不同地区的水供需情况以及采取对策措施所产生的效果，使得水资源在整个系统中得到合理的利用，这是典型年法不可比的。

（二）动态模拟分析法的主要内容

（1）基本资料的调查收集和分析：要求基本资料准确、完整和系列化，基本资料包括来水系列、区域内的水资源量和质、各部门用水（如城市生活用水、工业用水、农业用水等）、水资源工程资料、有关基本参数资料（如地下含水层水文地质资料、渠系渗漏、水库蒸发等）以及相关的国民经济指标的资料等。

（2）水资源系统管理调度：包括水量管理调度（如地表水库群的水调度、地表水和地下水的联合调度、水资源的分配等）、水量水质的控制调度等。

（3）水资源系统的管理规划：通过建立水资源系统模拟来分析基准年和规划水平年的各个用水部门（城市生活、工业和农业等）的供需情况（供水保证率和可能出现的缺水状况）；对解决水资源供需矛盾的各种工程和非工程措施进行定量分析；进行工程经济、社会和环境效益的分析及评价等。

（三）模拟模型的建立、检验和运行

由于水资源系统比较复杂，考虑的方面很多，诸如水量和水质、地表水和地下水的联合调度、地表水库的联合调度、本地区和外区水资源的合理调度、各个用水部门的合理配水、污水处理及其再利用等，因此在这样庞大而又复杂的系统中有许多非线性关系和约束条件在最优化模型中无法解决，而模拟模型具有很好的仿真性能，这些问题在模型中就能得到较好的模拟运行。但模拟并不能直接回答规划中的最优解问题，而是给出必要的信息或非劣解集，可能的水供需平衡方案很多，需要决策者来选定。为了使模拟给出的结果接近最优解，往往在模拟中规划好运行方案，或整体采用模拟模型、局部采用优化模型。也常常采用这两种方法的结合，如区域水资源供需分析中的地面水库调度采用最优化模型，使地表水得到充分的利用，然后对地表水和地下水采用模拟模型联合调度来实现水资源的合理利用。水资源系统的模拟与分析一般需要经过模型建立、模型调参和检验、模型运行方案的设计等几个步骤。

1. 模型建立

建立模型是水资源系统模拟的前提。建立模型就是要把实际问题概化成一个物理模型，要按照一定的规则建立数学方程来描述有关变量间的定量关系。这一步骤包括有关变量的选择，以及确定有关变量间的数学关系。模型只是真实事件的一个近似的表达，并不是完全真实，因此模型应尽可能的简单，所选择的变量应最能反映其特征。例如，一个简单的水库系统的调度，其有关变量包括水库蓄水量、工业用水量、农业用水量、水库的损失量（蒸发量和水库渗漏量）以及入库流量等，用水量平衡原理来建立各变量间的数学关系，并按一定的规则来实现水库的调度运行，具体的数学方程如下式：

$$W_t = W_{t-1} + WQ_t - WI_t - WA_t - WEQ_t \tag{6-2}$$

式中　W_t、W_{t-1}——时段末、初的水库蓄水量，m^3；

　　　　WI_t、WA_t——时段内水库供给工业、农业的水量，m^3；

　　　　WEQ_t——时段内水库的蒸发、渗漏损失，m^3；

　　　　WQ_t——时段内入库水量，m^3。

当然，要运行这个水库调度模型，还要有水库库容—水位关系曲线、水库的工程参数和运行规则等，且要把它放到整个水资源系统中去运行。

2. 模型调参和检验

模拟就是利用计算机技术来实现或预演某一系统的运行情况。水资源供需平衡分析的动态模拟就是在制订各种运行方案下重现现阶段水资源供需状况和预演今后一段时期水资源供需状况。但是，在按设计方案正式运行模型之前，必须对模型中有关参数进行确定以及对模型进行检验来判定该模型的可行性和正确性。

1）参数确定

一个数学模型通常含有称为参数的数学常数，如水文和水文地质参数等，其中有的是通过试验求得的，有的则是参考外地凭经验选取的，有的则是什么资料都没有。往往采用返求参数的方法获得，而这些参数必须用有关的历史数据来确定，这就是所谓的调参计算或称参数估值。它就是对模型实行正运算，先假定参数，算出的结果和实测结果比较，与实测资料吻合就说明所用（或假设的）参数正确。如果一次参数估值不理想，则可以对有关的参数进行调整，直到满意。若参数估值一直不理想，则必须考虑对模型进行修改。因此，参数估值是模型建立的非常重要的环节。

2）模型检验

所建的模型是否正确和符合实际，需要经过检验。检验的一般方法是输入与求参不同的另外一套历史数据，运行模型并输出结果，看其与系统实际记录是否吻合，若能吻合或吻合较好，反映检验的结果具有良好的一致性，说明所建模型具有可行性和正确性，模型的运行结果是可靠的。若和实际资料吻合不好，则要对模型进行修正。

3）模型修正

模型与实际吻合好坏的标准要作具体分析。计算值和实测值在数量上不需要也不可能要求吻合得十分精确。所选择的比较项目应既能反映系统特性又有完整的记录，例如地下水开采地区，可选择实测的地下水位进行比较，比较时不要拘泥于个别观测井和个别时段的数值，根据实际情况，可选择各分区的平均值进行比较；对高离散型的数值（如地下水有限元计算结果）可绘制地下水位等值线图进行比较。又如，对整个区域而言，可利用地面径流水文站的实测水量和流量数据进行水量平衡校核。该法在水资源系统分析中用得最多，可作各个方面的水量平衡校核，这里不再一一叙述。

模型修正过程中，若发现模型对输入没有响应，比如地下水模型中的地下水位在不同开采条件下没有变化，说明模型不能反映系统的特性，应从模型建立是否正确、边界条件是否处理得当等方面去分析并修正，有时则要重新建立模型。如果模型对输入有响应，但是离实测值偏离太多，这时则要检查输入量是否有误或对某些敏感参数进行适当调整等。

3. 模型运行方案的设计

在模拟分析方法中，决策者希望模拟结果能尽可能接近最优解，同时还希望能得到不同方案的有关信息，如高、低指标方案，不同开源节流方案的计算结果等。所以，就要进行不同运行方案或不同情景的设计。在进行不同方案设计时，应考虑以下几个方面：

（1）模型中所采用的水文系列，既可用一次历史系列，也可用历史资料循环系列。

（2）开源工程的不同方案和开发次序。例如，是扩大地下水源还是地表水源，是开发当地水资源还是区外调水，不同阶段水源工程建设规模等，都要根据专题研究报告进行方案设计。

（3）不同用水部门的配水或不同小区的配水方案的选择。

（4）不同节流方案、不同经济发展速度和用水指标的选择。

在方案设计中要根据需要和可能、主观和客观等条件，排除明显不合理的方案，从而选择合理可行的方案进行运算。

（四）水资源系统的动态模拟分析成果的综合

1. 现状供需平衡分析

现状年的供需平衡分析和典型年法一样，都是用实际供水资料和用水资料进行平衡计算的，可用列表表示。由于模拟输出的信息较多，对现状供需状况可作较详细的分析，如各分区的情况、年内各时段的情况，以及各部门用水情况等。

2. 不同发展阶段（水平年）的供需平衡分析

动态模拟分析计算的结果所对应的时间长度和采用的水文系列长度是一致的，宏观决策者不一定需要逐年的详细资料，从事发展计划的则希望越详细越好。所以，应根据模拟计算结果，把水资源供需平衡整理成能满足不同需要的成果。对不同的方案，一般都要分析如下几方面的内容：

（1）若干发展阶段（不同水平年）的可供水量和需水量的平衡情况；

（2）一个系列逐年的水资源供需平衡情况；

（3）开源、节流措施的方案规划和数量分析；

（4）各部门的用水保证率及其他评价指标等。

第三节　土地资源供需平衡分析方法

土地供求关系是指土地经济供给与人们对某些土地用途需求之间的关系。因为自然供给是无弹性的，土地资源的总供给是受限制的，所以总供给量有一个极限值。但由于土地用途具有多样性，且可以相互转换，人们可以通过改变土地用途来增加某种用途的土地供给，以适应人们对这种用途的土地需求，这种经济供给可以扩大或减少（有弹性），但最终受限于总的自然供给量。

在土地利用现状分析评价、土地质量评价和土地需求量预测的基础上开展土地资源供需平衡分析工作，可以初步了解土地供需方面存在的问题，寻求协调土地供需的途径和方法。

土地供给是指自然界赋予人类社会生产和生活利用的土地数量与质量。土地供给可分为土地的自然供给和土地的经济供给。土地的自然供给是指土地以其自然固有的特性供给人类使用，其供给量不受人为因素所制约，属无弹性供给。土地的经济供给是指土地的自然供给与某些自然条件所许可的情况下，土地供给量随着土地某种用途利益的提高而消长的现象，属有弹性供给。

土地供给量是指规划区域内供给人类利用的各类土地的数量之和。依据 2007 年国家颁布执行的《土地利用现状分类标准》（GB/T 21010—2007），土地利用一级分类包括耕地、园地、林地、草地、商服用地、工矿仓储用地、住宅用地、公共管理与公共服务用地、特殊用地、交通运输用地、水域及水利设施用地、其他土地等 12 大类。土地利用现状调查成果反映了上述 12 大类用地的数量。土地需求量是指人类从事生产与消费活动对土地的需要。随着人口增长和社会经济发展，对土地的需求也在增长，各类用地的需求量要依据社会经济发展计划进行预测。土地资源供需平衡分析就是在土地供给量和土地需求量预测及估算的基础上进行比较的（见图 6-1），依据两者之间的数量比较借以评价土地资源供不应求、供过于求和供需平衡状况。可以采用经验方法增减供需，以达到供需平衡，也可以采用数学方法（如线性规划、多目标规划、模糊线性规划、灰色理论等数学方法），借助优化土地利用结构即各类用地数量比例关系，在协调土地资源数量供需平衡的同时应使土地利用效率最大化。凡能够兼顾数量平衡和利用效率最大两项条件的土地利用结构才是合理的，才真正做到了土地供需平衡。表 6-3 为分别计算土地供给量和土地需求量的有关细目汇总平衡表，该表具体显示了土地供需之间的数量关系。

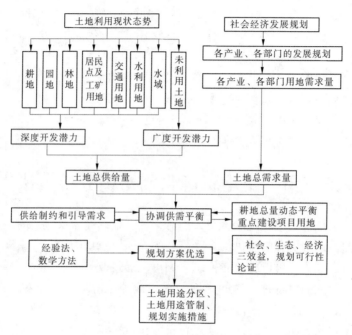

图 6-1　土地供需平衡协调路径

表 6-3　土地供需平衡综合计算

土地供给		土地需求	
项目	数量	项目	数量
1. 外延供给小计		1. 农业用地小计	
（1）土地开发潜力		（1）耕地	
荒地资源开发		（2）园地	
闲散地开发		（3）林地	
海涂资源开发		（4）牧地	
（2）土地复垦潜力		（5）水产用地	
损毁地复垦		2. 建设用地小计	
塌陷地复垦		（1）城镇居民点及工矿用地	
压占地复垦		城市用地	

续表 6-3

土地供给		土地需求	
项目	数量	项目	数量
污染毁损地复垦		城镇用地	
灾毁地复垦		农村居民点用地	
（3）土地整理潜力		独立工矿用地	
农地整理		（2）交通运输用地	
村庄用地整理		公路用地	
市地整理		铁路用地	
2. 内涵供给小计		水运用地	
（1）耕地利用潜力		空运用地	
光热水土产量		（3）水利工程用地	
提高复种指数		渠道工程用地	
增加物质技术投入		水库工程用地	
（2）市地利用潜力		3. 生态保护用地小计	
（3）提高建筑密度		（1）自然保护地	
（4）增加建筑容积率		（2）生态脆弱地	
土地供给总量		土地需求总量	

第四节　区域水土资源综合评价

通过对规划区域内水资源状况及其开发利用情况、土地资源、国民经济与社会发展对水土资源的需求等方面的深入分析，区域水土资源综合评价需要阐明区域水土资源的现状、开发利用情况、供需矛盾、存在问题、解决思路等，以揭示规划区域内今后可行的水土资源开发方式，实现以水土资源的可持续利用支撑国民经济与社会的可持续发展，主要内容如下。

一、区域水资源情况

需要说明规划区域内的水资源条件及主要指标，如人均占有水资源量、单位面积耕地平均占有水资源量、水资源的时空分布规律、评价区域内的水资源丰缺特性等，明确区域水资源存在方式。

二、区域水资源开发利用情况

阐明区域内的水资源开发方式，用水效率，缺水形式、程度、范围，指出现状水资源开发利用中存在的问题及改进措施。

三、区域土地资源情况

综合评价规划区域内的土地资源基本类型、土地利用分类及在区域内的分布情况，对社会经济发展的支撑作用以及今后的土地利用规划、土地变更等。

对于水资源紧缺地区，要特别注意控制灌溉土地的面积；相反，对于土地资源紧缺地区，在进行灌溉规划和水资源利用规划时，要注意分析土地后备资源。评价土地适宜性时，应根据地面坡度、土层厚度、土壤结构、土壤质地等，分析规划区土地是否适宜发展种植业，做到宜农则农、宜草则草。评价土地质量时，要分析是否需要增加生态环境用水量，如增加水土保持用水量等。

四、区域国民经济与社会发展对水土资源的需求

根据区域经济社会发展的规划以及社会各行业发展对水资源的需求，论证规划期的需水变化情况、用水效率、节水潜力、供水满足程度以及水土资源对经济社会的制约等。

五、区域水土资源供需平衡分析

根据分区水土资源平衡分析结果，评价区域水土资源与光、热、土地等自然资源的匹配情况和利用效果，水利工程对社会发展需水的保证程度，缺水量、缺水时间、缺水形式，今后水资源开发利用方向以及对区域发展用水的规划思路。

六、推荐方案与建议

依据水资源配置提出的推荐方案，统筹考虑水资源的开发、利用、治理、配置、节约与保护，研究提出水资源开发利用总体布局、实施方案与保障措施。总体布局要工程措施与非工程措施紧密结合、因地制宜、大中小工程相结合，努力提高用水效率。对策与措施包括开源、节流、保护和管理等。各种措施要结合各地的实际情况进行协调，在不同地区有各自不同的侧重点。

第七章　工程类型与布局

第一节　工程类型的选择

一、节水灌溉工程类型

节水灌溉工程是用尽可能少的水投入，取得尽可能多的农作物产出的一种灌溉工程模式，目的是提高水的利用率和水分生产率。我国的节水灌溉工程规模差别很大，按控制面积来看，有灌溉面积达到几十万公顷的大型灌溉工程，有控制面积只有几公顷的微灌工程。节水灌溉工程按其采用的主要节水工程措施分为渠道防渗工程、低压管道输水工程、喷灌工程、微灌工程、集雨灌溉工程、田间节水地面灌溉工程。节水灌溉工程应符合《节水灌溉工程技术规范》（GB/T 50363—2006）的要求。

节水灌溉工程通常由水源工程、首部控制工程（枢纽）、输配水工程和田间灌溉工程四部分组成。

（1）水源工程：河流、湖泊、塘堰、沟渠、井泉、窖窖等，只要水质符合灌溉要求，均可作为灌溉水源。为了充分利用各种水源进行灌溉，一般都需要修建蓄水、引水或提水工程，以及相应的输配电工程。

（2）首部控制工程（枢纽）：为了从水源取水并对流量、压力等进行控制，需在首部修建控制工程。根据不同类型节水灌溉工程的要求，设置闸门、水泵机组、控制阀门及仪表、过滤设备、施肥设备、安全保护设备等。

（3）输配水工程：包括各级渠道、输水管道以及设置在其上的闸门、灌排建筑物、出水口、给水栓等。

（4）田间灌溉工程：包括毛渠、沟、畦、格田，多孔阀管，喷灌、微灌的支管和喷头或灌水器等。

二、各种节水灌溉工程特点和适用性

（一）渠道防渗工程

渠道防渗工程是为减少由渠道输水时渗入渠床流失水量而采取的各种工程技术措施。常用土料、水泥土、砌石、膜料、混凝土和沥青混凝土等材料建立渠道防渗层，以达到防渗的目的。

（1）土料防渗：是在渠床表面建立一层压实的土料防渗层，通常采用素土、黏砂混合土、灰土、三合土、四合土等土料。土料防渗能就地取材，造价低、施工简便，但抗冻和耐久性较差，适用于气候温暖地区的中、小型渠道防渗。

（2）水泥土防渗：水泥土是水泥和黏土的混合物，一般有压实干硬性水泥土和浇

筑塑性水泥土两种防渗方法。水泥土防渗有造价较低、施工较简易等优点，但抗冻性较差，适用于气候温暖地区，附近有壤土和砂壤土料的中、小渠道防渗。

（3）砌石防渗：是用浆砌料石、块石、卵石、石板，以及干砌卵石挂淤进行防渗。它具有抗冲性能好、施工简易、耐久性强的优点，但一般防渗能力较难保证，需劳力多，适用于盛产石料地区的大、中、小型渠道防渗。

（4）膜料防渗：是用塑料薄膜、沥清玻璃纤维布或油毡等作为防渗层，再在其上设置保护层的防渗方法。它具有防渗效果好、适应变形能力强、材料质量轻、运输方便、造价较低以及施工简单等优点，是当前渠道防渗的发展趋势，适用于各种类型渠道的防渗。

（5）混凝土防渗：是目前国内外最广泛采用的一种渠道防渗方法，具有防渗效果好、耐久性好、糙率小、强度高、便于管理等优点，适用于各种地形、气候和运行条件的大、中、小型渠道防渗。

（6）沥青混凝土防渗：是以沥青为胶黏剂，与矿粉、矿物骨料（碎石或砾石和砂）经过加热、拌和、压实而成的防渗材料进行渠道防渗。它具有防渗效果好、适应变形能力强、不易老化、造价较低、容易修补等优点，但施工工艺要求严格，植物易穿透，适用于各种类型渠道的防渗。

（二）低压管道输水工程

低压管道输水是以管道代替明渠，采用较低的工作压力将灌溉水输送到田间的一种工程形式。其特点是输水时所需压力较小，出水口流量较大，不易发生堵塞。因此，具有输水效率高、节能、节省渠道占地、省工、成本低等优点，当前特别适合在井灌区推广应用。随着大口径低压管道输水技术的成熟，低压管道输水工程是今后我国渠灌区进行技术改造的一个带方向性的节水工程措施。低压管道输水工程可分为移动式、半固定式和固定式三种。

（1）移动式：除水源外，管道及分水设备都可移动，机泵有的固定，有的可移动，管道多采用软管，简便易行，一次性投资低，多在井灌区临时抗旱时应用。但劳动强度大，管道易破损。

（2）半固定式：管道系统的一部分固定，另一部分可移动，一般是干管或干、支管为固定地埋管，由分水口连接移动软管输水入田间。这种形式介于移动式和固定式之间，比移动式劳动强度低，但比固定式管理难度大。

（3）固定式：管道系统中的各级管道及分水设施均埋入地下，通过给水栓或分水口直接分水进入田间沟、畦，没有软管连接。这种形式一次性投资大，但运行管理方便，灌水均匀。

（三）田间节水地面灌溉工程

田间节水地面灌溉工程是目前应用最广泛、最主要的节水灌溉工程技术。它包括平整土地、畦灌、沟灌、格田灌、波涌灌和田间闸管灌等。田间节水地面灌溉工程简单，投资少，易于实施。对于传统的田间地面灌溉工程，因其灌溉时水量浪费较大，需要进行以节水为目标的改进，使之节约灌溉用水。

（1）平整土地：是农田基本建设的一项重要内容，也是实施田间节水地面灌溉、节约灌溉用水的先决条件。灌溉土地的平整应以符合地面灌水技术要求、便利耕作以及适应土地连片后的经营为主，在机耕地区则还应满足机耕要求。土地平整方法包括常规土地平整措施和激光控制平地技术。常规土地平整措施是采用人工平地或用推土机、铲运机和刮平机平地；激光控制平地技术是利用激光辐射在田面上方形成的平面作为操平的控制标准，使用液压控制系统自动地、敏捷地控制平地铲的升降，实施土地的精平作业。

（2）畦灌：是在平整过的土地上，用田埂将其分隔成一系列狭长的地块，即畦田，水从输水垄沟或直接从毛渠引入畦田后，形成薄水层沿畦田坡度方向流动，在流动过程中逐渐湿润土壤。对传统的畦灌进行节水改造主要是划小畦块，实行小畦灌溉。畦灌适用于小麦、谷子等窄行距播种或撒播的粮食作物及牧草等。

（3）沟灌：是在平整过的土地上，沿作物种植方向，根据一定的间距，开挖出一条条带有坡度的小沟，灌水时水沿着小沟流动，在流动的过程中湿润作物根层的土壤。对传统沟灌的节水改造主要是缩短沟长或实行隔沟灌、分段沟灌。沟灌适用于棉花、玉米等作物。

（4）格田灌：是在平整过的土地上，由渠埂、沟埂和田埂围成的单一田块（称为格田，一般修成长方形），灌溉时，水流进入格田形成一定深度的水层，供给作物生长需水。对格田灌进行节水改造主要是格田田面高差应小于 ±3 cm，以达到均匀浅灌的要求，提高灌水效率和灌水质量。格田灌适用于水稻灌溉。

（5）波涌灌：是利用安设在沟畦首端可以自控开关的阀门向沟畦实施间歇性的供水，在沟畦中产生波涌，加快水流的推进速度，缩短沟畦首尾段渗水的时间差，使土壤得到均匀湿润。由于这种灌水方法的水时断时续，水流形似波涌推进，所以称为波涌灌溉或称为间歇灌溉。在波涌灌供水过程中，入地水流不是一次连续推进到沟（畦）末端，而是分阶段的由首端推进至末端，因间歇供水与停水现象的交替发生，使得土壤表层边界条件发生变化，田间表面形成阻渗的致密层，降低了土壤入渗率和田面糙率，从而减少了深层渗漏和加快了地表水流推进速度，有利于提高田间灌溉效率和灌水均匀度。因而波涌灌具有省水、节能、增产的优点。波涌灌适宜在砂壤土和中壤土的沟（畦）灌中应用，但需要开发出成本低廉、使用方便的波涌阀控制设备才有推广应用的前景。

（6）田间闸管灌：田间闸管是一条可以在田间移动的输水和放水管道，沿管道一侧带有许多小型闸门，水通过这些闸门进入沟（畦）。闸门的间距可与沟（畦）间距一致，并且闸门开度可以随意调节，用以控制进入沟（畦）的流量。根据使用材料的不同，可将田间闸管分为柔性闸管系统和硬性闸管系统。其中，柔性闸管系统有时也称做地面软管，可采用塑料、橡胶或帆布等材料制成，具有造价低、易于应用等优点，但使用寿命相对较短；硬性闸管系统采用抗老化 PVC 或铝合金等材料，配有快速接头，可根据沟（畦）条件在田间组装使用。与柔性闸管系统相比，硬性闸管使用寿命长，但造价相对较高。闸管灌溉是运用闸管替代田间土毛渠将灌溉水输送到田间，并通过其上的闸阀控制向沟（畦）配水进行灌溉，具有投资少、见效快、施工方便、使用简单的优点，特别适合在井灌区与低压管道输水灌溉配套使用。

（四）喷灌工程

喷灌是将灌溉水通过由喷灌设备组成的喷灌系统（或喷灌机具），形成具有一定压力的水，由喷头喷射到空中，形成水滴状态，洒落在土壤和作物表面，为作物生长提供必要水分的工程技术。喷灌具有节水、增产、省工、提高耕地利用率、适应性强的优点；但受风的影响大、蒸发损失大、能耗较大，并有可能出现土壤底层湿润不足等问题。

喷灌系统的类型很多，从规划设计方法这一角度出发可对喷灌系统作如下分类：首先按系统设备组成的特点，可分为管道式喷灌系统和机组式喷灌系统。水源、喷灌泵与各喷头间由一级或数级压力管道连接，且这些管道和机、泵需由设计者自行选配，这样的喷灌系统称为管道式系统；使用厂家成套生产的喷灌机（组）的喷灌系统称为机组式系统。管道式喷灌系统根据管道的可移程度，又分为固定管道式、移动管道式和半固定管道式系统；按获得压力的方式，又可分为机压式和自压式喷灌系统。机组式喷灌系统按其喷洒特征又分为定喷机组式和行喷机组式系统。

1. 固定管道式喷灌系统

水泵与动力机构成固定的泵站，各级管道多埋入地下（也有固定于地面的），喷头装在固定于支管的竖管上，亦即各系统组成部分（通常除喷头可装卸轮灌于竖管间以外）在整个灌溉季节，甚至常年固定不动。

固定管道式喷灌系统运行操作方便，易于管理，生产效率高，工程占地少，且便于实行自动化控制。其主要缺点是设备利用率低、耗材多。固定管道式灌溉系统适用于灌水次数频繁、经济价值较高的蔬菜和经济作物，以及城市园林、花卉、绿地的喷灌。

2. 移动管道式喷灌系统

一个可以移动的水泵及动力机组，配有一定数量的可移动管道，并带有多个喷头工作，亦即整个喷灌系统除水源及水源工程以外，从水泵与动力机组、各级管道，直到喷头都可以拆卸移动，轮流使用于不同地块。

移动管道式喷灌系统设备利用率高，设备用量与投资造价较低。其缺点是机、泵、管等设备的拆装搬移劳动强度较大，生产效率较低，有时还会损伤作物；设备的维修、保养工作量较大；供水渠道及沿渠的机行道路要占去一定的耕地面积。移动管道式喷灌系统适用于各种作物，但当喷灌高秆密植作物时，在灌溉地块的土质黏重或地形复杂的情况下，将给设备的拆装移动带来困难。

3. 半固定管道式喷灌系统

泵站和干管固定不动，支管和喷头是可移动的。与固定管道式喷灌系统相比，由于支管可以移动并重复使用，减少了用量，降低了投资；与移动管道式喷灌系统相比，则由于机、泵、干管不移动，方便了运行操作，提高了生产效率。因此，半固定管道式喷灌系统的设备用量、投资造价和管理运行条件均介于固定管道式喷灌系统与移动管道式喷灌系统之间，是值得推荐和重点发展的形式。

4. 定喷机组式喷灌系统

在田间布设一定规格的输水明渠或暗管，每隔一定距离设置供抽水用的工作池，喷灌机沿渠（管）移动，在每个预定的抽水点（工作池）处作定点喷洒。根据所用的机组不同又可分为使用单喷头机组的喷灌系统和使用多喷头机组的喷灌系统。

1）使用单喷头机组的喷灌系统

使用单喷头机组的喷灌系统形式简单，施工方便，使用灵活，一套机组反复使用，设备简单，投资小，动力还可综合利用；缺点是机具移动频繁，劳动强度大，管理不便，喷灌质量不易保证，田间工程占地多。它适用于喷洒质量要求不高、灌水次数不多的地方或临时抗旱性的喷灌。对于解决山丘地区零星、分散耕地的灌溉，也是一种较好的形式。

2）使用多喷头机组的喷灌系统

使用多喷头机组的喷灌系统除在设计方法上与移动管道式喷灌系统不同外，其优缺点与适用条件均与后者相同。

5．行喷机组式喷灌系统

在田间按一定规格修建供水设施，喷灌机在连续移动过程中进行喷洒灌溉。行喷机组式喷灌系统机械化、自动化程度高，运行操作方便，工作效率高，节省操作管理人员，喷洒时受风的影响小，均匀度较高，但一般耗能较多，一次性投资较高，维修保养需较高的技术水平。行喷机组式灌溉系统一般适用于土地开阔连片、地形平坦、田间障碍物少，以及经济条件、技术力量较强的地方。但由于行喷式喷灌机类型多样、规模各异，故其优缺点与适用条件不尽相同，在采用时应根据拟选机型的规格与性能作出具体分析。

（五）微灌工程

微灌是按照作物需水要求，通过低压管道系统与安装在末级管道上的特制灌水器，将水和作物生长所需养分以较小的流量均匀、准确地直接输送到作物根部附近的土壤表面或土层中的一种局部灌溉的工程技术。微灌按所用的设备及出流形式分为滴灌、微喷灌、小管出流灌和渗灌四种。

（1）滴灌：是利用安装在末级管道（称为毛管）上的滴头，或与毛管制成一体的滴灌带将压力水以水滴状湿润土壤，在灌水器流量较大时，形成连续细小水流湿润土壤。通常将毛管和灌水器放在地面，也可以把毛管和灌水器埋入地面以下 $30 \sim 40$ cm。前者称为地表滴灌，后者称为地下滴灌。滴灌灌水器的流量为 $2 \sim 12$ L/h。

（2）微喷灌：是利用直接安装在毛管上或与毛管连接的微喷头将压力水以喷洒状湿润土壤。微喷头有固定式和旋转式两种。前者喷射范围小、水滴小；后者喷射范围较大、水滴也大些，故安装的间距也大。微喷头的流量通常为 $20 \sim 250$ L/h。

（3）小管出流灌：是利用小塑料管与毛管连接作为灌水器，以细流（射流）状局部湿润作物附近土壤，小管灌水器的流量为 $80 \sim 250$ L/h。对于高大果树，通常围绕树干修一条渗水小沟，以分散水流，均匀湿润果树周围土壤。

（4）渗灌：是利用一种特别的渗水毛管埋入地表以下 $30 \sim 40$ cm，压力水通过渗水毛管管壁的毛细孔以渗流的形式湿润其周围土壤。由于它减少土壤表面蒸发，是用水量最省的一种微灌技术。渗灌毛管的流量为 $2 \sim 3$ L/(h·m)。

微灌的特点是灌水流量小，一次灌水延续时间较长，灌水周期短，需要的工作压力较低，能够较精确地控制灌水量，能把水和养分直接输送到作物根部附近的土壤中去。其优点是省水、节能、节省劳动力、灌水均匀、增产、对土壤和地形的适应性强，缺点是一次性投资大、易引起堵塞、可能引起盐分积累。

根据微灌工程配水管道在灌水季节中是否移动，可以将微灌系统分成以下三类：

（1）固定式微灌系统：在整个灌水季节系统各个组成部分都是固定不动的。干管、支管一般埋在地下，根据条件，毛管有的埋入地下，有的放在地表或悬挂在离地面一定高度的支架上。这种系统主要用于宽行大间距果园灌溉，也可用于条播作物灌溉，因其投资较高，一般应用于经济价值较高的经济作物。

（2）半固定式微灌系统：首部枢纽及干、支管是固定的，毛管连同其上的灌水器可以移动。根据设计要求，一条毛管可以在多个位置工作。

（3）移动式微灌系统：系统的各组成部分都可以移动，在灌溉周期内按计划移动安装在灌区内不同的位置进行灌溉。

半固定式微灌系统和移动式微灌系统提高了微灌设备的利用率，降低了单位面积微灌的投资，常用于大田作物；但操作管理比较麻烦，仅适合在干旱缺水而经济条件又较差的地区使用。

（六）集雨灌溉工程

集雨灌溉工程是指采取人工措施，高效收集雨水并加以蓄存和调节用于灌溉的微型水利工程。一般由集雨系统、输水系统、蓄水系统和灌溉系统组成。集雨系统主要是指收集雨水的集雨场地，为了提高集流效率，减少渗漏损失，要用不透水物质或防渗材料对集流场表面进行防渗处理。输水系统是指输水沟（渠）和截流沟。蓄水系统包括储水体及其附属设施，储水体主要是建水窖（窨）、水柜和蓄水池；附属设施主要包括沉沙池、拦污栅与进水暗管（渠）、消力设施、窖口井台。灌溉系统包括首部提水设备、输水管道和田间的灌水器等节水灌溉设备。集雨灌溉工程适宜在年有效降雨量在 250 mm 以上的地区，应用于发展庭院经济和小面积农田灌溉。

三、节水灌溉工程类型选择和方案比较

节水灌溉的工程形式有很多种，每种工程形式都有它的优缺点和适用条件，至于选择何种工程形式，要因地制宜进行分析和确定。在确定工程形式时，要综合考虑区域内的自然情况（包括地形、土壤、水资源等情况）、经济条件、种植结构、生产力发展水平等，从投资、效益、管理水平等方面进行综合考虑，才能选择出适合当地具体情况的节水灌溉工程形式。

（一）各种节水灌溉形式的优缺点

在确定工程形式时，必须对不同的节水灌溉形式的优缺点和适用条件有一个比较全面的了解。下面对几种主要的节水灌溉工程形式的优缺点和适用条件进行简单的介绍，以便在选择节水灌溉工程形式时参考。

1. 喷灌工程的优缺点及适用条件

喷灌工程的优点：①可以精确地控制灌水定额，以便充分地利用天然降水；②可以调节田间小气候，有利于作物的生长；③适应地形起伏的能力强；④节省耕地；⑤观赏效果好。喷灌工程的缺点：①工程投资高、能耗大、运行费用高；②技术比较复杂，有一定的难度；③管理运用比较麻烦。喷灌工程的适用条件：①经济作物和经济条件好的

地区；②地下水埋深比较大的地区或高扬程灌区；③土层比较薄和地面起伏比较大的地区；④水资源特别紧缺的地区。

2. 微灌工程的优缺点及适用条件

微灌工程的优点：①省水，因属局部灌溉，一般比地面灌溉省水 1/3 ~ 1/2，比喷灌省水 15% ~ 25%；②节能，因采用低压运行，一般工作压力仅为 50 ~ 150 kPa，能耗比喷灌低得多；③灌水均匀，灌水均匀度可达 80% ~ 90%；④对土壤和地形的适应性强；⑤节省耕地和劳力。微灌工程的缺点：①易引起堵塞，对水质要求较严，一般均应经过水质过滤和处理；②可能会限制作物根系的发展；③工程投资较高；④技术比较复杂，对管理运用要求较高。微灌工程的适用条件：①经济作物、蔬菜、果树、园林的灌溉；②经济条件好的地区；③水资源特别紧缺的地区。

3. 低压管道灌溉工程的优缺点及适用条件

低压管道灌溉工程的优点：①工程投资低，便于在大田作物中大面积推广应用；②节地、节能效果比较好，运行费用低；③对地形的起伏也有一定的适应能力；④工程运用和管理简单、方便。低压管道灌溉工程的缺点：①田间出水口对耕作有一定的影响；②只解决了输水过程的节水问题，如不配合采用田间节水措施，则田间的节水效果和灌水的均匀度较差。低压管道灌溉工程的适用条件：①地下水埋深比较小的平原井灌区；②适合于大田农作物灌溉；③适合我国的生产力水平和经济条件一般的井灌区和引水灌区。

4. 渠道衬砌工程的优缺点及适应条件

渠道衬砌工程的优点：①工程技术上比较简单、投资低，便于大面积推广应用；②衬砌材料可以因地制宜，一般以混凝土 U 形断面为主，也可以采用砖砌、塑料防渗膜衬砌等；③管理、运行比较方便；④便于沟、路、林的统一规划。渠道衬砌工程的缺点：①占地多，浪费土地资源；②适应地形变化的能力差。渠道衬砌工程的适用条件：①地形起伏变化小、控制面积较大的引水灌区；②含沙量高的灌区，如引黄灌区等。

（二）节水灌溉工程技术模式

根据不同的区域特点，将各种适宜的节水灌溉工程组装并有机集成和配套农艺节水措施、管理节水措施，形成节水灌溉工程技术模式，以便充分提高灌溉水的利用率和农田水分利用效率。节水灌溉工程类型选择时必须考虑需要形成的工程技术模式。我国幅员广阔，各地自然条件、经济条件和管理水平都差别较大，必须按照各种工程技术的适宜范围，按经济规律办事，因地制宜地选择最佳的工程模式。

（1）新建井灌区节水增效灌溉工程技术模式：合理布井，采用先进的成井工艺提高机井质量，配套低压管道输水和小型移动式喷灌机等节水灌溉设施。

（2）华北井灌区节水改造模式：采用低压管道输水（对于蔬菜、果园、经济作物、极度缺水地区的粮食作物也可采用喷灌、微灌）、田间平整土地，划小畦块实行小畦灌溉，并与非充分灌溉及覆盖保墒等农艺节水措施结合，在维持地下水采补平衡的基础上，以水定面积发展灌溉。

（3）北方渠灌区田间工程节水改造模式：对斗、农渠进行防渗衬砌，平整土地，重新确定沟渠规格，采用小畦灌、沟灌、长畦短灌和波涌灌等先进的地面灌水技术，并通过开展非充分灌溉、水稻控制灌溉、降低土壤计划湿润层深度和采用覆盖保墒等农业综合节水技术，实现渠灌区全方位节水。

（4）北方井渠结合灌区节水灌溉工程技术模式：开展地面水与地下水在时间上及空间上的联合调度。渠灌部分采用适度防渗渠道输水，井灌部分采用管道输水；田间采取长畦改短实施小畦灌溉及覆盖、化学节水、节水灌溉制度等农艺和管理节水措施，实现水资源的优化调度和农业高效用水。

（5）水利富民集雨节灌模式：节灌工程与农业节水措施的紧密结合，即建设雨水集流工程（包括集流面、水窖（池）、输水管（沟））和等高耕种开挖鱼鳞坑拦蓄雨水、深耕蓄水保墒、覆盖抑制蒸腾保蓄、调整农作物布局的适水种植、增施肥料提高水肥利用率、坡地粮草轮作、粮草带状间作和草（灌木）间作减少雨水径流等农业蓄雨利用技术措施相结合，田间采用小畦灌、点灌或滴灌。

（6）南方小型机电提水灌区节水改造模式：对泵站合理布局进行节能更新改造；将输水土渠改造为低压输水管道或衬砌渠道；对田间水稻灌区实现格田化，采用水稻节水灌溉制度，蔬菜灌区采用喷灌或微灌。

（7）城郊农业节水灌溉工程技术模式：大田粮食作物建设喷灌、管灌工程，发展喷灌、小畦灌；蔬菜、果园及经济作物发展微灌和喷灌，灌溉用水管理实施自动化控制。

（8）节水抗旱灌溉工程技术模式：选用适宜当地的各种节水灌溉技术如坐水种、软管灌溉、轻小型移动式喷灌机组等和平整土地、修建梯田、植树种草培肥土壤、覆盖保墒、合理耕作、采取节水灌溉制度相结合。

（三）节水灌溉工程方案比较

规划节水灌溉工程时，为充分发挥工程节水增产的效益和节省投资，应进行多方案比较，一般拟订供比较的方案应不少于3个。在拟订节水灌溉工程方案时，要综合考虑区域内的自然情况（包括地形、土壤、水资源等情况）、经济条件、种植结构、生产力发展水平等，从投资、效益、管理水平等方面进行综合考虑。拟订的节水灌溉工程方案还应符合当地农业区划和农田水利规划的要求，并应与农村发展规划相协调。工程方案不但要选择可能采用的节水灌溉工程措施，还应考虑能与优良的农作物品种和先进的栽培技术以及管理措施很好地结合，形成节水高效的工程技术模式。

在对初拟的节水灌溉工程方案作比较时，不但对选择何种类型的节水灌溉工程应作多方案比较，而且对一种类型不同形式的节水灌溉工程也应作多方案比较，如在井灌区规划节水灌溉工程时，可选择是否采用低压管道输水灌溉、喷灌和微灌进行方案比较，如果比较结果采用喷灌适宜，则可进一步对是否选择固定式、半固定式和移动式喷灌进行方案比较。进行方案比较时，一般设投资为约束条件，节水、增产和增效为目标，采用数学分析方法来确定最佳方案。在比较确定方案时，还应征求当地农民群众的意见。只有尊重科学，按经济规律办事，坚持因地制宜的原则，确定的节水灌溉工程方案才能充分发挥其节水、增产、增效的作用。

第二节　工程设计标准

一、灌溉设计保证率

我国灌溉规划中常采用灌溉保证率法确定灌溉设计标准。节水灌溉工程设计保证率应根据自然条件和经济条件确定。灌溉用水量得到保证的年份称为保证年，在一个既定的时期内，保证年在总年数中所占的比例称为灌溉用水保证率。在农田水利工程设计中，灌溉用水保证率时常是给定的数值，称为设计保证率。设计保证率可因各地自然条件、经济条件的不同而有所不同，就全国范围来讲，为 50% ~ 95%。由于自然和经济条件的关系，一般在南方采用的值较高，在北方采用的值较低；在水资源丰富地区采用的值较高，水资源紧缺地区采用的值较低；在自流灌区采用的值较高，扬水灌区采用的值较低；在作物经济价值较高地区采用的值较高，作物经济价值不高地区采用的值较低；在近期计划中采用的值较低，在远景规划中采用的值较高。国家质量技术监督局和原建设部联合发布的《灌溉与排水工程设计规范》（GB 50288—99）中规定灌溉设计保证率应根据水文气象、水土资源、作物组成、灌区规模、灌水方法及经济效益等因素，按表 7-1 确定。

表 7-1　灌溉设计保证率

灌水方法	地区	作物种类	灌溉设计保证率（%）
地面灌溉	干旱地区或水资源紧缺地区	以旱作为主	50 ~ 75
		以水稻为主	70 ~ 80
	半干旱、半湿润地区或水资源不稳定地区	以旱作为主	70 ~ 80
		以水稻为主	75 ~ 85
	湿润地区或水资源丰富地区	以旱作为主	75 ~ 85
		以水稻为主	80 ~ 95
喷灌、微灌	各类地区	各类作物	85 ~ 95

注：对于节水灌溉工程，丰水地区或作物经济价值较高时，可取较高值；缺水地区或作物经济价值较低时，可取较低值。

二、设计代表年

通常是在以往的年份中选出符合设计保证率的某一年，作为设计代表年，并以此作为规划水源工程的依据。设计代表年的选择视掌握资料的情况，有按气象资料选择、按来水量资料选择、按用水量资料选择和按来水用水综合选择代表年等几种方法。

（一）按气象资料选择

（1）用降水量资料。以灌区多年降水量资料组成系列进行频率计算，推求符合设计保证率的降水量，并按照年降水量与其相近而其降水分布又对灌溉不利的原则，选择实际年份作为设计代表年。根据实际计算经验，可以选 5 个设计代表年，即降水量频率为 5% 为湿润年，25% 为中等湿润年，50% 为中等年，75% 为中等干旱年，95% 为干旱年。当灌区作物单一或存在主要作物时，如用年降水量计算，可能出现作物生长期降水频率与设计保证率不符的情况，故宜用主要作物灌水临界期的降水量进行频率计算，并据此选择设计代表年。

（2）用蒸发量资料。用灌区年水面蒸发量（或主要作物灌水临界期的水面蒸发量）系列，以递增次序排列进行频率计算，选择频率和设计保证率相同（或相近）的年份为设计代表年。

（3）用蒸发量与降水量的差值。用年水面蒸发量与年降水量的差值（或主要作物灌水临界期两者的差值）组成系列，以递增次序排列进行频率计算，并选择设计代表年。

（二）按来水量资料选择

以水源的来水量组成系列进行频率计算，按频率和设计保证率相同（或相近）的年份选择设计代表年。采用此法时，应注意根据不同的水源类型对其供水量资料作认真分析，排除人为影响因素，以避免因没有考虑用水情况而造成的误差。

（三）按用水量资料选择

利用本地区的灌溉试验与生产实践资料或利用水文气象资料推求历年作物需水量，并通过频率计算选择符合设计保证率的代表年。此法需要较长系列的灌溉试验或调查资料，一般不易获得，且对所得资料应作分析修正，以建立在同一基础上。如用气象资料推算历年作物需水量，则计算工作量较大。

（四）按来水用水综合选择

用来水和用水的差值或用调节后的蓄水容积组成系列进行频率计算，并选择设计代表年。此法反映了灌溉设计保证率的真实含义，但所需资料甚多，计算工作量甚大，有条件的大面积灌区可考虑采用。

第三节　工程设计流量

一、作物需水量

作物需水量是指作物在正常生长的情况下，供应植株蒸腾和棵间土壤蒸发所需的水量，故亦称为作物腾发量。对于水稻田，必要的农田水分消耗除蒸发蒸腾外，还包括适当的渗漏量。通常把水稻蒸发蒸腾量与稻田渗漏量之和称为水稻田耗水量，它是制定作物灌溉制度、计算灌溉用水量的重要依据。

作物需水量受气候条件，土壤性质、肥力和含水量等土壤条件，作物种类、品种特性和生育阶段等作物条件，以及灌溉、排水和农业技术措施等众多因素的影响，各地相差悬殊，有条件时应根据当地或邻近地区的灌溉试验确定。

（一）计算内容和步骤

（1）计算参考作物腾发量（E_{0i}）：参考作物腾发量的定义是："一种开阔草地上的腾发速度，此草地系由高度为 8～15 cm、高矮均匀、生长正常的青草完全覆盖着，而不缺水分。"用参考作物腾发量来体现气候对作物需水量的影响。在收集和评价有关气象资料的基础上，用改进彭曼公式计算参考作物腾发量。

（2）确定作物系数（K_c）：作物系数是作物腾发量与参考作物腾发量的比值，用以体现作物特性对需水量的影响。根据作物种类、种植或播种时间、生育阶段以及常遇的气候条件，选定作物各生育阶段或各时段的作物系数值。

（3）计算作物腾发量（需水量）（ET_{ci}）：按 $ET_{ci} = K_c E_{0i}$ 计算作物腾发量。以上计算可以30 d或10 d为一个时段，利用各时段内的日平均气象资料来计算 E_{0i}，再计算各时段的 ET_{ci}，表示时段内的平均值。当进行灌溉工程规划时，在已选定设计代表年后，可计算该年作物生长期或灌溉临界期各时段的 ET_{ci} 值。

（二）参考作物腾发量的计算

联合国粮农组织推荐了计算作物腾发量的几种方法，是经过深入研究和大量验证后确定的方法，适用地区较广。只要具备一般的气象资料与作物方面的资料，依靠给出的图表便可计算，值得我们在节水灌溉工程规划设计中采用。国际上用得较多，计算成果又较可靠的为彭曼法。

彭曼法是一种较好的计算作物腾发量的方法，即使利用普通的气象资料，仍可能计算出参考作物腾发量。彭曼公式的框架不是经验的而是理论的，它在能量平衡法的基础上引用干燥力（Drying Power）的概念，经过简捷的推导得到了一个用普通气象资料就可计算参考作物腾发量的公式。几经修正，目前国内外最通用的是采用联合国粮农组织1992年推荐的修正彭曼（Penman – Monteith）公式，根据该公式来计算参考作物腾发量，其计算程序十分简便，只需输入常规气象资料和地理纬度、海拔高度等基本资料即可。

（三）作物系数 K_c 的计算

1. 作物系数计算方法

作物系数 K_c 是计算作物需水量的重要参数。它反映了作物本身的生物学特性、产量水平、土壤耕作条件等对作物需水量的影响。K_c 值根据各月田间实测需水量和相同阶段的气象因素计算出参考作物腾发量求得，即

$$K_{ci} = ET_{ci}/ET_{0i} \tag{7-1}$$

式中　K_{ci}——某种作物第 i 月的作物系数；

ET_{ci}——相应月份的实测需水量；

ET_{0i}——由彭曼公式计算的相应月份的参考作物腾发量。

由此亦可由全生育期 ET_c 与 ET_0 确定全生育期的作物系数 K_c。

从以上过程可知，作物系数 K_c 的准确性在很大程度上取决于实测作物需水量的精度。为了提供各地较准确的作物系数 K_c 值，至少应该有3年以上的实测资料。

作物系数在全生育期的变化与作物种类 K、品种 V、生育期 φ 和生长状况 G 有关。对于同类作物，且品种相同时，K_c 在一定程度上能用作物的群体动态指标表示。据分析，K_{ci} 与叶面积指数 LAI_i 具有密切的线性关系，即

$$K_{ci} = a_1 LAI_i + b_1 \tag{7-2}$$

式中　K_{ci}——作物系数值；

LAI_i——叶面积指数；

a_1、b_1——实测资料回归求得的经验系数值。

由我国五站的试验资料分析得到的 a_1、b_1 值如表7-2所示。

表7-2　我国五站作物生育期内的 a_1 与 b_1 值

站名	K_c 经验公式中的系数		相关系数 R	显著水平 α	说明
	a_1	b_1			
西北农林科技大学	0.22	0.18	0.912 9	0.01	冬小麦
武威	0.19	0.14	0.942 1	0.01	春小麦
新乡	0.15	0.24	0.955 3	0.01	冬小麦
扶风	0.21	0.19	0.923 8	0.01	冬小麦
福建	1.00	0.15	0.920 0	0.01	水稻

2. 作物系数的选择

影响作物系数 K_c 值的主要因素是作物种类、播种（或种植）时间、发育阶段、全生长期长短以及常遇气候条件。

1）大田作物与蔬菜系数

大田作物与蔬菜全生长期内作物系数的变化可概化为如图7-1所示的折线。作出这一变化过程线，即可确定任何时段的 K_c 值。

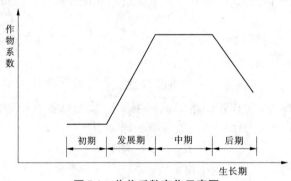

图7-1　作物系数变化示意图

上述 K_c 值过程线绘制步骤如下：

（1）确定作物全生育期和各生长阶段的天数及起止日期；

（2）确定生长初期的 K_c 值，并绘成水平线；

（3）确定生长中期的 K_c 值，并绘成水平线；

（4）初期末尾和中期起始点间用直线连接，表示发展期的 K_c 值变化；

（5）确定收割或完熟时的 K_c 值，点绘在生长期末尾，并将其与中期末尾点用直线连接，是为生长后期的 K_c 值变化线。

A. 生长阶段的划分

将作物全生长期划分为初期、发展期、中期和后期四个阶段，其划分标准为：初期，包括出芽期和生长前期，此时期内地表未被作物覆盖或被少许覆盖（覆盖率小于10%）；发展期，从初期末到地表开始完全覆盖（覆盖率达70%～80%）；中期，从地表完全覆盖到开始成熟，开始成熟的标志是叶子变色（豆类）或落叶（棉花），对于一年生作物，此阶段应包括开花期；后期，从开始成熟到完全成熟或收割。

生长阶段的划分应根据当地或气候条件相似地区的生产实践和试验资料确定。表7-3列出了部分作物各生长阶段的大致天数，以供参考。

表7-3　部分作物各生长阶段的大致天数　　　　　　（单位：d）

作物	生长阶段			
	初期	发展期	中期	后期
小麦	15～20	25～30	50～65	30～40
玉米	15～30	30～45	30～45	10～30
高粱	20～25	30～40	40～45	20～30
棉花	20～30	40～50	50～60	40～55
大豆	20～25	25～35	45～65	20～30
花生	15～35	30～45	30～50	20～30
甘蔗	10～30	150～350	70～200	50～70
甜菜	25～30	35～60	50～70	30～50
烟草	10	20～30	30～35	30～40
菜豆（鲜）	15～20	15～20	20～30	5～20
菜豆（干）	15～20	15～20	25～45	20～25
豌豆（鲜）	10～25	25～30	25～30	5～10
豌豆（干）	10～25	25～30	25～30	20～30
马铃薯	20～30	30～40	30～60	20～35
甘兰	20～30	30～35	20～30	10～20
番茄	10～15	20～30	30～40	30～40
洋葱	15～20	25～35	25～45	35～45
西瓜	10～20	15～20	35～50	10～15

B. 生长初期的 K_c 值

预计灌水和有效降水的平均间隔天数，根据已计算的 E_0 值，从图7-2中查取 K_c 值。

C. 生长中期和完熟时的 K_c 值

根据相对湿度和风速条件，从表7-4查取 K_c 值。当最小湿度为20%～70%时可内插。

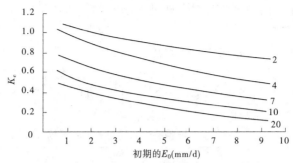

图 7-2　生长初期内的平均 K_c 值与 E_0 值的关系

（注：图中数字为灌水和有效降水的平均间隔天数，d）

表 7-4　部分作物在生长中期和完熟时的 K_c 值

湿度	$H_{min} > 70\%$				$H_{min} < 20\%$			
风速（m/s）	0 ~ 5		5 ~ 8		0 ~ 5		5 ~ 8	
作物	中期	完熟时	中期	完熟时	中期	完熟时	中期	完熟时
小麦、大麦、燕麦	1.05	0.25	1.1	0.25	1.15	0.2	1.2	0.2
玉米	1.05	0.55	1.1	0.55	1.15	0.6	1.2	0.6
甜玉米	1.05	0.95	1.1	1.0	1.15	1.05	1.2	1.1
高粱	1.0	0.5	1.05	0.5	1.1	0.55	1.15	0.55
粟	1.0	0.3	1.05	0.3	1.1	0.25	1.2	0.25
谷类	1.05	0.3	1.1	0.3	1.15	0.25	1.2	0.25
棉花	1.05	0.65	1.15	0.65	1.2	0.65	1.25	0.7
亚麻	1.0	0.25	1.05	0.25	1.1	0.2	1.15	0.2
大豆	1.0	0.45	1.05	0.45	1.1	0.45	1.15	0.45
花生	0.95	0.55	1.0	0.55	1.05	0.6	1.1	0.6
向日葵	1.05	0.4	1.1	0.4	1.15	0.35	1.2	0.35
甜菜	1.05	0.6	1.1	0.6	1.15	0.6	1.2	0.6
甘蔗	1.05	0.6	1.1	0.6	1.15	0.7	1.2	0.7
薯类	1.05	0.7	1.1	0.7	1.15	0.75	1.2	0.75
菜豆（鲜）	0.95	0.85	0.95	0.85	1.0	0.9	1.05	0.9
菜豆（干）	1.05	0.3	1.1	0.3	1.15	0.25	1.2	0.25
豌豆（鲜）	1.05	0.95	1.1	1.0	1.15	1.05	1.2	1.1
扁豆	1.05	0.3	1.1	0.3	1.15	0.25	1.2	0.25
十字花科植物（甘兰等）	0.95	0.8	1.0	0.85	1.05	0.9	1.1	0.95

续表 7-4

湿度	$H_{min}>70\%$				$H_{min}<20\%$			
风速（m/s）	0～5		5～8		0～5		5～8	
作物	中期	完熟时	中期	完熟时	中期	完熟时	中期	完熟时
番茄	1.05	0.6	1.1	0.6	1.15	0.65	1.2	0.65
茄子	0.95	0.8	1.0	0.85	1.05	0.85	1.1	0.9
萝卜	0.8	0.75	0.8	0.75	0.85	0.8	0.9	0.85
胡萝卜	1.0	0.7	1.05	0.75	1.1	0.8	1.15	0.85
莴苣	0.95	0.9	0.95	0.9	1.0	0.9	1.05	1.0
黄瓜	0.9	0.7	0.9	0.7	0.95	0.75	1.0	0.8
洋葱	0.95	0.75	0.95	0.75	1.05	0.8	1.1	0.85
菠菜	0.95	0.9	0.95	0.9	1.0	0.95	1.05	1.0
芹菜	1.0	0.9	1.05	0.95	1.1	1.0	1.15	1.05
辣椒（鲜）	0.95	0.8	1.0	0.85	1.05	0.85	1.1	0.9
南瓜	0.9	0.7	0.9	0.7	0.95	0.75	1.0	0.8
甜瓜	0.95	0.65	0.95	0.65	1.0	0.75	1.05	0.75

2）果树系数

部分果树的 K_c 值见附录四。

（四）主要作物的需水量

由于我国耕地面积辽阔，因气候、地理等环境条件以及农业栽培技术的不同，形成了作物需水量的极大地区差异。这种差异不仅表现在同一品种作物的地区变化，就是在同一地区不同品种的需水量也有很大不同。确定作物需水量的可靠方法是根据实测资料，为此应认真收集本地或邻近地区以往灌溉试验资料，从中分析确定符合设计年的作物需水量值。在缺乏实测资料的地区，可根据影响作物需水量的主要因素，采用上述的彭曼公式进行估算。由于计算作物需水量比较麻烦，表 7-5 给出了我国部分地区主要农作物的需水量，可供规划时计算设计灌水定额和灌水周期参考。

表 7-5　主要作物灌水临界期平均日需水量 E_p

作物	地区	E_p（mm/d）
冬小麦	北京	5.5～6.5
	河北	5.0
	陕西关中	3.2～4.2
	云南	3.5～5

续表 7-5

作物	地区	E_P（mm/d）
春小麦	吉林	5.0 ~ 6.6
	新疆维吾尔自治区	3.0 ~ 4.0
	青海	4.0
春玉米	陕西关中	6.0 ~ 7.0
夏玉米	吉林	6.0 ~ 6.5
	辽宁	5.0 ~ 7.0
	内蒙古自治区	5.0 ~ 7.0
	山东	5.5 ~ 6.7
谷子	吉林	5.0 ~ 6.0
高粱	吉林	6.0 ~ 7.0
棉花	湖北	4.0 ~ 5.5
油菜	陕西关中	2.7 ~ 3.2
花生	山东	4.8 ~ 5.2
大豆	吉林	5.0 ~ 6.0
甜菜	黑龙江	4.0 ~ 5.0
甘蔗	广东	6.45
茶园	浙江	6.0 ~ 7.0
烟草	河南	5.0 ~ 6.0
柑橘	浙江	5.5
春黄瓜	北京	9.9

二、设计灌溉制度

农作物的灌溉制度是指播前及全生育期内的灌水次数、灌水日期、灌水定额和灌溉定额。设计灌溉制度是指符合设计标准的代表年的灌溉制度，它是确定灌区设计流量和用水量的依据。在灌区规划设计中，确定灌溉制度常采用的方法有三种：

（1）总结群众节水丰产灌水经验。根据当地或邻近地区群众积累的多年节水灌溉的经验，深入调查符合设计要求的干旱年份的灌水次数、灌水时间和灌水定额等数据，据此分析确定设计灌溉制度。

（2）利用灌溉试验资料。多年来各地进行了大量灌溉田间试验，积累了可观的资料。在认真分析试验条件的基础上，可以作为制定设计灌溉制度的主要依据。

（3）用水量平衡计算方法。利用农田水量平衡原理，经分析计算制定灌溉制度。当参与计算的各因子数据准确时，计算结果较为可靠。

（一）按水量平衡原理制定作物生育期灌溉制度

1. 旱作物

在作物生育期内的任一时段 t，土壤计划湿润层 H 内储水量的变化可用下列水量平衡方程式表示：

$$W_t - W_0 = W_T + P_0 + K + M - E \tag{7-3}$$

式中　W_0、W_t——时段初、时段末的土壤计划湿润层内的储水量；

　　　　W_T——由于计划湿润层增大而增加的水量（如无变化则无此项）；

　　　　P_0——保存于土壤计划湿润层内的有效雨量；

　　　　K——时段 t 内的地下水补给量，$K = kt$，k 为时段内平均每昼夜地下水补给量；

　　　　M——时段 t 内的灌溉水量；

　　　　E——时段 t 内的作物田间需水量，$E = E_p t$，E_p 为时段内平均每昼夜的作物田间需水量。

1）土壤计划湿润层深度（H）

计划湿润层深度是指对作物进行灌溉时，计划调节控制土壤水分状况的土层深度。它随作物根系发育而增大，但一般蔬菜不超过 0.4 m、大田作物不超过 0.8~1.0 m、果树不超过 1.0 m。

2）由于计划湿润层增大而增加的水量（W_T）

由于计划湿润层增大，可利用一部分深层土壤的原有储水量。

$$W_T = 10(H_2 - H_1)\gamma\beta = 10(H_2 - H_1)\beta' \tag{7-4}$$

式中　W_T——由于计划湿润层增大而增加的水量，mm；

　　　　H_1——计算时段初计划湿润层深度，m；

　　　　H_2——计算时段末计划湿润层深度，m；

　　　　γ——土壤干容重，t/m³；

　　　　β、β'——（$H_2 - H_1$）深度的土层中的平均含水量，分别以占干土重和占土体积的百分比计（%）。

3）有效降雨量（P_0）

有效降雨量是指保存在土壤计划湿润层内可被作物利用的降雨量，其值为降雨总量减去径流量和渗入计划层以下的渗漏量。可先估算出降雨入渗量，再在参与水量平衡计算中减去超过计划湿润层土壤允许最大储水量的深层渗漏量。

降雨入渗量可用降雨入渗系数表示：

$$P_s = \alpha P \tag{7-5}$$

式中　P_s——降雨入渗量，mm；

　　　　P——一次降雨量，mm；

　　　　α——降雨入渗系数，其值与一次降雨量、降雨强度、降雨延续时间、土壤性质、地面覆盖及地形等因素有关，一般应根据当地实测资料确定，表7-6中数值可供参考。

表 7-6　降雨入渗系数

P（mm）	<5	5~50	50~100	100~150	150~200
α	0	1.0	0.8	0.75	0.70

4）地下水补给量（K）

地下水补给量是指地下水借土壤毛细管作用上升至作物根系吸水层内而被作物利用的水量，其大小与地下水埋深、土壤性质、作物需水强度和计划湿润层含水量等有关，一般认为当地下水埋深超过 3.5 m 时，补给量可忽略不计。K 值应根据当地或条件类似地区的试验和调查资料估算。

利用上述方程式逐时段进行水量平衡计算（可采用图解法或列表法进行，计算时段一般取为 5 d 或 1 旬），并使计划湿润层内的土壤储水量始终保持在作物允许的最大储水量（W_{max}）和最小储水量（W_{min}）之间，便可定出每次灌水的时间和定额。W_{max} 和 W_{min} 按式（7-6）和式（7-7）计算：

$$W_{max} = 10H\gamma\beta_{max} = 10H\beta'_{max} \tag{7-6}$$

$$W_{min} = 10H\gamma\beta_{min} = 10H\beta'_{min} \tag{7-7}$$

式中　β_{max}、β'_{max}——以占干土重百分比（%）和占土体积百分比（%）所表示的允许的土壤最大含水量，一般采用土壤田间持水量；

β_{min}、β'_{min}——以占干土重百分比（%）和占土体积百分比（%）所表示的允许的土壤最小含水量，一般取为土壤田间持水量的 0.6 倍；

其余符号意义同前。

2. 水稻

计算确定水稻生育期灌溉制度，首先应通过调查或试验拟定水稻生育期内淹灌、湿润灌和晒田时间以及淹灌水深上下限，然后分别按不同条件，分时段进行演算。淹灌条件下，水稻生育期某一阶段内灌水次数、灌水时间及灌水定额可按式（7-8）通过逐时段（日或旬）的水量平衡演算拟定：

$$h_2 = h_1 + p - ET - F - C \tag{7-8}$$

式中　h_2——时段末田面水层深度，mm，不小于允许水深下限 h_{min}；

h_1——时段初田面水层深度，mm，不大于允许水深上限 h_{max}；

p——时段内降水量，mm；

F——时段内稻田适宜渗漏量，mm；

C——时段内稻田排水量，mm。

按上式逐时段向后演算，至 h_2 下降到 h_{min} 时，即为灌水时间，灌水定额 $M = h_{max} - h_{min}$；h_2 超过 h_{max} 时，即为排水时间，排水量 $C = h_2 - h_{max}$。灌水或排水后，以 $h_1 = h_{max}$ 为新的起点，继续向后演算，直至阶段结束转入落干，从而拟定出本阶段内灌水次数、灌水时间及灌水定额。

水稻湿润灌期间的灌水次数、灌水时间及灌水定额可按旱作物办法用式（7-3）拟定。将淹灌与湿润灌各阶段灌水定额相加，即为水稻生育期灌溉定额。

（二）设计灌水定额和灌水周期的确定

当灌区种植单一作物，不存在几种作物同时灌水，且水源的状况无须进行多日以上的调蓄时，为了计算节水灌溉工程的设计流量，并不需要定出完整的灌溉制度，而只需确定某一次典型的灌水定额和灌水周期，称为设计灌水定额和设计灌水周期。作物的灌水定额和灌水周期随年份与生育阶段不同而有所变化，为了确保工程的设计标准，应使设计灌水定额和设计灌水周期符合设计代表年的灌水临界期（作物需水强烈、计划湿润层大）的情况。

设计灌水定额和设计灌水周期应根据当地或气候相似地区的灌溉试验资料，以及群众的丰产灌水经验，加以认真分析总结确定。在具备必要的基本资料时也可通过计算确定。

（1）设计灌水定额的计算：

$$m = 0.1\gamma H(\beta_1 - \beta_2) \tag{7-9}$$

或

$$m = 0.1H(\beta'_1 - \beta'_2) \tag{7-10}$$

式中 m—— 设计灌水定额，mm；

γ—— 土壤干容重，g/cm^3；

H——计划湿润层深度，cm，一般大田作物可取为 40 ~ 60 cm、蔬菜取 20 ~ 30 cm、果树取 80 ~ 100 cm；

β_1、β'_1——以占干土重百分比（%）和土体积百分比（%）表示的适宜土壤含水量上限，一般取为田间持水量的 80% ~ 100%；

β_2、β'_2——以占干土重百分比（%）和土体积百分比（%）表示的适宜土壤含水量下限，一般取为田间持水量的 60% ~ 80%。

灌水定额除以水层深度（mm）表示外，还常以单位面积的水体积（m^3/hm^2）表示，两者的关系是：1 mm = 10 m^3/hm^2。

（2）设计灌水周期的计算：

$$T = \frac{m}{E_p} \tag{7-11}$$

式中 T——设计灌水周期，d；

m——设计灌水定额，mm；

E_p——作物日需水量，mm/d，取符合设计保证率的代表年灌水临界期的平均日需水量。

三、灌溉设计流量

灌溉设计流量是指为满足灌溉面积上用水量的需要，在单位时间内应向灌区供应的水量。它取决于灌溉定额、同时灌溉的面积、灌水周期和每日灌溉的时数。

（一）单一作物时计算设计流量

当灌区只种植一种作物时，根据设计灌水定额和设计灌水周期按下式计算设计流量：

$$Q_j = \frac{mA}{Tt} \tag{7-12}$$

$$Q_m = \frac{Q_j}{\eta_c} \tag{7-13}$$

式中　Q_j、Q_m——灌溉系统设计净流量、毛流量，m^3/h；

$\qquad m$——设计灌水定额，m^3/hm^2；

$\qquad A$——灌溉面积，hm^2；

$\qquad T$——设计灌水周期，即灌水延续天数，d；

$\qquad t$——每日净灌水时间，h；

$\qquad \eta_c$——灌溉水利用系数，大型灌区不应低于 0.50，中型灌区不应低于 0.60，小型灌区不应低于 0.70，井灌区不应低于 0.80，喷灌区、微喷灌区不应低于 0.85，滴灌区不应低于 0.90。

（二）多种作物时计算设计流量

当灌区内种植多种作物，且不同作物的灌水时间有可能重合时，一般应通过绘制灌水率图来推求设计流量和流量过程。

单位灌溉面积上净灌溉用水流量称为灌水率（或灌水模数），某种作物某次灌水的灌水率按下式计算：

$$q = \frac{am}{0.36Tt} \tag{7-14}$$

式中　q——灌水率，$L \cdot s^{-1}/10^3 hm^2$；

$\qquad a$——该种作物的种植面积占灌区总面积的百分数；

$\qquad$其余符号意义同前。

按式（7-14）可计算设计代表年的各种作物各次灌水的灌水率，再按其灌水时间依次绘于一张图上，称为灌水率图。初步绘制的灌水率图应作必要修正，使其变化较为平稳和连续。修正时，要以不影响作物需水要求为原则，尽量保持主要作物关键用水期的各次灌水不动或稍有移动（前后移动不超过 3 d）。对于喷灌和微灌，为了提高加压水泵的效率，灌水率的最大值和最小值应尽量接近。

灌水率图确定后，灌区的设计流量一般按最大灌水率计算，当最大灌水率延续时间很短时也可用次大值计算，这一灌水率称为设计灌水率。

$$Q_j = qA \tag{7-15}$$

式中　q——设计灌水率；

$\qquad$其余符号意义同前。

若按式（7-15）计算灌水率图每一时段的流量，则可得到设计代表年灌区灌溉用水流量过程。

（三）按随机用水计算设计流量

当采用管道输水的节水灌溉工程控制面积较大、灌区内用水单位较多、作物的种类较多时，各用水单位和各种作物需要灌水的时间及用水量的任意性较大，难以执行统一编制的轮灌制度。在这种情况下，可将管网上的各种取水口的启闭看成是一个个独立的随机事件，按随机用水推求各级管道的设计流量，其公式为

$$Q = \sum_{i=1}^{j} n_i P_i q_i + U \sqrt{\sum_{i=1}^{j} n_i P_i P_i' q_i^2} \tag{7-16}$$

式中　Q——管道的设计流量，m^3/h；

　　　n_i——某一等级取水口的数目；

　　　P_i——某一等级取水口的开启概率；

　　　P_i'—— 某一等级取水口的不开启概率，$P_i' = 1 - P_i$；

　　　q_i——某一等级取水口的标准流量，m^3/h；

　　　U——正态分布函数中的自变量；

　　　j——取水口等级数目。

1. 取水口开启概率 P

取水口开启概率表示取水口的开启时间占整个灌水时间的比例，可按取水口控制面积内需要的水量与取水口可提供的水量的比值计算，即

$$P = \frac{0.044\,5 E_p A}{n q t_r} \tag{7-17}$$

式中　E_p—— 作物日需水量，mm/d；

　　　A——取水口控制面积，hm^2；

　　　n——取水口数目；

　　　q——取水口标准流量，m^3/h；

　　　t_r——日灌溉工作时间，h。

为了保持取水的随意性，管网中每一等级取水口的开启概率均应小于1，即给水栓可供水量应大于其控制面积要求的水量。P 愈小，随机性愈大，但管网流量亦随之增大，故在设计中一般 P 以定为 0.75 左右为宜。

2. 正态分布函数中的自变量 U

根据正态分布规律可写出：

$$P(x_i \leqslant X) = \phi\left(\frac{X - nP}{\sqrt{nPP'}}\right) = \phi(U) \tag{7-18}$$

式中　X——灌溉时取水口可能开启的数目；

　　　$P(x_i \leqslant X)$——取水口开启数小于或等于 X 个的累积概率。

累积概率 P 表示同时开启的取水口不超过某一数目（或流量不超过某一数值）出现的机会，反映了其保证程度，称为设计流量保证率。在规划设计中，应根据灌区规模大小、所设置的取水口多少、作物对水分的敏感程度，以及整个工程的重要程度等，合理地确定设计流量保证率 P。管网愈大，取水口愈多，P 值可愈小，但一般以不低于80%为宜；当取水口数目 $n \leqslant 5$ 时，取 $P = 100\%$，此时 $Q = nq$。

U 值可根据 P 值从标准正态分布函数值表（见表7-7）中查取。

表 7-7　U 值表

设计流量保证率 P（%）	70	80	85	90	95	99	99.9	99.999 7
U	0.525	0.842	1.033	1.282	1.645	2.37	3.09	4.5

第四节　水源工程及水源的供水能力

为灌溉提供水源所修建的工程称为水源工程，水源工程包括地表水源工程和地下水源工程两大类。地表水源工程可分为引水工程、提水工程、蓄水工程、集蓄雨水工程和再生水利用工程；地下水源工程可分为机井、大口井、渗渠、引泉池。

一、地表水源工程

（一）引水工程

引水工程是从水源自流取水灌溉农田的水利工程设施。根据河流水量、水位和灌区高程的不同，可分为无坝引水和有坝引水两类。无坝引水枢纽是指当河道的水位和流量能满足取水要求，无须建坝抬高水位的引水枢纽。一般由进水闸、冲沙闸和导流堤组成。有坝引水枢纽是当河流水源虽较丰富，但水位不能满足灌溉要求时，则需在河道上修建壅水建筑物（坝或水闸），抬高水位，以便引水灌溉。有坝引水枢纽主要由拦河坝、进水闸、冲沙闸、防洪堤等建筑物组成。

引水枢纽的规划布置应适应河流水位涨落变化，满足灌溉用水要求；进入渠道的灌溉水含沙量少；引水枢纽的建筑物结构简单，干渠引水段较短，造价低且便于施工和管理；所在位置地质条件良好，河岸坚固，河床和主流稳定，土质密实均匀，承载能力强。

（二）提水工程

提水工程是利用提水机具把水从低处提升到高处或输送到远处灌溉农田的水利工程设施。一般由水泵、动力设备、输水管道、进水闸、引水渠、前池、进水池、出水池、泵房和泄水渠等组成。高扬程泵站还应设有水锤消除器等防护设施，从多泥沙水源中提水的提水工程要设沉沙池。当提水枢纽工程按单站装机流量和单机装机功率分属两个不同工程等别时，应按其中较高的等别确定。

从河道取水的灌溉泵站站址选择和总体布置，应根据地形、地质、水源、动力源等条件确定，并应满足防洪、防冲、防淤和防污要求。取水口应选在主流稳定后靠岸、能保证取水的河段。取水建筑物设计应考虑河床变化的影响，并与河道整治工程相适应。高扬程提水灌溉工程应根据灌区地形、分区、提蓄结合等因素确定一级或多级设站。多级设站时，可结合行政区划与管理要求等，按整个提水灌溉工程动力机装机功率最小的原则确定各级站址。泵房应选择在岩土坚实和抗渗性能良好的天然地基上。

（三）蓄水工程

调蓄河水及地面径流以灌溉农田的水利工程设施包括水库和塘堰。当河川径流与灌溉用水在时间和水量分配上不相适应时，就需要选择适当地点修筑水库、塘堰和水坝等蓄水工程。蓄水枢纽工程一般由水坝、泄水建筑物和取水建筑物等组成。

有综合利用要求的灌溉供水水库工程，应以灌区灌溉设计标准和总体设计要求为依据，在满足灌溉供水前提下，应兼顾国民经济其他有关部门的供水要求。大、中型灌溉供水水库工程规模应根据灌区灌溉设计保证率、水资源的可利用条件、灌溉用水量和其他用水量等，经调节计算进行技术经济比较确定。

（四）集蓄雨水工程

集蓄雨水工程包括集流工程和蓄水工程两部分。集流工程由集流面、汇流沟和输水渠组成。当集流面较宽时，宜修建截流沟拦截降雨径流并引入汇流沟。集流面选址时，应尽量避开粪坑、垃圾场等污染源。半干旱地区无植被的土类集流面及沥青公路不宜作为人饮工程集流面。应尽量利用透水性较低的现有人工设施或自然坡面作为集流面，并视需要改造或新建截流、汇流沟。为灌溉目的修建的集流面宜尽可能布置在高于灌溉地块的位置。蓄水工程可分为蓄水窖、蓄水池和塘堰等类型，形式的选择应根据地形、土质、用途、建筑材料和社会经济因素确定。蓄水工程位置应避开填方或易滑坡地段。利用公路路面集流时，蓄水工程位置应符合公路的有关技术要求。利用天然土坡、土路、场院集流时，应在蓄水工程进口前修建沉沙池。

二、地下水源工程

修建地下水源工程，开发利用地下水，应优先开采浅层水，严格控制开采深层水。在有良好含水层和补给来源充沛的地区，可集中开采；补给来源有限的地区，宜分散开采。在长期超采引起地下水位持续下降的地区，应采取回补措施或限量开采；对已造成不良后果的地区，应停止开采。滨海平原地区，应注意防止海水入侵。地下水源工程主要包括机井、大口井、渗渠和引泉池。

（一）机井

机井是利用机械设备提水的管井。农用机井应在具有必要的水文地质资料和地下水资源评价的基础上进行规划和设计。地下水水力坡度较陡的地区，应沿等水位线交错布井；地下水水力坡度平缓的地区，应按梅花形或方格形布井。地下水水量丰富的地区，可集中布井；地下水较贫乏的地区，可分散布井。地面坡度较陡或起伏不平的地区，井位应布设在高处；地面坡度较平缓的地区，井位宜居中布置。沿河地带，可平行河流布井；湖塘地带，可沿湖塘周边布井。

机井工程包括管井、抽水机具、输变电设备、井台、井房和出水池。管井包括井口、井壁管、过滤器和沉淀管。井用水泵应按地下水位的埋深选择水泵类型，水泵扬程应根据水井设计动水位的埋深和输水要求选定，应使流量、扬程在水泵高效区对应的范围之内；安装深度必须满足水泵的最小淹没深度，不发生气蚀和超载运行。动力机配套应根据能源条件合理选配，动力机功率应根据水泵的轴功率，且在动力机的额定功率之内合理选配。井台应高出井口地面，其高度应能防止雨水、污水流入井内。井房的结构尺寸，应便于机泵安装、管理和维修，并考虑通风采光。出水池一般采取矩形正向出流形式；水泵出水口一般应采用淹没式出流。

（二）大口井

大口井的井径较大，通常为 $2 \sim 8$ m。大口井适用于地下水补给丰富，含水层渗透性良好，地下水埋藏浅的山前洪积扇、河漫滩及一级阶地、干枯河床和古河道地段；基岩裂隙或喀斯特发育，地下水埋藏浅，且补给丰富的地段。浅层地下水中，铁、锰和侵蚀性二氧化碳的含量较高时，一般也适宜采用大口井取水。

　　大口井的结构包括井筒、井口和进水部分。井筒是大口井的主体，一般为圆形、截头圆锥形和阶梯圆筒形等；井口是大口井露出地表面的部分，一般高出地面 0.5 m，并在井周围设宽 1.5 m 的不透水散水坡，与泵站合建的大口井，井口内装设有水泵机组；进水部分有井壁进水孔、透水井壁和井底反滤层三种形式。当含水层厚度为 5 ~ 10 m 时，一般采用完整式大口井；当含水层厚度大于 10 m 时，均采用非完整式大口井；当井的出水量较大，且含水层较厚或水位抽降较大时，一般采用与泵站合建，大口井泵站做成半地下式，以减少吸水高度；当大口井设在河漫滩或低洼地区时，须考虑采取不受洪水冲刷和淹没的措施。

（三）渗渠

　　渗渠是修建在河滩或河床下的暗渠（管），通过渠（管）壁上的渗水孔采取地下水的一种水源工程形式。渗渠的构造一般包括集水管渠、进水孔、人工反滤层、集水井、检查井。渗渠的布置方式有平行河流布置、垂直河流布置、垂直与平行组合布置三种方式。第一种方式适用于含水层较厚、潜水充沛，河床较稳定、水质较好的情况。对于第二种方式，当设于河滩下时，适用于岸边地下水补给来源较差，而河床下含水层较厚、透水性良好，且潜流比较丰富的情况；当设于河床下时，适用于河流水浅，冬季结冰取集地面水困难，且河床含水层较薄、透水性较差的情况。第三种方式适用于地下水与潜流水都比较丰富、含水层较厚的情况。选择渗渠的位置时，应选择在水力条件良好的河段，如靠近主流、水流较急、有一定冲刷力的凹岸；设在含水层较厚并无不透水夹层的地带；设在河床稳定、河水较清、水位变化较小的河段。

（四）引泉池

　　在有丰富泉水资源的山区和半山区修建集蓄和引用泉水的引泉池，直接用做灌溉水源。引泉池应在泉水出流附近选择适宜地点修建，根据其地形和土质条件可修建在地上、地下或半挖半填。其结构形式有圆形、矩形等。其容积大小视泉水量和灌溉面积而定，水深一般为 2 ~ 4 m。

三、再生水利用工程

　　再生水利用工程包括污废水（城镇生活废水、工业废水）利用工程、微咸水和灌溉回归水利用工程。

（一）污废水利用工程

　　污废水必须经过处理才能用于农田灌溉。污废水处理所需的程度应根据污废水中所含污染物质的种类、性质和对水质的要求等因素来确定，通常可分为：预备处理或初级处理、一级处理、二级处理和三级处理等四个等级。如把前两个级别合并，通称为一级处理，则划分为三个等级。三级处理也称为高级处理。

　　1. 城镇生活废水利用工程

　　生活废水是人们在生活过程中排弃的污水，主要包括粪便水和各种洗涤水，一般生活废水量为 0.11 ~ 0.12 m³/（人·d）。生活废水中对水体影响较大的污染物所含有的固形物多为无毒物质，分无机物和有机物两种。这些污染物易产生富营养化，易产生恶臭物质，含有对人体有害的多种寄生病原微生物和洗涤剂。如不经过净化处理直接排放出去，势必造成水源及环境污染。用做农田灌溉的生活废水是经过二级处理过的低浓度生活废水，要防止浓度过高的生活污水或未经处理的生活废水灌入农田。可以根据作物生长季节调整生活污水处理的深度。在作物的生长时期，污水脱磷不脱氮，既保证作物对营养物质的需要，也可以降低处理费用；非作物生长期，污水既脱磷又脱氮，保证达到排放标准，不产生富营养化，引起二次污染。城镇生活废水利用工程主要是采取相应的工程技术措施，对生活废水进行无害化处理。一般一级处理是由格栅、沉沙池和初次沉淀池组成，其作用是除去污水中的固体污染物；二级处理一般采用生物处理方法，主要作用是去除污水中呈胶体和溶解状态的有机污染物。

2. 工业废水利用工程

工矿企业排放的废水污染物繁多，成分复杂，含有多种重金属元素、有害的无机物或有机化合物、病原生物等，不能直接用于灌溉农田，必须经过严格净化处理达到灌溉水质标准才能用于灌溉非直接食用的农作物。对于含有致病微生物的工业废水，还要辅以必要的消毒处理。工业废水用于回灌地下水前必须进行相应处理，使回灌水的水质优于当地的地下水水质。要达到人工回灌水的水质指标，工业废水在回灌前必须进行三级处理，并达到饮用水的水质要求。工业污废水利用工程主要是采取相应的工程技术措施，对污废水进行处理，使其达到农田灌溉用水的要求。污水处理的工程技术基本上可归结为物理法、化学法和生物法三种。属物理法的有格栅、筛网、筛滤、均化、混合、凝聚、沉淀、上浮、过滤、离心、电磁分离、蒸发、结晶等。属化学法和物理化学法的有化学沉淀、气相传输、吸附、氧化、萃取、汽提、吹脱、氧化还原、中和、离子交换以及膜技术（反渗透、超滤、电渗析等）。属生物法的有好氧性悬浮生长型处理过程，如活性污泥法及其改进方法、曝气塘、生物稳定塘、好氧污泥消化等；好氧性固着生长型处理过程，如生物滤池、生物转盘、生物转筒、生物接触氧化床、生物流化床等；还有缺氧性悬浮生长型和固着生长型处理过程以及厌氧性与兼氧性悬浮生长型及固着生长型处理过程等。

（二）微咸水利用工程

微咸水灌溉时，可根据土壤积盐状况、农作物不同生育期耐盐能力，直接利用微咸水或咸淡水混合使用。但应特别注意掌握灌水时间、灌水量、灌水次数，同时与农业耕作栽培措施密切配合，防止土壤盐碱化。微咸水利用工程一般包括微咸水和淡水的取水工程、混合工程（水池）和灌溉工程。

（三）灌溉回归水利用工程

灌区渠系和田间渗漏水、退水、跑水产生的回归水可收集起来重复利用或作为下游灌区的灌溉水源。但使用回归水之前，要化验确认其水质已符合灌溉水质标准。灌溉回归水利用工程一般包括集水工程（沟或水池）、引水（提水）工程和灌溉工程。

四、不同水源的联合运用

水资源源于天然降水，降水产生地表径流，入渗地下形成土壤水和地下水。通过对地表水、土壤水、地下水的合理调控，最大限度地把天然降水转化为可用的灌溉水资源，这是合理调控水资源的目标和出发点。在井灌区和井渠结合灌区，实现这个目标的关键是采用适宜的技术措施，调控地下水埋深在适宜的动态，这样能够减少潜水蒸发，增大降雨入渗，减少径流流失。调控的基本途径是井渠结合，地表水、地下水联合运用。

（一）拦蓄降雨径流及汛后河水回补地下水源

在靠井灌而没有固定渠灌水源的地区，要把汛期多余的降雨径流及汛后河水回灌地下水补源，具体做法是：①汛期雨季来临前多用地下水灌溉，腾出地下水库容，等到雨季到来时，大量降雨径流可以回补地下水；②汛期用井灌，汛后引河补源；③非灌溉季节引水蓄存于沟、渠、坑、塘回补地下水。

（二）井渠结合，联合运用水资源

在有条件开发地下水的河水灌区，要井渠并用，优化调度和联合运用水资源。调度的核心是在稳定地下水位的前提下，确定在引进一定的地表水量的条件下所能开采的地下水量；或在开采一定地下水量的条件下应引进的地表水量。

井渠结合灌区的多水源优化调度与联合运用不但与水资源条件有关，而且与井和渠的布局、作物种植结构、灌溉方法等密切相关，直接影响灌区的灌溉规模和灌溉效益，需要进行多方案比较来确定。可从以下几方面进行考虑：①从高效利用井渠结合灌区的地上水和地下水出发，灌区内渠灌的固定渠道不需要全部防渗。②从灌区外输水进入灌区的干渠一般应进行防渗处理。③灌区内哪一级或哪一部分固定渠道需要防渗，须对渠道防渗可减少的渗漏水量所需要的投入与利用井灌可重复利用的渠灌渗漏水量所需的投入进行周密的技术经济比较后确定。④从高效重复利用灌区渠灌渗漏水、保护灌区水环境的生态平衡出发，针对目前井渠结合灌区下游地下水大幅度下降的现状，应在灌区上游多打井，利用地下水发展井灌；灌区下游多用渠水灌溉，少打井，少用地下水，以稳定灌区的地下水位。

五、水源的供水能力

作为节水灌溉工程的水源，有河川径流、当地地面径流、地下水以及已建成的水利工程供水等不同类型。因水源类型以及掌握资料情况不同，水源水量的计算方法也不同。

（一）河川径流

当灌区从河道引水时，为了进行工程的规划设计，需推求与设计保证率相同频率的年或时段（作物生育期、灌水临界期等）径流量及其时程分配。

1. 年或时段径流量计算

（1）具有较长系列径流资料时：当取水断面或邻近有水文测站并记录有较长系列（一般至少20年左右）的径流资料时，可通过频率计算推求符合设计频率的年或时段径流量（频率计算的方法参见有关《水工设计手册》或水文学书籍）。

（2）径流资料较少时：当径流观测年限较短或有缺测年份，无足够代表性时，应通过相关分析插补延长年径流系列，再进行频率计算。常用的插补延长方法如下：

①径流量相关法：用上、下游站或邻近流域测站的径流量资料作为参证变量与本站径流量建立相关关系，以插补延长本站径流量。

②降雨径流相关法：用本流域降雨量与径流量建立相关关系，从而插补延长径流量系列。

相关分析的具体方法参见有关《水工设计手册》或水文学书籍。

（3）无实测径流资料时：当本流域缺乏径流资料时，为了估算设计年或时段径流量，可采用以下两种方法：

①水文比拟法：将上、下游测站或邻近相似流域的径流资料通过按面积内插或换算的办法移用到设计流域来，计算公式为

$$W = W_1 + \frac{F - F_1}{F_2 - F_1}(W_2 - W_1) \tag{7-19}$$

或

$$W = \frac{F}{F'}W' \tag{7-20}$$

式中　W——设计流域的径流量；

　　　W_1、W_2、W'——上游站、下游站、参证站的径流量；

　　　F——设计流域的面积；

　　　F_1、F_2、F'——上游站、下游站、参证站的流域面积。

采用上述两式可直接换算出设计频率的径流量，也可换算出径流量的多年平均值，并移用参证流域的变差系数 C_v 值和偏态系数 C_s 值，从而再推求设计频率的径流量。

水文比拟法的出发点是流域径流形成条件的相似性，故使用前应认真分析论证参证流域与设计流域在气象和自然地理条件等方面的相似性。

②等值线图法：我国各省区大多编印有水文手册或水文图集，其中绘有年径流等值线图。这些等值线图大致有两类：一类是年径流（一般用径流深表示）统计参数均值和 C_v 的等值线图，以及 C_s/C_v 的数值分区表；另一类是多种频率（$P = 10\%$、20%、50%、80%、$90\%\cdots$）的年径流设计值的等值线图。使用前者时先查出三个统计参数，再计算设计频率的年径流量；使用后者时可直接查出某个设计频率的年径流量。

等值线图的使用方法是：首先圈出设计流域的轮廓，其次定出流域面积的重心（沿不同方向作出大致将面积等分为二的若干直线，取其交点作为流域重心），最后查出重心处的径流深数值（重心介于两条等值线之间时用直线内插求算）。

2．径流时程分配计算

求得符合设计标准 P 的年或时段径流量 W_p（或平均流量 Q_p）后，还要进一步推求它在时程上的分配过程（也称年内分配）。常以月或旬为时程单位，推求各月（或旬）的径流量（或平均流量）。为了计算设计年内分配过程，在具有径流资料时，通常是从实测资料中选取某一年作为典型年，并对其年内分配过程加以缩放。

1）典型年的选择原则

（1）典型年的年（或时段）径流量，应与设计值相近；

（2）典型年的径流分配过程对工程设计偏于不利，如枯水期长，枯水期内水量分配不均等。

2）缩放方法

一般可采用同倍比法，即首先计算设计年（或时段）径流量与典型年（或时段）

径流量的比值作为缩放系数（$k = W_p/W_d$），然后用缩放系数 k 去乘典型年的各月（或旬）径流量，即得出设计年径流年内分配过程。

当缺乏实测径流资料时，可从邻近相似流域选取典型年进行缩放，或采用地区性水文手册中所提供的相似流域各月径流的分配比例，计算出设计年的各月径流量。

需要指出的是，使用等值线图分析计算水源时，应注意地区条件。我国的水文等值线图大多是在 20 世纪 70 年代后期编制的，现在相当多的地区实际情况与当时的情况变化很大，主要是地下水埋深的变化。如果情况差异较大，则不能用此法进行计算。

（二）当地地面径流

拦蓄当地地面径流作为灌溉水源时，通常无实测径流资料可循，只能利用各地水文手册提供的经验图表、公式或各地从生产实践中总结出来的经验数据，以及通过实地调查了解，估算出多年平均的来水量。有时需同时采用多种方法估算，以便互相对照、修正，得出较为符合实际的数值。估算多年平均年径流量的常用方法有：单位面积产水量法、径流深等值线法（由于水文手册上的径流深等值线图主要是根据中等流域的资料绘制的，集水面积小，查得的径流深一般偏低，应辅以实地调查加以分析修正）、年雨量乘径流系数法及实地调查法（对于本地区或条件相似的邻近地区，可对当地地面径流的蓄水工程的容积、集水面积和多年运行过程中的复蓄情况进行调查了解，估算单位面积产水量）。

（三）地下水

利用地下水作为灌溉水源时，应首先收集已有的水文地质资料（如含水层的埋藏深度，含水层的岩性、厚度、层次结构、出水率，咸淡水分层和水质条件等），以及地下水开发利用规划的资料，以了解本地区地下水储量及其开采条件等。一般规模不大的灌区，其水源常是单井或有数个井，在进行规划设计时，主要应掌握井的出水量以及确定合理的井距。

1. 机井出水量估算

根据具备的条件，机井出水量可采用以下几种方法估算：

（1）按理论公式计算：较为简单的是按稳定渗流公式计算井的出水量。

（2）按砂层出水率计算：当已知含水砂层厚度、质地及其出水率时，可按以下公式计算机井的出水量。此法也可用来根据所要求的单井出水量反求井深。

单一砂层时：

$$Q = MqS \tag{7-21a}$$

式中　Q——单井出水量，m^3/h；

　　　M——含水砂层厚度，m；

　　　q——含水砂层的出水率，即每米砂层在水位降深 1 m 时的出水量，$m^3 h^{-1}/(m \cdot m)$，根据试验资料确定；

　　　S——计划抽水降深，m，一般采用 4～6 m。

多种砂层时：

$$Q = M_1 q_1 S + M_2 q_2 S + \cdots + M_i q_i S \tag{7-21b}$$

式中　M_1、M_2、$\cdots$、M_i——各砂层的厚度；

q_1、q_2、…、q_i——各砂层的出水率。

（3）由抽水试验确定：前面介绍的计算出水量公式，当实际的计算条件与公式的推导前提不符或计算参数不准时，计算结果将出现较大误差，而通过抽水试验确定出水量能获得较满意的结果。根据抽水试验资料，可以绘制出水量（Q）与水位降深（S）关系曲线，继而求出曲线的方程式，即经验公式。由得出的经验公式可计算设计降深时的出水量，也可根据确定的出水量预测相应的水位降深值。通过抽水试验可获得可靠的机井出水量数值，但测试和计算工作量较大。

（4）用类比法估计：在缺乏资料的地方，可以通过调查周围已成机井的井深、出水量及相应的水位降深等数值，从而估计出所规划机井的应有深度和预计出水量。

2．机井间距的确定

水井的平面布置应根据水文地质条件、地下水资源状况，并结合地形、提水机械和作物布局等情况确定，以确保在任何时间灌溉工作都能正常进行，在多年运用中取水条件不恶化。

机井间距是机井合理布局的主要环节，下面是几种确定井距的简单方法：

（1）单井灌溉面积法：在地下水补给比较充足、地下水资源比较丰富、开采量与补给量基本平衡的情况下，井的间距可根据井的出水量及其所能灌溉的面积来计算，计算公式为

方形布井时：
$$D = \sqrt{\frac{10\ 000 QTt\eta_c}{m}} \qquad (7\text{-}22a)$$

梅花形布井时：
$$D = \sqrt{\frac{11\ 550 QTt\eta_c}{m}} \qquad (7\text{-}22b)$$

式中　D——机井间距，m；

　　　Q——有井群干扰抽水时的单井出水量，m^3/h；

　　　T——整个控制面积上灌溉一次所需时间，d；

　　　t——每天纯灌溉时间，h；

　　　m——灌水定额，m^3/hm^2；

　　　η_c——管（渠）系水的利用系数。

（2）开采模数法：在地下水补给量不能满足灌溉用水需要的地区，计划开采量应等于地下水可开采资源，以保持地下水水量的均衡，则可按下列公式计算机井密度和井距（方形布置）：

$$N = \frac{\varepsilon}{QT_y t} \qquad (7\text{-}23)$$

$$D = 1\ 000\sqrt{\frac{QT_y t}{\varepsilon}} \qquad (7\text{-}24)$$

式中　N——机井密度（每平方千米平均井数）；

　　　ε——允许开采模数，即单位面积年允许开采量，$m^3/(km^2 \cdot a)$；

　　　T_y——机井每年工作时间，d；

　　　其余符号意义同前。

（四）由已建成的水利工程供水

当灌区是由已建成的水利工程（水库、渠道等）有控制地供水时，应调查收集该工程历年向各用水单位供水的流量资料，以及今后的供水规划，经分析计算，推求符合设计标准的年份可向本灌区提供的水量和流量，以便确定灌溉用水量是否有保障，是否需要再调节。

第五节　工程水量平衡分析

一、不同条件下的水量平衡计算

水量平衡计算的任务是确定工程规模，如灌溉面积、蓄水工程的规模大小等。下面按不同水源条件分述水量平衡计算的方法。

（一）井、泉类水源

1. 井水

一般深井出流比较稳定，平衡计算的目的主要是确定灌区面积，或校核水井出水量是否满足灌溉用水要求。井水可灌面积为

$$A = \frac{Q_j t}{10 E_{\text{amax}}} \tag{7-25}$$

式中　A——井水可灌面积，hm^2；

　　　Q_j——水井的出水流量，m^3/h；

　　　E_{amax}——月平均作物耗水量峰值，mm/d；

　　　t——水井每天抽水时数，h，抗旱期间使用柴油机抽水，每天工作可按 16 h，电动机抽水每天工作可按 20 h。

当 $A \geqslant A_{\text{计}}$（$A_{\text{计}}$ 为计划灌溉面积）时，则 $A_{\text{计}}$ 为确定的设计灌溉面积；当 $A < A_{\text{计}}$ 时，则 A 为设计灌溉面积，这时应重新调整发展灌溉的范围。

2. 泉水

由于山泉流量小，一般必须经过调蓄才能满足灌溉用水要求，水量平衡计算的任务是确定可灌面积和蓄水池容积。

3. 溪流

由于溪水流量变化大，水量平衡计算任务主要是确定可灌面积。计算时可选择供水临界期的流量和灌溉水量作为确定可灌面积的依据。供水临界期是指溪水水量小而用水量大的时期。计算方法可按井水或泉水的计算方法进行。

（二）塘、坝类水源

由于此类水源是由地面径流产生的，水量平衡计算的任务主要是确定灌溉面积或塘、坝的容积。为了保证塘、坝的灌溉能力，应根据典型年降水量对塘、坝的蓄水情况进行校核。

（三）河、渠类水源

1. 无坝引水

当河道枯水位及相应的枯水径流能满足自流引灌灌区的要求时，可直接自河岸建闸引水灌溉。

计算这类工程的水量平衡时，应在分析引水闸（渠道）所在河段的历年水位和径流特性的基础上，提出设计水位过程线和可能提供的径流过程线，供研究确定引灌的范围。

当引灌渠道具有 15 年以上水文资料时，可采用时历法进行水量平衡计算，一般以旬为单位时段，由此求得保证率和灌溉面积的关系曲线，然后由设计保证率求得灌溉面积。

当设计保证率和灌溉面积不能同时满足灌区要求时，可研究降低设计保证率和采用其他补偿措施的可能性；若控制灌区的高程不够，应研究将引水渠首上移的可能性和合理性。

当引水渠首处水文资料不足或要求作简化计算时，可采用典型年法进行水量平衡计算。典型年的选择，应考虑来水和用水的不利组合，即采用来水量和用水量接近设计保证率的各年份分别进行水量平衡计算，选用偏安全的设计值。

若灌区用水量接近固定值，则水量平衡主要取决于引水河段的水位和径流过程，可采用每年灌溉用水期最小旬平均径流量进行频率计算，由相应设计保证率的径流量及水位确定可引灌的水量，并求得相应的保证灌溉面积。

引水渠首的建筑物尺寸由相应设计保证率年份的灌溉用水期的旬平均最低水位和旬平均最大引水量决定。

2. 闸坝壅水

当引水河段天然枯水位不能满足设计灌区自流引灌要求时，可兴建拦河闸或低滚水坝壅水，以抬高河水位。这类工程一般无调节能力。前者汛期部分或全部开启闸门泄洪，枯水期关闸壅水；后者堰顶一般不设闸门，丰、枯水期均自流泄流。

此类工程的引灌流量由天然来水量决定，引水高程由灌溉用水期拦河闸、坝壅水高程决定。一般应绘制壅水高程和控灌面积关系曲线，通过综合分析比较，拟定闸、坝顶高程和灌溉面积。

二、水源调蓄能力和调蓄工程计算

当水源设计来水流量始终等于或大于灌溉设计用水流量时，天然的来水过程即可满足灌溉要求，一般不需要修建蓄水工程。当来水流量有时小于用水流量，而一定时段内的来水总量等于或大于用水总量时，为了满足灌溉用水要求，就必须规划一定规模的蓄水工程来对来水量加以调蓄，改变天然来水过程，使其与灌溉用水要求相适应。因此，蓄水工程的容积需根据来水和用水的平衡关系来确定。下面是不同情况下蓄水容积的计算方法。

（一）通过调节计算确定容积

在掌握水源来水流量的情况下（如井灌区，经测试计算水井出水量为已知；山区利用泉水灌溉，其流量稳定不变；水源为河川径流而已算得设计年的径流过程；利用原有水利工程而供水流量为已知等），便可通过调节计算确定蓄水工程容积。调节周期可长可短，例如一日、多日、一个季节、一年等，应视水源来水流量与灌溉用水流量的对比关系，本着既保证灌溉用水要求又尽量节省工程量的原则来确定。

当来水流量小于用水流量，而昼夜来水量可满足灌溉日用水量时，可按日调节确定蓄水容积。因灌溉用水流量大于水源稳定流量，需建蓄水池调蓄水量。

当一日的用水量超过了昼夜来水量，日调节已不能满足，考虑利用灌水间隔时间蓄水。当来水量大于用水量时，可以用一个轮灌期作为调节周期。

年调节计算是将一年内来水有盈余的月份的余水蓄存起来，以供水量不足月份的用水。

（二）用经验公式估算容积

当水源为小河流或当地地面径流时，常因无法掌握实际的来水过程，因而不具备进行调节计算的条件，一般可采用经验公式估算蓄水工程容积。

（1）按来水量计算容积：

$$V = KW_0 \tag{7-26}$$

式中　V——蓄水工程容积，m^3；

　　　W_0——多年平均年来水量，m^3；

　　　K——调节系数，根据经验 $K = 0.3 \sim 1.0$，在雨量较丰、沟道中经常有水的地方取小值，在干旱少雨、沟道时常断流的地方取较大值，当集水面积小、平常无水、仅汛期大雨才有雨水汇集时取最大值。

（2）按用水量计算容积：

$$V = \frac{KW}{1 - \rho} \tag{7-27}$$

式中　W——年灌溉用水量，m^3；

　　　ρ——库塘渗漏、蒸发损失水量的百分数（%），一般小型库塘可按 10% ~ 20% 考虑；

　　　其余符号意义同前。

库塘容积的确定应比较上述两种计算结果，取其中的较小者。当用水量小于来水量时，一般应按用水量确定容积，来水量大于用水量不多时，亦可按来水量设计；当来水量小于用水量时，按来水量设计，再根据来水量规划灌溉面积，其计算式为

$$A = \frac{W_0(1 - \rho)}{E} \tag{7-28}$$

式中　A——可灌面积，hm^2；

　　　E——毛灌溉定额，即单位面积一年灌溉总用水量，m^3/hm^2；

　　　其余符号意义同前。

三、解决水量不平衡的其他方式

当对水源来水进行调节仍不能解决来水和灌溉用水的水量平衡时，可从以下三个方

面着手进行解决。

（1）调整灌溉用水制度。

在不影响农作物生长和发育、不降低灌溉面积上总产量的原则下，适当地改变其用水制度，使之尽可能地与水源状况相适应，从而减轻和解决来水及用水之间的矛盾。其具体的措施如下：

①适当地改变作物的灌溉制度，采用非充分灌溉制度。非充分灌溉制度是在水源不足或水量有限条件下，把有限的水量在作物间或作物生育期内进行最优分配，确保各种作物水分敏感期的用水，减少对水分非敏感期的供水，此时所寻求的不是单产最高，而是全灌区总产值最大。在非充分灌溉条件下，对于小麦、玉米连作区，可以减少小麦苗期的灌水量，在黄河流域地区一般可减少 750 m^3/hm^2。玉米灌水次数少，不宜采用非充分灌溉。棉花可在苗期或絮期减少灌水量，一般可减少 750 m^3/hm^2。水稻可在分蘖期减少灌溉水量或不灌。非充分灌溉制度应通过灌溉试验来拟定。采用非充分灌溉后，单产会有所降低。因此，在水资源紧缺地区经过充分论证比较，采取非充分灌溉在适当降低单产水平下扩大灌溉面积，使灌区总产量得到提高，若其投入产出合算，则可采用非充分灌溉制度进行灌区规划。

②采用更节水的灌溉技术，改善作物栽培技术及耕作制度，以求适当地减少灌溉定额。

③更换作物品种，使各种作物综合的灌溉用水制度尽量接近天然水源状况。

④改变作物种植比例，使改变作物组成后的灌溉用水制度与天然水源状况更加协调。

（2）充分利用当地降水的地面径流，弥补灌溉水源的不足。

在灌区内部修建塘、库、池等蓄水设施，以拦蓄当地降水产生的地面径流进行灌溉，减轻灌溉用水与水源来水之间的矛盾。

（3）压缩灌溉面积，发展雨养农业。

通过上述两种方法仍不能解决来水和用水之间的矛盾，则应压缩灌区的灌溉面积，将部分原规划的灌溉面积不灌溉而发展雨养农业，以使重新规划的灌区达到来水和用水平衡。

第六节　工程总体布局

一、工程布局的一般原则

（一）首部枢纽

（1）灌溉系统首部枢纽通常与水源工程布置在一起，但若水源工程距灌区较远，也可单独布置在灌区附近或灌区中间，以便操作和管理。

（2）当有几个可用的水源时，应根据水源的水量、水位、水质以及灌溉工程的用水要求进行综合考虑。通常在满足灌溉水量、水质需求的条件下，选择距灌区最近的水源，以便减少输水工程的投资。在平原地区利用井水作为灌溉水源时，应尽可能地将井打在灌区中心，并在其上修建井房，内部安装机泵、压力流量控制及电气设备。

（3）首部枢纽及与其相连的蓄水和供水建筑物的位置应根据地形地质条件确定，必须有稳固的地质条件，并尽可能使输水距离最短。在需建沉淀池的灌区，可以与蓄水池结合修建。

（4）规模较大的首部枢纽除应按有关标准合理布设泵房、闸门以及附属建筑物外，还应布设管理人员专用的工作及生活用房和其他设施，并与周围环境相协调。

（二）输配水工程

1. 渠系

（1）灌溉渠道应依干渠、支渠、斗渠、农渠顺序设置固定渠道。

2 万 hm^2 以上的灌区必要时可增设总干渠、分干渠、分支渠或分斗渠，灌溉面积较小的灌区可减少渠道级数。灌溉渠道系统不宜越级设置渠道。

（2）灌溉渠道的级别应根据灌溉流量的大小，按表 7-8 确定。

表 7-8　灌排渠沟工程分级指标

（单位：m^3/s）

工程级别	1	2	3	4	5
灌溉流量	>300	300～100	100～20	20～5	<5
引水流量	>500	500～200	200～50	50～10	<10

对灌排结合的渠道工程，当按灌溉和排水流量分属两个不同工程级别时，应按其中较高的级别确定。

（3）水闸、渡槽、倒虹吸、涵洞、跌水与陡坡等灌溉渠系建筑物的级别应根据过水流量的大小按表 7-9 确定。

表 7-9　灌溉渠道建筑物分级指标

（单位：m^3/s）

工程级别	1	2	3	4	5
过水流量	>300	300～100	100～20	20～5	<5

在防洪堤上修建的灌溉渠系建筑物的级别不得低于防洪堤的级别。倒虹级、涵洞等渠系建筑物与公路或铁路交叉布置时，在其上修建的灌溉渠系建筑物的级别不得低于公路或铁路的级别。

（4）灌溉渠系布置应符合灌区总体设计和灌溉标准要求，并应符合以下规定：

①各级渠道应选择在各自控制范围内地势较高地带。干渠、支渠宜沿等高线或分水岭布置，斗渠宜与等高线交叉布置。

②渠线应避免通过风化破碎的岩层，可能产生滑坡及其他地质条件不良的地段。

③渠线宜短而直，并应有利于机耕，避免深挖、高填和穿越村庄。

④4 级及 4 级以上土渠的弯道曲率半径应大于该弯道段水面宽度的 5 倍；受条件限制不能满足上述要求时，应采取防护措施。石渠或刚性衬砌渠道的弯道曲率半径可适当减小，但不应小于水面宽度的 2.5 倍。

⑤渠系布置应兼顾行政区划，每个乡、村应有独立的配水口。

⑥自流灌区范围内的局部高地经论证可实行提水灌溉。

⑦井渠结合灌区不宜在同一地块上布置自流与提水两套灌溉渠道系统。

⑧干渠上主要建筑物及重要渠段的上游应设置泄水渠、闸，干渠、支渠和位置重要的斗渠末端应有退水设施。

⑨对渠道沿线山（塬）洪应予以截导，防止进入灌溉渠道。必须引洪入渠时，应校核渠道的泄洪能力，并应设置排洪闸、溢洪堰等安全设施。

（5）"长藤结瓜"式灌溉渠系的布置除应符合上述规定外，尚应符合下列规定：

①渠道不宜直接穿过库、塘、堰。

②渠道布置应便于发挥库、塘、堰的调节与反调节作用。

③库、塘、堰的布置宜满足自流灌溉的需要，必要时也可设泵站或流动抽水机组向渠道补水。

2. 管网

（1）管道应短而直，水头损失小，总费用少和管理运用方便。

（2）各用水单位应设置独立的配水口。配水口的位置、给水栓的形式和规格尺寸必须与相应的灌溉方法和移动管道连接方式一致。

（3）管道应布置在坚实的地基上，避开填方区和可能产生滑坡或受山洪威胁的地带。

（4）地形复杂处可采用变管坡布置。管道中心线敷设最大纵坡不宜大于1:1.5，倾角应小于或等于土壤内摩擦角。

（5）固定管道宜埋在地下，易损管材必须埋在地下。埋深应不小于60 cm，并应在冻土层以下。

（6）铺设在地面上直径大于100 mm的固定管道应在拐弯处设置镇墩。镇墩尺寸应通过计算确定，基底深度应置于冻土层以下不小于30 cm。

（7）各级管道进口必须设置节制闸，分水口较多的输配水管道每隔3～5个分水口应设置一个节制闸；管道最低处应设置排水阀。

（三）田间工程

（1）平原地区斗渠、斗沟以下各级渠沟宜相互垂直。斗渠长度宜为1 000～3 000 m、间距宜为400～800 m；末级固定渠道（农渠）长度宜为400～800 m、间距宜为100～200 m，并应与农机具宽度相适应。

（2）末级固定渠道与排水沟（农沟）可根据地形条件采取平行相间布置或平行相邻布置。地形复杂地区可因地制宜布设。

（3）旱作物临时渠道与排水沟可采用纵向或横向布置。灌水沟畦坡度小于1/400时，宜选用横向布置；大于1/400时，宜选用纵向布置。

（4）水稻区的格田长边宜沿等高线布置。每块格田均应在渠沟上设置进、排水口。如受地形条件限制必须布置串灌串排格田时，其串联数量不得超过3块。

（5）田间道路与林带的布置应与灌排渠沟相结合，其结合形式可因地制宜选用。田间道路宜为单车道，人力车道或畜力车道路面宽1～2 m，机动车道路面宽2～3 m，路面宜高出地面0.2～0.4 m。斗渠、农渠外坡及田间道路旁宜两侧或一侧植树1～2行。

（四）灌排建筑物

灌排建筑物主要包括水闸、渡槽、倒虹吸、涵洞、隧洞、跌水与陡坡、量水设施等。

（1）灌排建筑物的位置应根据工程的规模、作用、运行特点和灌区总体布置的要求选在地形条件适宜和地质条件良好的地点。附属工程的布置应满足灌排系统水位、流量、泥沙处理、施工、运行、管理的要求和适应交通、航运及群众生产生活的需要，并宜采用联合建筑的形式。附属工程的结构形式应根据工程特点、作用和运行要求，结合建筑材料来源和施工条件等因地制宜选定。

（2）在灌溉渠道轮灌组分界处或渠道断面变化较大的地点应设节制闸，在临近分水闸或节制闸的渠道下游可根据需要设节制闸。在分水渠道的进口处应设分水闸。在渠道流经的重要城镇、工矿区或重要建筑物的上游，在傍山（塬近）渠道有排泄坡水任务的地段，以及当干渠上泄水段超过一定长度时均应设泄水闸。在干渠、支渠末端应设退水闸。在排水沟出口段应设泄水闸。

（3）渠道跨越河流、渠沟、洼地、道路，采用其他类型建筑物不适宜时可选用渡槽。渡槽轴线应短而直，进、出口应与上、下游渠道平顺连接。渡槽进、出口应设渐变段，渐变段长度可分别取渠道与渡槽水面宽度差值的 1.5~2 倍和 2.5~3 倍。1~3 级渡槽进口前的渠道一侧，应设泄水闸或溢流堰。

（4）渠道穿越河流、渠沟、洼地、道路，采用其他类型建筑物不适宜时，可选用倒虹吸。倒虹吸宜设在地形较缓处，应避免通过可能产生滑坡、崩塌及其他地质条件不良的地段。倒虹吸轴线在平面上的投影宜为直线，并宜与河流、渠沟、道路中心线正交，进、出口应与上、下游渠道平顺连接。倒虹吸进、出口应设渐变段，其长度可分别取上、下游渠道设计水深的 3~5 倍和 4~6 倍。1~3 级倒虹吸进口渐变段宜为封闭式，出口应设闸门控制，出口渐变段可结合设置消力池，其下游渠道应护砌 3~5 m 长度；进口前的渠道一侧应设泄水闸或溢流堰。

（5）填方渠道跨越沟溪、洼地、道路、渠道或穿越填方道路时可在渠下或路下设置涵洞。涵洞轴线宜短而直，并宜与沟溪、道路中心线正交，进、出口应与上、下游渠道平顺连接。涵洞进、出口应以圆锥形护坡、扭曲面护坡、八字墙、曲线形翼墙或走廊式翼墙与上、下游渠道连接。出口流速过大时，应有消能防冲设施。

（6）1~3 级渠道傍山岭（塬）布置长度超过直穿山岭（塬）5 倍，且山岭（塬）地质条件较好时，经技术经济比较可选用隧洞。隧洞宜选在沿线地质构造简单、岩体坚硬完整、上覆岩土层厚度大、水文地质条件有利及施工方便的地区。进、出口洞脸应避免设在可能产生山崩、滑坡及其他地质条件不良的地段。隧洞轴线宜短而直，必须布置转弯时，转弯段弯曲半径不得小于 5 倍洞径（或洞宽），转角不宜大于 60°。转弯段两端应设置长度不小于 5 倍洞径（或洞宽）的直线段。灌溉隧洞进、出口宜设开敞式渐变段，并应与上、下游渠道平顺连接。出口渐变段可结合设置消力池。

（7）渠道（排水沟）经过陡峻的地段时，可设置跌水或陡坡。跌水或陡坡的形式应根据跌差和地形、地质条件确定。跌差小于或等于 5 m 时，可采用单级跌水或单级陡坡；跌差大于 5 m 且采用单级跌水或单级陡坡不经济时，可采用多级跌水或多级陡坡。

跌口前应设与上游渠道（排水沟）连接的收缩段或扩散段。

（8）灌溉渠道的引水、分水、泄水、退水处和排水沟出口处均应设量水设施，并宜与灌排建筑物结合布置。有条件时可采用自记量水设备。666.7 hm² 以上灌区的干渠、支渠和干沟、支沟，可利用直线段上的灌排建筑物量水，并设相应的测流设施。5 级渠道可根据流量、比降、水流含沙量等不同情况，选用三角形量水堰、梯形量水堰、量水喷嘴、巴歇尔量水槽、水跃量水槽或无喉道量水槽等。灌溉管道量水装置（仪表）可根据需要与量测精度要求，选用分流式、孔板式、文丘里式、旋翼式、旋杯式、滑片式、超声波式或电磁式等。

（五）附属工程设施

附属工程设施包括生产生活用房、试验站、通信系统和必需的交通运输工具等。

（1）生产生活用房设置应符合下列要求：

①灌区运行调度指挥中心应设在管辖范围内位置适中、靠近城镇、通信迅速、交通便利的地方。

②机具设备维修车间、物资材料仓库和试验站管理用房可根据实际需要确定。

③办公用房、职工宿舍和生活服务用房的建筑面积应按规定的人员编制定额核定，其建筑标准可参照当地普通公用建筑的标准确定。

④施工用房宜与管理用房相结合。

（2）试验站设置应符合下列要求：

①应根据国家现行有关标准的规定，设置必要的实验室（场），配备必需的仪器仪表和交通运输工具等。

②试验场的位置和面积应根据试验任务确定。试验场应具有代表性，其位置不宜靠近河流、湖泊、铁路、公路和高大建筑物。试验田的边缘与障碍物的水平距离应大于障碍物高度的 5 倍。

③试验场应有充足的水源和独立、完整的灌排系统。

（3）通信系统的设置应符合下列要求：

①通信系统的功能包括传输各种水文气象、工程运行的检测数据，传输管理部门对工程运行的各种控制、调度指令，重要设施运行状态的监控以及行政业务管理通信和对外联系等。

②根据管理范围、信息量、精度要求，以及管理水平和资金等条件，可选用实线通信、载波通信或无线短波通信。

③中央控制室或总机交换台的位置宜接近负荷中心。有线通信线路宜避免与铁路、公路、河流、电力线路交叉，且不宜穿越繁华市区。

二、各类节水灌溉工程的布局

节水灌溉工程的总体布局应根据旱、涝、洪、渍、碱综合治理，山、水、田、林、路、村统一规划，以及水土资源合理利用的原则，对水源工程、灌排渠（管）系、灌排建筑物、道路、林带、居民点、输电线路、通信线路、管理设施等进行合理布置。对于各种类型的节水灌溉工程在布局时应根据各自的特点，重点考虑下述原则和要求。

（一）渠道防渗工程的布局

土壤渗漏量大、渠系水利用系数达不到表7-10的要求，以及水资源紧缺地区或有特殊要求的渠道，均应进行防渗衬砌。

表7-10　渠系水利用系数

灌区面积（hm²）	>20 000	20 000 ~ 666.7	< 666.7
渠系水利用系数	0.55	0.65	0.75

渠道衬砌结构的基底应坚实稳定。衬砌渠段应避开湿陷性黄土、膨胀性土和可溶性盐含量大的土壤，以及裂隙、断层、滑坡体、溶洞或地下水位较高的地区，否则应首先采取工程处理措施。

（二）灌溉管道系统的布局

（1）管网系统：可根据地形、水源和用户用水情况，采用环形管网或树枝状管网。

（2）管道布置：应短而直，水头损失小，总费用小和管理运用方便。管网压力分布差异较大时，可结合地形条件进行压力分区，采用不同压力等级的管材和不同的灌溉形式。应根据水力特性，在管道相应位置设进、排气阀或水锤防护装置，设置压力、流量计量装置。

（3）管道基础：应布置在坚实的地基上，避开填方区和可能产生滑坡或受山洪威胁的地带。固定管道宜埋在地下，易损管材必须埋在地下。铺设在松软地基或有可能发生不均匀沉降地段的刚性管道，应对管基进行处理。

（三）田间工程的布局

（1）旱作灌水沟的长度、比降和入沟流量可按表7-11确定，灌水沟间距应与采取的沟灌作物行距一致。

表7-11　灌水沟要素

土壤透水性（m/h）	沟长（m）	沟底比降	入沟流量（L/s）
强（>0.15）	50 ~ 100	>1/200	0.7 ~ 1.0
	40 ~ 60	1/200 ~ 1/500	0.7 ~ 1.0
	30 ~ 40	<1/500	1.0 ~ 1.5
中（0.10 ~ 0.15）	70 ~ 100	>1/200	0.4 ~ 0.6
	60 ~ 90	1/200 ~ 1/500	0.6 ~ 0.8
	40 ~ 80	<1/500	0.6 ~ 1.0
弱（< 0.10）	90 ~ 150	>1/200	0.2 ~ 0.4
	80 ~ 100	1/200 ~ 1/500	0.3 ~ 0.5
	60 ~ 80	<1/500	0.4 ~ 0.6

（2）旱作灌水畦长度、比降和单宽流量可按表7-12确定。畦田不应有横坡，宽度

应为农业机具宽度的整倍数，且不宜大于 4 m。

表 7-12　灌水畦要素

土壤透水性（m/h）	畦长（m）	畦田比降	单宽流量（L/s）
强（>0.15）	50~100	>1/200	3~6
	40~60	1/200~1/500	5~6
	30~40	<1/500	5~8
中（0.10~0.15）	70~100	>1/200	3~5
	60~90	1/200~1/500	3~6
	40~80	<1/500	5~7
弱（<0.10）	90~150	>1/200	3~4
	80~100	1/200~1/500	3~4
	60~80	<1/500	4~5

（3）采用长畦分段灌、波涌灌或水平畦田灌时，灌水沟畦要素应通过试验或采用试验与理论计算相结合的方法确定。

（4）平原水稻灌区格田的长度宜取 60~120 m、宽度宜取 20~40 m，山区、丘陵区水稻灌区可根据地形、土地平整及耕作条件等适当调整。

（四）喷灌工程的布局

（1）自河道取水的喷灌泵站，应满足防淤积、防洪水和防冲刷的要求。泵站的前池或进水池内应设拦污栅，并应具有良好的水流条件。泵站的出水池水流应平顺，与输水渠应采用渐变段连接。

（2）喷灌机行道应根据喷灌机的类型在工作渠旁设置。对于平移式喷灌机，其机行道的路面应平直、无横向坡度。喷灌系统中的暗渠或暗管在交叉、分支及地形突变处应设置配水井，其尺寸应能满足清淤、检修要求；在水泵抽水处应设置工作井，其尺寸应能满足清淤、检修及水泵正常吸水要求。

（3）控制面积在 100 hm² 以上的管道式喷灌系统，宜按输配水系统和用户系统两个层次分别进行布局。

（4）管道式喷灌输配水系统可分为总干管、干管和分干管三级，形成树枝状管网。输配水系统的布置应连接每一个配水点，并使管道总长度最短。

（5）管道式喷灌系统的用户系统的喷灌面积必须连片，且不宜小于 5 hm²，系统内各点工作压力差应在喷头允许压差范围内。配水点位置的确定应有利于缩短输配水管网长度及田间喷灌设备的布置和运行。如用户系统范围内地形变化悬殊或面积超过 20 hm²，也可设置多个配水点，形成多个用户系统。

（6）固定管道应根据地形、地基和直径、材质等条件来确定其敷设坡度以及对管基的处理。管道的纵剖面应力求平顺，减少折点；有起伏时应避免产生负压。固定管道的末端及变坡、转弯和分叉处宜设镇墩。当温度变化较大时，宜设伸缩装置。

（7）在各级管道的首端应设进水阀或分水阀。在连接地埋管和地面移动管的出地管上，应设给水栓。当管道过长或压力过大时，应在适当位置设置节制阀。在地埋管道的阀门处应建阀门井。

（8）在管道起伏的高处应设排气装置；对自压喷灌系统，在进水阀后的干管上应设通气管，其高度应高出水源水面高程。在管道起伏的低处及管道末端应设泄水装置。

（9）在垄作田内，应使支管与作物种植方向一致。在丘陵山区，应使支管沿等高线布置。在可能的条件下，支管宜垂直主风向。

（五）微灌工程的布局

（1）微灌管网应根据水源位置、地形、地块等情况分级，一般应由干管、支管和毛管三级组成。灌溉面积大的可增设总干管、分干管或分支管，面积小的也可只设支管、毛管两级。

（2）管网布置应使管道总长度短，少穿越其他障碍物。输配水管道沿地势较高位置布置，支管垂直于作物种植行布置，毛管顺作物种植行布置。管道的纵剖面应力求平顺。移动式管道应根据作物种植方向、机耕等要求铺设，应避免横穿道路。

（3）支管以上各级管道的首端宜设控制阀，在地埋管道的阀门处应设阀门井。在管道起伏的高处、顺坡管道上端阀门的下游、逆止阀的上游均应设进排气阀。在干管、支管的末端应设冲洗排水阀。

（4）在直径大于 50 mm 的管道末端、变坡、转弯、分叉和阀门处应设固定墩。当地面坡度大于 20% 或管径大于 65 mm 时，宜每隔一定距离增设固定墩。

（5）管道埋深应根据土壤冻层深度、地面荷载和机耕要求确定。干管、支管埋深应不小于 50 cm，毛管埋深不宜小于 30 cm。

（六）集雨灌溉工程的布局

（1）集雨灌溉工程应与集流工程、蓄水工程以及供水和节水灌溉设施统一布置，用于生产的集雨灌溉工程宜与农业措施相结合。

（2）集流工程的集流能力应与蓄水工程容量相一致，不得布置集流量不足或没有水源的蓄水工程。

（3）充分利用公路、乡间道路、房前屋后的场院作为集流面，修建集流工程，若现有集雨场面积小等条件不具备足够的集流能力，应修建人工防渗集流面。有条件的地方，尽量将集雨场布置在高处，以便能自压灌溉。

（4）蓄水工程一般应选择在比灌溉地块高 10 m 左右的地方，以便实行自压灌溉。为安全起见，所有蓄水设施位置必须避开填方或易滑坡地段，设施的外壁距崖坎或根系发达的树木的距离不应小于 5 m，两个蓄水设施的距离应不小于 4 m。公路两旁的蓄水设施应符合公路部门的排水、绿化、养护等有关规定。

（5）节水灌溉设施应根据自然条件和作物种植要求进行布设，对旱作物可采用点灌、注水灌、坐水种、膜上穴灌、地膜沟灌、滴灌、微喷灌、小型移动式喷灌等，不得使用漫灌方法。对水稻田可采用控制灌溉。

三、规划总体布置图

（1）规划总体布置图应绘在地形图上，地形图上应显示有市、县、乡、村、河流、铁路、公路的位置和名称，行政区界，原有灌排工程设施等。

（2）为使图幅大小适宜，所用地形图比例尺如下：灌区面积 333 hm^2 以下者宜为 1/5 000 ~ 1/2 000，333 hm^2 以上者可为 1/10 000 ~ 1/5 000。

（3）图中应绘出规划灌区的边界线，压力分区线，水源工程、首部枢纽等主要建筑物、附属工程设施、供电线路和骨干管（渠）道的初步布置。

（4）图中应绘有详细的图例，并标明该图的比例尺。

第八章　灌溉管理

第一节　管理体制改革与能力建设

以科学发展观为指导，继续实践可持续发展治水思路，通过管理改革和能力建设，建立投入稳定、机制灵活、管理有序、效益明显的水利发展与改革新模式。

努力提高地方水行政管理部门的社会管理能力和公共服务水平，积极推动水资源管理一体化建设，实现涉水事务统一管理；加大政府资金投入，发挥各级水利投资公司融资平台的作用，培育政府主导、社会筹资、市场运作、企业开发的水务投资机制；积极推进节水灌溉工程产权制度、用水户协会参与管理、水价制度三项改革，形成产权明晰、工程良性运行的节水灌溉工程管理和农田水利建设新机制，建立、健全用水协会组织；加强队伍建设和信息化现代化建设，鼓励社会公众参与，全面提升服务能力，促进节水灌溉管理又好又快发展。

一、管理体制改革

（一）加快节水灌溉投资体制改革

针对当前节水灌溉投入不足的问题，在加大投融资体制改革方面，首先是加大地方财政投入和贷款投入；其次是地方政府建立节水灌溉建设基金，制定相应的鼓励自办水利和其他资金投入节水灌溉建设的政策。

（1）加大政府投入。积极争取中央和省级的水利投资；对征收的水资源费和水土保持补偿费专项列支，按一定比例用于节水灌溉建设、管理和改革。

（2）全面建立地方水利建设基金。严格按照国务院《水利建设基金筹集和使用管理办法》的要求，全面建立地方水利建设基金。资金渠道从地方留用的政府性基金（收费、附加）中按比例提取，加上各种水利建设捐赠款等；资金管理要按照《国务院关于加强预算外资金管理的决定》的规定，纳入同级财政预算管理，专项列收列支，按一定比例用于各项节水灌溉建设与管理。

（3）建立健全地方投融资平台，形成政府主导、市场运作、社会参与的多元化投融资格局，实现节水灌溉投入的明显增长。一是完善县级水利投融资平台，建立健全以政府资金为引导，银行贷款、企业投资、个人投资的多元化投融资机制。二是进一步加大与企业的合作，积极探索以"公司＋基地＋农户"的模式，开发优势产业。

（4）制定自办节水灌溉的优惠政策。要结合实际，制定相关政策，允许以技术入股、资产抵押等多种形式参与自办节水灌溉；鼓励经济效益比较显著的节水灌溉项目通过贷款和民营投资等渠道筹集建设资金。

（二）全面完成水管单位体制改革任务

按照国务院《水利工程管理体制改革实施意见》（国办发〔2002〕45号）文件精神要求，改变重建轻管的倾向，切实加强管理改革。在目前已基本完成水管体制改革的基础上，足额落实节水灌溉工程管理人员基本支出和工程维修养护经费。深化内部改革，推进管养分离，建立与社会主义市场经济相适应的节水灌溉工程管理体制和运行机制，主要抓好以下工作：

（1）认真落实"两费"。争取政府支持，加强与财政等部门协调的力度，积极筹集节水灌溉工程的管理维修养护经费。

（2）深化水管单位内部改革。推进人事、劳动、工资三项制度改革。全面推行聘用制度，按岗聘人，竞争上岗，并建立健全目标责任和绩效考核制度。节水灌溉工程的水管单位负责人由水行政主管部门按干部管理权限，通过竞争方式选拔聘任，定期考核。工资报酬实行浮动制，把职工个人的工作绩效以及德、能、勤、绩等与工资报酬挂钩，把各水管单位工程的安全管理、运行管理、经济管理的效果与员工的利益挂钩。

（3）加强工程技术管理。加强节水灌溉工程管理单位员工的业务技术培训，提高素质，逐步按照节水灌溉工程管理规范、规程管理操作。按照制度，开展工程观测及资料整编，完善各项观测设施，加强工程观测和巡视检查、维护修理，提高工程设备的完好率，充分发挥工程的功能和效益。

（4）深化灌区管理体制改革。大中型灌区的骨干水源工程和干支渠由灌区统一管理，支渠以下的渠道及田间渠系由组建的农民用水户协会管理，建立"灌区＋农民用水户协会＋用水户"的管理模式。灌区在明晰工程所有权的前提下，可以推行所有权、使用权、经营权分离等方式改革，可以试行拍卖、租赁、承包等多种形式的改革，建立有利于灌区长期发展的体制机制。

（5）积极发展多种经营。鼓励水管单位利用已有的水土资源，采用多种方式，盘活存量资产，积极开展综合经营，增加自身经济实力，为工程安全管理和人员分流创造条件。

（三）节水灌溉建设与管理改革

加大财政支持力度，加强政府组织力度，积极动员和组织农民投工投劳兴建、维修、管护节水灌溉工程，强化乡镇水管站技术服务功能，建立"政府主导、自愿参与、民主管理、自我发展"的节水灌溉建设新机制。

（1）切实增加政府投入，整合各类政府的基金用于节水灌溉的建设，确保节水灌溉建设资金稳定增长。按照《小农水专项资金管理办法》，加强节水灌溉建设项目管理和资金的规范使用。按照"政府推动、政策拉动、利益趋动、典型带动"的原则，财政部门建立小型节水灌溉设施建设补助专项资金，对农民兴修小型节水灌溉设施给予补助，并逐步增加资金规模，地方政府每年拿出一部分资金开展"以奖代补"、"先干后补"，引导动员集体和个人筹资兴办节水灌溉。

（2）认真做好节水灌溉建设规划，特别是县域节水灌溉规划编制。编制规划要注重水土资源合理配置，水利工程合理布局要突出重点、讲求实效。

（3）完善村级"一事一议"筹资筹劳政策。按照乡镇协调、分村议事、联合申报、统一施工、分村管理资金和劳务、分村落实建设任务的程序和办法实施，对政府给予补助资金重点支持的节水灌溉工程进行"一事一议"。对通过"一事一议"筹集的资金和劳务，都要实行全过程公开、民主管理，接受群众监督。

（4）深化节水灌溉工程产权制度改革。按照"谁投资、谁受益、谁所有"的原则，明确节水灌溉设施的所有权和管理方式，落实管护责任主体。对农户自用为主的小微型工程，产权划归个人所有，由乡镇人民政府核发产权证；对收益户较多的工程，组建用水合作组织管理，国家补助形成的资产划归用水合作组织；经营性工程，吸引社会资本进入，组建法人实体，实行企业化运作，国家补助形成的资产可由乡镇委托水管站等组织持股经营，也可拍卖给个人经营。所回收的资金，专项用于发展当地节水灌溉事业。

（四）用水管理与水价改革

通过用水管理与水价改革，完善水价形成机制，健全水费征收制度，提高各类水费征收率，实现水资源的合理配置，做到节约用水和高效用水，确保工程良性运行，为工农业生产提供水资源保障。

（1）推行总量控制，定额管理。以批准的水量分配方案或者签订的协议作为行政区域取水许可总量控制的依据，按照用水定额将水的使用权分配到户，探索和研究水权的转换，建立农业用水和工业用水的水权交易平台，制定新上工业项目占用农业用水指标的补偿政策。

（2）加快农民用水合作组织建设。按供水水系积极组建农村供水和农民用水户协会，要通过选举产生会长，农民用水户协会和村组之间要加强协调。引导和培育用水户协会，实现对工程维护、用水分配、水费收缴等方面自主管理。

（3）继续深化水价改革。适度调整节水灌溉供水价格，加大城市供排水价格改革力度，改革水价计量计价方式，强化征收管理，积极稳妥地推进水价改革，建立促进水资源可持续利用的水价机制。水管单位、农民用水户协会根据各自灌区的特点，制定水费计收管理制度，明确水费计收程序和办法，不断提高水费计收管理的制度化、规范化水平，水费使用要严格专款专用并定期公示。在灌区要逐步完善配套量水计量设施，把计量设施的建设纳入节水灌溉工程改造的内容，重点支持，逐步实现农业用水计量收费。

（五）加强水资源统一管理和保护

（1）以城乡统筹供水为突破口，初步形成城乡一体的水务管理体制。积极推进对城乡的防洪、水源、供水、用水、节水、排水、污水处理及其回用，以及水资源保护等实行统一规划、统一管理的水务管理体制改革。

（2）强化水资源论证和取水许可管理制度。所有建设项目必须经过水资源论证，否则不予立项。强化取水许可管理和水量统一调度，严格执行水量调度指令，健全水资源有偿使用制度，规范水资源费征收使用管理。

（3）加强对水功能区的管理。提出限制排污总量意见；开展水资源监测，及时掌握水质动态等工作。

二、用水户组织管理

（一）用水户组织及用水户参与灌溉管理

用水户组织的建立应满足规范化、自主化、文件化、公开化等原则要求。为此，灌区可由用水户组织结合本身特点，因地制宜地自行制定具体的执行细则。用水户组织运行管理的内容包括运行管理的方针、供水合同、供水计划、灌溉面积的丈量和核实、供水管理、工程检查和维修、量水设施的控制与校准维修、水费收取、财务管理、自我评估、档案记录和宣传等工作。

用水组织的有效运行应能使广大用水户及时得到灌溉用水，满足种植需要，并能节约水量，使水资源在时间上、空间上有更合理的分配；应能使末级渠道、田间工程和建筑物、灌溉设施得到良好的维护，能节约农户管水、用水的劳力，又能使用水户认识到水的商品属性，理解应承担交纳水费的义务，能减少水事纠纷等，同时，使灌区逐步做到经济自立，减轻国家负担。

用水组织运行管理的基本原则如下：

（1）规范化原则。通过制定各项规章制度、工作标准等，规定用水组织必须完成的工作、每项工作如何去做、达到什么效果等，使组织运行做到有章可循。

（2）自主化原则。用水组织的事情自己办，用水户的事情由用水户自己做主，工程维修、灌溉用水、水费收缴等重大事项，都要通过用水户代表大会民主协商决定。

（3）公开化原则。把所有重大事项的执行情况、每次水费的收缴使用情况等公布于众，让所有用水户了解，明明白白地管水、买水、用水，强化农户对组织工作的监督作用。

（4）文件化原则。对用水组织的各项具体工作制定详细的实施细则，编制成各种表格，这样不但可以把所做的工作记录下来，有案可查，而且可以避免用水组织工作流于形式。

用水户参与灌溉管理是行为科学理论在灌溉管理中的运用。其主要内容是按灌溉渠系的水文边界划分区域（一般以支渠或斗渠为单位），同一渠道控制区内的用水户共同参与组成有法人地位的社团组织（用水户协会），通过政府授权将工程设施的维护、管理和使用权部分或全部交给用水户自己民主管理。协会管辖范围内工程的运行费用由用水户自己承担，使用水户成为工程的主人。减少政府的行政干预，政府所属的灌溉专管机构只对用水户协会给予技术、设备等方面的指导和帮助。

（二）水价标准的分析

水作为一种商品，在确定其价格时就应考虑成本和利润，我国是农业大国，灌溉用水占总用水量的62%左右，供水价格合理与否，对农业生产影响极大。因此，在制定水价时，一方面要考虑到有利于节水灌溉事业的发展，利用水费为水利工程提供必需的运行管理、大修和更新改造资金，使供水生产在原有规模上持续进行；另一方面，供水价格还要考虑到有利于农业的发展，考虑到农民的承受能力。供水价格总的思路和基本理论是：灌溉收费标准应使灌溉设施能够在不依靠政府补贴的条件下长期运行，同时适当考虑农民偿付灌溉费用的能力。除此以外的各类用水，应适当考虑利润率，以使灌区财务略有盈余，为扩大再生产积累资金。因此，供水的理论价格主要应以供水成本加利润为计算依据。我国各地的水源供需情况与自然、社会经济条件差异很大有关，用水的类型也较多，必然导致水费价格的地区差异。因此，水费标准应在核算供水成本的基础上，根据国家经济政策和当地水资源情况，对各类用水价格标准分别核定。

1. 农业用水价格

对于农业水费，要考虑农民的付费承受能力。确定合理水费上限是项复杂的、政策性很强的工作。由于各地自然和社会经济条件的差异，难以制定一个统一标准，因此可采取一种替代方法，该方法由两部分组成：第一，确定农业用水价格。在计算成本时，不计税收、利息和财产保险，不考虑农民投劳折资部分的固定资产的折旧，不考虑利润。因此，理论上，农业用水价格应等于农业供水成本。第二，分析农民的承受能力。首先，向农民抽样调查，收集资料（产量、产值和生产成本）。调查中要重视产量和收入都低于一般平均水平的农民，对比较贫困的农民的承受能力有一个真实的估计。以公顷产值扣除成本，求得每公顷净收益；根据平均公顷用水量，计算每公顷灌溉水费；分析水费占每公顷农业生产成本、产值、收益的比例。一般将水费占公顷农业生产成本和公顷产值的比例控制在 5%～10% 为宜。为了鼓励农民种粮的积极性，农业水费也可区别粮食作物和经济作物分别进行核定。粮食作物按供水成本核定水费标准，而经济作物可略高于供水成本。

2. 工业用水价格

对于工业及其他用水，水费标准就应以供水成本为基础，适当增加利润率来核定。工业用水要区分消耗水、贯流水和循环水。消耗水就是进入用水系统后消耗掉的水，贯流水是指用后进入原供水系统内、水质符合标准并能用于其他兴利的水，循环水是指用后返回原系统内、水质符合标准的水。消耗水的价格应按供水部分全部投资（包括农民投劳折资）计算的供水成本加供水投资 4%～6% 的盈余核定水费标准。水资源短缺地区的水费应略高于以上标准。贯流水和循环水应按采用贯流水和循环水后所产生的经济效益，按供水单位和用户分享的原则核定水费标准。

3. 城镇生活用水价格

由水利工程提供城镇自来水厂水源，并用于居民生活的水费价格，一般应按供水成本略加盈余核定，其标准可等于或略低于工业水费。

4. 其他用水价格

对于水力发电和由水利设施专门供水进行养殖、商业、旅游业等的用水水费价格，均应按供水成本适当加盈余的标准核定水费价格。

（三）水费征收

水费是灌区经费的主要来源，灌区经营管理机构能否按照水费标准征收好水费，并且很好地管理使用，直接影响着灌溉管理机构的财务自给，影响着节水灌溉工程设施的运行状态，影响着灌溉管理目标的实现。因此，灌区经营管理的主要任务是按照国家规定的水费标准，积极组织征收水费，实现管理经费自给有余，为灌区工程的良性运转、扩大管理效益作出贡献。

水费的计量方式一般有三种：一是按灌溉面积计量。显而易见，这种方法所需数据最少，而且容易取得，但容易造成水量浪费，因此不适用于水资源短缺地区。二是按供水量计量。供水量应按规定的计量点测量数据。一般对于工业和城镇生活用水，计量点为水利工程供水起点，而对于灌溉用水，可在渠道装置量水设施作为计量点（如支、斗渠进口等）。按量计费的优点在于能促进用水户节约用水、科学用水，尤其在水源不足的地区，应大力提倡和推广。但在水源丰富的地区或多雨年份，农民往往为减少水费开支而不愿浇地，从而导致灌溉管理单位水费收入降低。三是按基本水费加供水量计算。这种计量方式，水费由两部分组成：一是按公顷计收某一固定基本水费，二是按量计收其余部分水费，即"以公顷计价，按水量收费"。基本水费是按面积征收的，无论是否灌水都可以保证管理机构在大旱之年和灌溉要求降低的多雨或风调雨顺年份也有最基本的收入，以满足部分运行管理和维修费用。而按量计收部分则作为补充收入，满足全部费用开支。该计量方式适宜在水源不足且各年之间来水变动较大的地区使用。它既能保证管理单位有固定的基本水费收入，也能促进用户节约用水，值得提倡和推广。

灌溉水费的征收办法一般有以下三种：一是直接收费，即由专管组织所属的各级管理机构直接向农户征收。在每次灌溉用水结束后，各级灌溉组织核实各村和村民小组的灌溉面积、灌水量，按规定的水费标准算出应收水费金额，并通知各村水利服务站，然后由村水利服务站和水利员向农户征收，交给灌溉管理站，再逐级上交至管理局。二是委托代收，即由灌区管理所负责核实农户应交水费，然后委托粮食收购、信用社或财政部门，趁农民交售粮食或前往上述机构办事的同时予以代收。灌区管理单位付给代收单位一定的代办费。三是以粮计征，货币结算，即将应收水费按国家规定的粮价折成粮食，由专管机构直接征收粮食。这种方法适合人均地多、贫穷落后、直接收现金困难的地区，同时也可以减少物价上涨的影响。工业用水、城镇生活用水及水电站等用水一般按月计量收费，由供水单位与用户签订供用水合同，按合同规定，逐月结算征收，或委托有关单位征收。

目前，尽管我国的水费标准很低，只是成本水费的 $1/3 \sim 2/3$，但拖欠水费和征收难的状况却比较严重。据初步调查，全国水费实际征收率仅为 70% 左右，远远不能满足水利工程的维修费用和正常运行管理费用，影响着灌区的良性循环，妨碍着灌区效益的发挥。为促使农民及时交纳水费，可以采取先交费后放水或按交费先后顺序及按水费的征收率进行灌溉放水。灌区专管机构只有不断改进管理水平，提高服务质量，与地方政府和有关部门密切合作，才能不断提高水费征收率，完成水费征收任务，更好地为灌区发展和国民经济建设服务。

三、能力建设

（一）信息化建设

按照加强水资源统一规划管理的要求和有关规定，在全国水利信息化建设规划和省级信息化建设规划的指导下，建立和完善县级水务信息化网络，逐步实现水务信息测报自动化、信息传输与处理网络化、水管理调度自动化，以满足水务管理需要。

建设水务信息共享与交换平台，与气象、水文、供水、排水等相关行业进行数据对接，实现集水资源管理、防汛抗旱、农田水利、水土保持、电子政务等功能为一体的水务信息共享与交换平台。充分利用电信网络，以县为单元，建立及时反映天气、雨量、水情、旱情以及河道、水利工程、地质灾害点等信息的传输和处理系统，具有可视会商、网上办公等功能，为节水灌溉决策提供依据，提高办公效率。

利用先进的以数字化、网络化、智能化和可视化为主要特征的信息化作为手段与途径，在保证水情、墒情、工情等情况下，同时采集经济社会、农作物生长、水环境监测等方面的信息，实现灌区管理所需信息的采集、传输、存储、处理与分析的现代化和自动化。

（二）预警与应急能力建设

要提高对水污染、山洪灾害、水库溃坝等突发性事件的应急处理能力，维护社会安定，保护人民生命财产安全，尽可能减少损失。地方各级水行政主管部门要加强领导，安排专门人员，自上而下编制应急预案，要明确规定各级政府行政部门在突发性事件发生后的灾害救助职责，并规范具体的工作程序。预案要有可操作性，与职能分工相符，并在实施中不断修改完善。

建立相应的由相关部门组成的应急管理领导小组，统一负责重大突发性水事的应急领导和协调，鼓励参与主体的多元化。提倡"自救、共救、公救"的理念，由包括居民、企业、非政府组织在内的个人及社会团体建立相应的民众自主应急组织和企业自身应急体系，同时提高公民的志愿者服务水平和危机防范意识。为提高应急能力，组织对各级水行政主管部门的负责领导和业务骨干培训，就预案的建立、突发性事件处置的方法等问题进行研讨。建立和完善危机信息沟通与披露机制，对公众进行公开、透明、及时、多渠道、多层次、多方面的突发性事件信息沟通和披露。

（三）基层节水灌溉服务体系建设

加强基层节水灌溉服务机构建设，多渠道筹集资金支撑服务机构的运行，通过技术指导、加强培训、引进人才等途径，建立和完善节水灌溉基层服务体系。

（1）加强乡镇水管所建设。要通过财政支持落实水管所的办公地点，改善办公条件；积极探索乡镇水管所的延伸，以村委会为单元发展水管所；强化基层队伍建设，提高水管所专业技术人员比例及技术水平。

（2）组建县级集中供水技术服务组织。以县为单位，配备人员和设备，组建相应的技术服务队，负责应对集中供水的突发事件，组织水质自查，对集中供水的建设、运行和管理加强指导，保障供水安全。

（3）建立县级灌溉试验站，研究节水灌溉制度和灌溉定额，了解用水需水规律，测算灌溉水利用系数，指导农业灌溉，为农业增收做好服务。

（四）公众参与机制建设

建立节水灌溉工程建设公示制度。节水灌溉工程项目的实施方案、受益范围、资金来源、运行机制等，要在项目区公示，征求意见，完善方案。举行重大水务事件听证会，主要包括：法律、法规、规章规定实施水行政许可应当听证的，跨设相邻县行政区域的各类工程建设项目、涉及重大利益关系的，取水许可涉及跨流域、区域的，建设项目规模较大、涉及技术难度大、影响面广的，对公共安全、生态环境有重大影响的，利害关系复杂、可能引发水事纠纷的。应特别注意在水资源管理的重大活动中，要征求用水户协会的意见。

四、灌区经营管理

灌区经营管理的任务是在国家政策的指导下，以提高社会经济效益为中心，搞好灌溉经营，保证质量，最大限度地满足社会的用水需求。根据灌区的内部条件和外部环境，因地制宜地开展综合经营活动，运用各种管理职能手段搞好综合经营，提高竞争能力和适应能力，取得最好的经营效果，逐步实现灌区工程设施在不依靠国家补贴的条件下正常运行和良性循环，充分发挥水利的基础产业作用，为国民经济持续、稳定、协调发展和人民生活的不断提高多作贡献。经营管理内容包括保证农业灌溉、工业供水和人民生活用水；计划用水、节约用水、治理污水和开发新水源等；扩大灌区生产能力，提高科学化、现代化水平，增加经营品种、产量和销售额等，实现灌区现代化建设；按照国家规定的水费标准搞好水费征收；必须达到最低限度的利润，以补贴灌区运行管理费的不足。

所谓灌区综合经营，是指灌区除灌溉经营外的其他经营活动，主要包括水电、水产、农业、林业、畜牧业、养殖业、工业、矿产、商业、副业、旅游业等。

开展综合经营是为了充分发挥灌区的水土资源、技术、设备和人力物力等潜力，扩大水利工程的综合效益，增加专管机构的财务收入，补充灌溉工程设施维修及运行管理费用的不足，改善职工的福利待遇，解决职工子女就业和社会待业问题，促进灌溉管理目标更好地完成和实现。灌区开展综合经营必须在保证水利工程安全和充分发挥工程效益的前提下进行。要结合灌区实际情况，制定综合经营的方向和经营重点，要着重利用灌区的水土资源、技术、人力、设备潜力，因地制宜地发展种植业、养殖业、旅游业、加工业、材料工业及水力发电等与灌区管理关系密切的产业。综合经营项目要进行单独核算，实行目标管理、定职定责、定奖定罚、严格考核制度和监督职能。既要调动各方面综合经营的积极性，又要防止因搞综合经营而放松灌区的正常运行管理工作。经营的规模要符合客观实际，由小到大、由弱到强，循序渐进，逐步壮大。要真正起到"以水养水，促进灌区发展"的作用，同时还能为社会创造更多的财富。

根据灌区的资源情况和技术设备等条件，一般可开展下列综合经营项目：

（1）种植业。灌区渠道两侧和建筑物周围有土地资源的要统一规划，植树造林，要以防护林、果木林、经济林为主。

（2）养殖业。利用灌区内库、塘、沟、渠等各种水面或空闲地发展水产养殖业和其他养殖业。

（3）利用灌区的水力资源发展小水电、水力加工业。

（4）利用灌区荒地、草地发展农业和畜牧业。

（5）旅游业。灌区有旅游资源的（如奇山怪石、水上娱乐等）要积极开发旅游业。

（6）加工业。以为灌区工程服务为主，发展材料加工业，如水泥厂、水泥预制构件厂、石料场、沙场、机械加工厂等企业。另外，可根据地理位置、资源条件兴办其他小型工业，如采矿、化工、冶炼等企业。

（7）有条件的灌区，还可以开展商业、运输业、建筑安装业、加工修理业等多种经营项目。

开展综合经营应由灌溉管理单位统一规划，可由专管机构自营，也可与有关单位进行协作或联合经营。对各种综合经营项目都要实行目标管理和经营承包责任制。灌溉管理单位要逐个落实各项综合经营的经济技术考核指标，并与各经营单位签订各种形式的经营承包合同。承包任务要明确，收益与职工利益挂钩，使承包经营者有责、有权、有利，充分体现按劳分配的原则。只有这样，才能调动广大职工的积极性，才能真正把综合经营搞好、搞活。

第二节　灌溉工程运行管理

一、首部枢纽的运行管理

（一）渠首工程的观测

对渠首工程应进行全面的观测，对存在相互关系的项目应配合进行，观测工作应保持系统性和连续性，按照规定的项目、测次和时间进行；掌握特征测值和有代表性的测值，研究工程或设备运转情况是否正常，了解工程重要部位和薄弱部位的变化情况；观测成果要真实、准确，精度要符合规定，不得任意修改、补插观测值；对观测成果应及时进行整理分析，并定期做好观测资料的整编工作。

（二）首部枢纽的养护

1. 土工建筑物的养护

土工建筑物表面有雨淋沟、浪窝塌陷时，应立即进行修补；发生渗漏、管涌现象时，要在上游堵截渗漏，下游反滤导渗；发生裂缝、滑坡，应采用开挖回填或灌浆方法处理；对土堤、土坝等，应定期锥探检查有无蚁穴、兽洞等隐患，并采用灌浆或开挖回填等方法处理；在土堤、土坝背水坡，应铺植草皮，防止雨水冲刷。

2. 圬工建筑物的养护

浆砌石护坡如有塌陷、隆起，应重新翻砌；无垫层或垫层失效的应补设和整修；遇有勾缝脱落或开裂，应洗净后重新勾缝；浆砌石岸墙有倾覆或滑动迹象时，可采用降低墙后填土高度或增加拉撑等办法处理；干砌石护坡、护底，如有塌陷、隆起、错动等，应予整修；当石块重量不足时，应予更换或灌水泥砂浆。

3. 混凝土建筑物的养护

应定期清除苔藓、蚧贝等附着生物；混凝土表面有脱壳、剥落、蜂窝、麻面、冲刷损坏时，可采取水泥砂浆、环氧砂浆混凝土、喷浆等措施进行修补；对于不影响结构强度的裂缝，可采用灌水泥浆、表面涂环氧砂浆方法处理；对影响结构强度的应力裂缝和贯通裂缝，应采用凿开锚筋回填混凝土、钻孔铺筋灌浆等方法补强；对于建筑物本身的渗漏，应尽量在迎水面封堵，既阻止渗漏，又防止建筑物本身的侵蚀，并有利于建筑物的稳定；当迎水面封堵有困难，且渗漏水不影响工程结构稳定时，也可在背水面封堵；对于接缝渗漏或绕坝渗漏，应尽量采取封堵措施，以减少水量损失，防止渗漏增大。

4. 闸门的养护

闸门、滚轮、吊耳、弧门支铰等活动部件应定期清洗，经常加油润滑；闸门门叶如发生变形、杆件变曲或断裂、焊缝开裂，铆钉或螺栓松动及脱落等，都应立即恢复或补强；部件和止水设备损坏的应及时修理或更换；钢丝网水泥闸门，应经常清理表面污垢及苔藓等水生物；如有保护层剥落、脱壳、露筋、露网、裂缝、渗水等现象，应用高强度等级水泥砂浆或环氧砂浆修补。

5. 启闭机的养护

各传动部件如滚动轴承、联轴器、变速箱、变速齿轮、蜗轮、蜗杆、轴与轴瓦、油（水）泵、阀门及管道等，必须加强润滑或其他防护工作，以减少部件的磨损和保证传动部位的正常运行；制动器（刹车）要求动作灵活，制动准确。如发现闸门自动沉降，应立即对制动器进行彻底检查修理；悬吊装置的钢丝绳、链条、拉杆、螺杆、齿杆、活塞杆等构件，要防止松动变形、锈蚀、断丝，并经常涂油润滑防锈；电源、电气线路、机电设备、动力设施、各类仪表和集控装置等，均应经常养护，定期检修，使其运用灵活，准确有效，安全可靠。

（三）泵站的运行与维护

水泵运行前应检查机组转子的转动是否灵活，叶轮旋转时是否有摩阻的声音；各轴承中的润滑油是否充足、干净，用机油润滑的轴承油位应正常，用黄油润滑的轴承油量应占轴承室体积的50%～70%；填料压盖螺栓松紧是否合适，填料函内的盘根是否硬化变质，引入填料函内的润滑水封管路有无堵塞；水泵和动力机的地脚螺丝以及其他各部件螺丝是否松动；进水池内是否有漂浮物，吸水管口有无杂物阻塞，拦污栅是否完整；出水拍门与出水闸阀关闭应严密，并灵活可靠。

水泵在运行中的保养包括以下内容：

（1）皮带的保养。运行中传动皮带不要过松或过紧，过松要跳动和打滑，增加磨损，降低效率；过紧轴承要发热。一组三角皮带中不能有松紧不匀的现象。要注意清洁，防止油污，妥善保养。

（2）机组和管路的保养。运行中要保持清洁，灌排结束后要放空柴油机、水泵、水管内的存水，防锈防冻。油漆剥落的要进行油漆。对机组各部件进行养护，通过全面检查提出修理要求进行修理。

（3）注意安全。要有安全防护设施。禁止对正在运转的水泵进行校正和修理，禁止在转动着的部件上或在有压力的管路上拧紧螺栓，运行值班人员应经常保持抽水机站内外的清洁卫生。

（四）喷、微灌首部设备的运行管理与维护

调压罐运行前应进行检查，要求传感器、电接点压力表等自控仪器完好，线路正常，压力预置值正确；控制阀门启闭灵活，安全阀、排气阀动作可靠；充气装置完好。运行中必须经常观察罐体各部位，不得有泄气、漏水现象。

施肥装置运行前应进行检查，要求各部件连接牢固，承压部位密封；压力表灵敏，阀门启闭灵活，接口位置正确；应按需要量投肥，并按使用说明进行施肥作业；施肥后必须利用清水将系统内的肥液冲洗干净。

　　过滤器运行前应进行检查，要求各部件齐全、紧固，仪表灵敏，阀门启闭灵活；开泵后排净空气，检查过滤器，若有漏水现象应及时处理；对于旋流水沙分离器，在运行期间应定时进行冲洗排污；对于筛网、砂、叠片式过滤器，当前后压力表压差接近最大允许值时，必须冲洗排污；对于筛网和叠片式过滤器，如冲洗后压差仍接近最大允许值，应取出过滤元件进行人工清洗；对于砂过滤器，反冲洗时应避免滤砂冲出罐外，必要时应及时补充滤砂。

　　冬季灌水后，露天设置的调压灌应泄空；灌溉季节后，应对调压罐的自控仪器、控制闸阀、控制线路、充气装置等进行全面检修和养护；应定期对调压罐的内外表面进行防锈处理。每次施肥后，应对施肥装置进行保养，并检查进、出口接头的连接和密封情况；灌溉季节后，应对施肥装置各部件进行全面检修，清洗污垢，更换损坏和被腐蚀的零部件，并对易蚀部件和部位进行处理。灌溉季节后，应对旋流水沙分离器进行维护和保养，彻底清除积沙，对进、出口和贮沙罐等进行检查，修复损坏部位；使用筛网过滤器时，每次灌水后应取出过滤元件进行清洗，并更换已损坏的部件；灌溉季节后，应及时取出过滤元件进行彻底清洗，并对各部件进行全面保养，更换已损坏的零部件。使用砂过滤器时，应及时检查各连接部件是否松动，密封性能是否良好，发现问题应随时处理；灌溉季节后，应进行全面检查，若滤砂结块或污物较多，应彻底清洗滤砂，必要时补充新砂。

二、渠道系统的运行管理

（一）渠系的检查

1. 经常性检查

　　经常性检查包括平时检查和汛期检查。平时检查着重检查干、支渠渠道险工、险段和渠堤上有无雨淋沟、浪窝、洞穴、裂缝、滑坡、塌岸淤积、杂草生长等现象。汛期检查主要检查物资和工程等方面的准备落实情况及其措施。

2. 临时性检查

　　临时性检查主要包括大雨中、台风后和地震后的检查。着重检查有无沉陷、裂缝、崩塌及渗漏等情况。

3. 定期检查

　　定期检查包括汛前、汛后、封冻前、解冻后进行全面细致的检查，如发现弱点和问题，应及时采取措施，加以修复解决。对北方地区有冬灌任务的渠道，应注意检查冰凌冻害对渠道的损坏情况。

4. 渠道过水期间检查

　　渠道过水期间应检查观测各渠段流态，是否有阻水、冲刷淤积和渗漏损坏等现象，有无较大漂浮物冲击渠坡及风浪影响，渠顶超高是否足够以及检查有无任意开口放水或排污现象等。

（二）渠道管理运用的一般要求

　　经常清理渠道内的垃圾物，清除杂草等，保证渠道正常行水。禁止在渠道上垦殖、铲草及滥伐护渠林；禁止在保护范围内取土、挖沙、建坟。渠道旁山坡上的截流沟或泄水沟要经常清理，防止淤塞，尽量减少山洪或客水进渠，造成渠堤漫溢决口、冲刷淤积。不得在排水沟内设障堵截影响排水。对渠道局部冲刷破坏之处要及时修复，必要时可采取砌石、土工编织袋防冲等措施。

（三）渠道管理运用的一般原则

1. 水位控制

为了保证输水安全，避免漫堤决口事故，渠道水位距戗道和堤顶的超高应有明确的规定，应不小于规定的数值。对风力较大、水面较宽的渠道，超高值中还应计入波浪的高度。

2. 流速控制

渠道中流速过大或过小，将会发生冲刷或淤积，影响正常输水。所以，管理运用时，必须控制流速。总的要求是渠道最大流速不应超过开始冲刷渠床流速的90%；最小的流速不应小于落淤流速（一般不小于 0.2~0.3 m/s）。引用清水时，流速可降低至 0.2 m/s。

当渠道的流速不易控制，对易受冲刷部分应积极采取防冲措施，对渠道易淤部位，注意经常清淤，必要时可根据地形条件，采取裁弯取直、调整纵坡或增建排沙闸、沉沙池等措施，减少渠道的淤积。

3. 流量控制

渠道过水流量一般应不超过正常设计流量，如遇特殊用水要求，则可以适当加大流量，但是时间不宜过长，尤其是有滑坡危险或冬季放水的渠道更要特别注意，每次改变流量最好不超过 10%~20%，浑水淤灌的渠道流量可以适当加大。

（四）灌溉渠道整修养护

1. 防淤

在渠道枢纽设置防沙、排沙等工程措施，带冲刷闸的沉沙槽，槽内设分水墙、导沙坎，构成一套较强的冲沙设备，按照操作规程，启闭冲刷闸和进水闸，合理运用，防止底沙进渠。在进水闸相距不远处，利用天然地形设置排沙闸，将沉积在渠首干渠段内的大颗粒泥沙定时冲走，泄入河道或沟道。当无坝引水时，在进水闸前一定距离的河床上设置拦沙底坎，其高度应为河道中一般水流深度的 1/4~1/3，底坎与水流方向应成 20°~30°，底坎长度应以河道流向及进水闸设计而定。其他防止泥沙进渠的工程设施如导流装置、沉沙池、导流丁坝、隔水沙门等，可根据当地实际情况选用。

在管理运用上，防止客水挟泥沙入渠，傍山渠道经过村庄、道路一般有交叉建筑物或截洪沟槽等。为了减少入渠的泥沙量，应尽可能地减少计划外的引水量，严格实行计划用水，采取各种有效措施，提高灌溉水利用系数，以便减少渠首引水量，从而减少进渠的泥沙量。当河水含沙量小时，加大引水量；当河水含沙量大时，把引水量减到最低限度，甚至停止用水。

2. 防冲

渠道冲刷原因和处理方法如下：

（1）渠道土质或施工质量问题。渠道土质不好，施工质量差，又未采取砌护措施，引起大范围的冲刷，可采用夯实渠堤，对弯道及填方渠段用黏土、土工编织袋或块石砌护等方法，以防止冲刷。

（2）渠道设计问题。渠道设计流速和渠床土壤允许流速不相称，即通过渠道的实际流速超过了土壤的抗冲流速，造成冲刷塌岸，可采用增建跌水、陡坡、潜堰、砌石护坡护底等办法，调整渠道纵坡，减缓流速，使渠道实际流速与土壤抗冲流速相适应，达到不冲的目的。

（3）渠道建筑物进出口砌护长度不够，造成下游堤岸冲塌，渠底冲深，这是灌区较普遍的现象，改善的办法是增设或改善消力设施，加长下游护砌段，上、下游护坡及渠堤衔接处要夯实，以防淘刷。

（4）风浪冲击、水面宽、水深大的渠道，如遇大风，往往会掀起很大的风浪，冲击渠岸，其处理办法是两岸植树，减低风速，防止水流的直接冲刷。最好是用块石或混凝土护坡，超过风浪高度。

（5）渠道弯曲过急，水流不顺。渠道弯曲半径应不小于 5 倍的水面宽度，否则将会造成凹岸冲刷。根治办法是如地形条件许可裁弯取直，适当加大弯曲半径，使水流平缓顺直；或在冲刷段用土工编织袋装土、干砌片石、浆砌块石、混凝土等办法护堤，效果更好。

（6）管理运用不善。渠道流量猛增猛减，流冰或其他漂浮物撞击渠坡，在渠道上打土坝截水、堵水等，造成局部地段的冲刷塌岸，必须严加制止，拆除堵截物，清除流水漂浮物，避免渠道流量猛增猛减。

（五）渠系建筑物的管理维护

渠系上主要建筑物有渡槽、倒虹吸、跌水、涵洞、涵管、陡坡、桥梁、各种闸及量水设备等。

各主要建筑物应备有一定的照明设备，行水期和防汛期均有专人管理。对主要建筑物应建立检查制度及操作规程，随时进行观察，并认真加以记录，如发现问题，及时研究处理。在配水枢纽的边墙、闸门上、大渡槽、大倒虹吸的入口处，必须标出最高水位，放水时严禁超过最高水位。

对于特设量水设备，要经常检查水标尺的位置与高程，如有错位、变动，应及时修复。经常注意检查量水设备上下游冲刷或淤积情况，如有淤积或冲刷，要及时处理，尽量恢复原来水流状态，以保持其精确度。定期检查边墙、翼墙、底板等部位有无淘空、冲刷、沉陷、错位等状况。有钢、木构件的量水设备，应注意各构件连接部位有无松动、扭曲、错位等情况，发现问题及时修理，并要定期用涂料防腐、防锈，以延长使用年限。

三、管道系统的运行管理

（一）管道系统运行的初始运用

管道系统在初次投入使用或每年初始运用时，应进行全面检查、试水或冲洗，并应符合下列要求：

（1）管道畅通，无污物杂质堵塞和泥沙淤淀。

（2）各类闸门、闸阀及安全保护装置启闭灵活，动作自如。

（3）管道系统无渗水漏水现象，给水栓或出口以及暴露在地面的连接管道完整无损。

（4）量测仪表或装置清晰，方便测读，指示灵敏。

（二）管道系统的运行特点

管道灌溉比渠道灌溉输水的速度快，技术要求高，计划性强。

在管道系统放水或停水时，常会产生涌浪和水击，很易发生管道爆裂。为防止水击产生、保护管道安全运行，严禁先开机或先打开进水闸门再打开出水口或给水栓。充水水流速度不宜过高，充水时间不宜过短。日常运行时，严禁突然关闭闸门、闸阀和给水栓出水口。灌水结束、管道停止运行时，应先停机或先缓慢关闭进水闸门、闸阀，然后缓慢关闭给水栓出水口。有多个出水口停止运行时，应自下而上逐渐关闭给水栓。有多条管道停止运行时，也应自下而上逐渐关闭闸门或闸阀，并同时借助进排气阀、安全阀或逆止阀向管道内补气。

在输水、灌水阶段，应经常测定各级管道的水压，以便了解管网系统的工作情况和水压变化动态，确定管网规划设计是否合理；注意运行期间有无可能发生水压超过管道管材的承受能力，若有应采取措施多开出水口或改变轮灌方式等降低水压；注意有无可能因水压过低或招致产生负压现象等。管道测压主要使用压力表，压力过小时可使用U形充水玻璃管。压力表的安装位置应视需要而定，一般应在各进水闸门、闸阀处（下游端）安设测压管嘴。为准确计量管道的输水流量和总量、灌水流量和总量，必须定时对各级管道和出水口或给水栓进行量水。

（三）管道、管件、建筑物和附属设备的维护

硬制塑料管材质硬脆、易老化，运行时应注意接口和局部管段有无漏水，若发现漏水，可采用专用胶黏剂堵漏，若管道有纵裂缝漏水，则需要更换新管道。水泥制品管的预制管接口处易漏水，发现漏水可用砂浆或混凝土包裹加固，或灌注环氧树脂砂浆等；现浇管多因施工质量不佳或地面不均匀沉陷以及过大的热胀冷缩等，往往造成管道局部裂缝而漏水，处理方法：一是用砂浆或混凝土加固；二是用高强度等级水泥膏堵漏，裂缝过长过大，漏水严重者可用预制管更换。石棉水泥管、灰土管质脆，不耐碰撞和冲击，故应有足够的埋设深度，通常管顶距地面至少 0.6 m；石棉水泥管和灰土管漏水处理方法同前。给水栓、闸门、闸阀等多为金属结构，要防止生锈和锈蚀；在灌水前后应注抹机油，以保证使用灵活，便于开关，每年需涂防锈漆两次，预防锈蚀。放水池和分水池起防冲、分水和保护出水口及给水栓的作用，若发现损坏应及时修复，水池外壁应涂红、白色涂料，以引人注目，防止碰坏。安全保护装置、引取水枢纽建筑物及设备均应经常检查维修，以保证管道系统安全可靠有效地运行。

四、田间灌溉设备的运行管理

田间灌溉设备一般包括喷、微灌设备及移动软管设备。

（一）喷灌设备的运行管理与维护

喷灌机运行前应对其组成部分进行检查，要求喷头连接牢固，流道通畅，转动灵活，换向可靠，弹簧松紧适度，零件齐全；管件完好齐全，控制闸阀及安全保护设备启闭自如，动作灵活，止水橡胶质地柔软，具有弹性；量测仪表盘面清晰，指针灵敏。平移式喷灌机导向触杆及其微动开关的动作必须灵敏可靠。利用钢索导向时，钢索应绷紧牢固，停车桩应完好无损，连接件牢固，电缆线无破损，传感部件动作灵活。喷灌设备喷洒开始时，应缓慢开启放水阀逐个启动喷头，并逐步调整压力至喷头压力额定值，严禁同时启动所有喷头。停止喷洒时，应逐个缓慢关闭放水阀，不得同时关闭所有喷头。

（二）微灌设备的运行管理与维护

微灌系统灌水前应对灌水器及其连接进行检查和补换。灌水时应认真查看，对堵塞和损坏的灌水器应及时处理和更换，必要时应打开毛管尾端放水冲洗。微灌系统运行期间应预防灌水器堵塞，经常检查灌水器的工作状况并测定流量，检测水质，定期进行水质化验分析。用氯处理法预防和处理灌水器堵塞时，防止细菌和藻类生长，用含氯浓度为 $(1～2)×10^{-6}$ 的水连续进行处理；处理已生长的细菌和藻类，用浓度为 $(10～20)×10^{-6}$ 的水冲洗管道，并使水留在系统中 $30～60$ min；控制微生物黏液生长，用浓度 $(10～20)×10^{-6}$ 的水进行间隙处理；处理灌水器堵塞，用浓度为 $500×10^{-6}$ 的水冲洗，并关闭整个系统，使水流在系统中停留 24 h。防止水中可溶性物质在灌水器中沉淀及系统中微生物生长，可采用酸处理法。宜选用磷酸、盐酸或硫酸兑水进行处理，处理后的水中 pH 值应为 $3～5$。对微灌系统进行化学处理时，必须严格按照操作规程进行，确保安全，防止污染水源或对人畜造成危害，严禁将水直接倒入酸中。

（三）移动软管的管理与维护

移动软管灌溉最末一级管道都直接配水到田间，根据其连接方法和输配水方式不同，其运用方式有：软管与水泵出水管口直接连接，配水到田间；软管与管道系统上的给水栓连接，配水到田间；软管与管道系统上的给水栓连接，作为末级输水管以代替田间输水沟向畦、沟输水灌溉；软管与水泵出水管口直接连接，作为一级管道直接向畦、沟输水灌溉。

移动软管管壁薄，很容易损坏，故运用时应注意：使用前，要认真检查软管的质量，并将铺管路线平整好，以防草木、作物茬或石块等尖状物扎破软管。使用时，软管要铺放平顺，严禁拖拉，以防破裂。软管输、灌水需跨沟、壕时，要用架托方法保护；跨路时应挖小沟或垫土保护；转弯时要缓慢，切忌拐 90°直角弯。用塑料软管冬灌和春灌时要注意防冻。白天气温若低于 5 ℃则应停止使用。此外，冬季保藏时应注意防鼠咬。

软管在使用中易损坏，应及时修补。维修方法是：①若管壁有小孔洞或裂缝漏水，可使用塑料薄膜贴补；②若管壁有小孔眼漏水，可用专用胶黏剂修补；③若管壁破裂过于严重，可从破裂漏水处剪断软管，然后顺水流方向再把软管两端套接起来（即套袖法），或剪一段管径相同、长约 0.5 m 的软管套在破裂漏水部位，充水后用细绳绑紧（即用管补管）。

五、用水管理

用水管理是灌溉管理工作的中心任务，其内容是按照作物各期需水量、灌区降雨量以及来水预报数据，渠道布置及输水能力等，研究制订用水计划，并根据实际降雨及来水情况适时修正，科学地编制及执行配水和用水计划等，以达到科学地利用灌溉水资源，并使农作物高产。

（一）用水计划的编制

用水计划是用水管理的中心环节，是水利管理单位引水配水的依据，也是用水单位安排灌溉的依据。实行计划用水是保证农业生产和节约用水的必要措施，计划用水就是根据农作物的需水规律、水源供水能力、气象预报和工程情况，结合农业耕作技术，通过分析计算，有计划地引水、蓄水、配水和有组织地进行田间灌水。

计划用水的原则是：充分利用水资源；实行灌溉用水优化调度，实现作物高产；节约用水，扩大灌溉面积，降低灌溉成本；防止地下水位上升而产生的盐碱化；减少渠道泥沙淤积和防止土壤沙化。

用水计划主要是根据作物的需水要求与不同年份的降雨和灌区水源的供水能力编制的。根据历史资料可编制出一般年份、一般干旱年和湿润年的用水计划。但来年的灌溉需水量和可供水量事先是不知道的，而且大多数灌区的气象状况年际变化较大，所以这种用水计划可靠程度较低。应该采用动态用水计划，即根据气象预报和实测数据，对典型年用水计划随时进行修正。根据气象预报和前期实际情况，估算来年的降雨量和水源供水量，对相近的典型年用水计划进行修正，并根据最新实测和中短期预报的数据，采用与最新预报相近的典型年资料，不断对用水计划进行修正。

用水计划按渠系可分为灌区用水计划、支渠用水计划、斗渠用水计划。大型灌区按三级编制用水计划。总干渠用水计划由管理局（处）编制，支渠用水计划由管理所（站、段）编制，斗渠用水计划由斗渠管理委员会或斗长编制。中小型灌区可按二级或一级编制。

用水计划按季节可分为年度用水计划、季度用水计划、分次用水计划。按供需双方可分为管理单位用水计划和用水户用水计划。

用水计划编制应由乡镇、村及其他用水单位（包括城市供水和工业供水等），定时间分渠系编制出斗渠用水计划，经专管机构将各用水单位的用水计划经过分析、审查、汇总，再由专管机构下属的所、站、段提出支渠渠系用水计划，最后由灌区管理局（处）结合灌溉制度、气象预报和工程情况等全面情况进行平衡后，编制出全灌区用水计划。专管机构可根据作物种植面积、灌溉制度、水源供水与灌区降雨等情况，先编制一个年度用水计划，然后结合斗渠用水计划自下而上经过修正，最后确定灌区渠系用水计划。

年度用水计划在灌溉年度开始前编制完成。它是全年用水管理的指导性文件，但不能把它看做是一成不变的计划而作为工程运行的依据，要根据中短期气象预报随时进行修正，采用动态用水计划。

（二）配水计划的编制

灌区配水计划的编制是灌区配水技术的重点。灌区配水技术是指灌区在每次灌水时，如何根据其现有的水资源数量，将它们向各用水单位进行合理分配，以使全灌区总的灌水时间最短、渠道输水损失最低、单方水灌溉效益最大的技术。灌区向各级用水单位配水的计划，一般是在每次灌水之前由相应的上一级灌区管理机构分次地编制。通常是根据渠系或用水单位的分布情况，将全灌区划分成若干段（片），在各段（片）进出口设立配水站（或点），由灌区管理局（处）按一定比例统一向各管理段（片）配水，各管理段（片）再向所辖各配水点配水。所谓编制配水计划，就是在全灌区的灌溉面积、取水时间、取水水量和流量已确定的情况下，拟定每次灌水向配水点分配的水量、配水方式、配水流量（续灌时）或配水顺序及时间（轮灌时）。

1. 配水水量的计算

1）按灌溉面积的比例分配

按灌溉面积的比例分配水量，即按配水点控制的面积占灌区灌溉面积的比例来分配水量。按灌溉面积的比例分配水量，计算方法简便，缺点是没有考虑灌区内各处的作物种类和土壤等的差异，成果比较粗略。我国南方灌区多以灌溉水稻为主，比较单一，因此多采用这种方法。

在按灌溉面积分配水量的方法中，实际上把渠道输水损失的水量也按灌溉面积进行分配，这在干、支渠输水损失较大，渠道长度与其控制的灌溉面积不相称时，计算的结果不太合理。此时，最好在按灌溉面积配水的基础上，考虑输水损失的修正。

2）按灌区毛灌溉用水量的比例分配

如果灌区内种植多种作物，灌水定额各不相同。在这种情况下，就不能单凭灌溉面积分配水量，而应该考虑不同作物及其不同的灌水量。通常，采用的方法是先统计各配水点控制范围内的作物种类、灌溉面积以及灌水定额等；再加以综合，计算出要求的毛灌溉用水量；最后按各配水点要求的毛灌溉用水量比例计算出各点的应配水量。

在我国北方，灌区内各部分的作物种类及其种植比例往往差别较大，一般多采用此法。

2. 配水流量和配水时间的计算

1）续灌条件下配水流量的计算

在续灌条件下，渠首取水灌溉的时间就是各续灌渠道的配水时间，不必另行计算。编制配水计算的主要任务是把渠首的取水流量合理地分配到各配水点，即计算出各配水点的流量。

配水流量与配水水量的计算方法一样，有按灌溉面积分配与按毛灌溉用水量分配两种方法。

2）轮灌条件下配水顺序与时间的确定

在轮灌条件下，编制配水计划的主要内容是划分轮灌组并确定各组的轮灌顺序、每一轮灌周期的时间和分配给每组的轮灌时间。轮灌组划分及轮灌顺序的确定要根据便于管理和有利于及时满足灌区内各处的作物用水要求，有利于节约用水等条件。

轮灌周期简称轮期，是各条轮灌渠道（集中轮灌时）或各个轮灌组（分组轮灌时）全部灌完一次总共需要的时间。每次灌水中安排一个或几个轮期，视每次灌水延续时间的长短及轮期的长短而定。例如，某次灌水，延续时间为 24 d，每一轮期为 8 d，则这次灌水包括 3 个轮期，即对于每条渠道或每个轮灌组要进行 3 轮灌溉。轮期的长短主要应根据作物需水的缓急程度而定，这与作物种类和当时所处的生育阶段有关，同时也受到灌水劳动组织条件和轮灌内部小型蓄、引水工程的供水与调蓄能力的影响。一般，每一轮期为 5~15 d。作物需水紧急，灌区内部调蓄水量能力小，则轮期要短，为 5~8 d；反之，轮期可稍长，为 8~15 d。

轮灌时间指在一个轮期内各条轮灌渠道（集中轮灌时）或各个轮灌组（分组轮灌时）所需的灌水时间。对于各条轮灌渠道（或是各个轮灌组）轮灌时间的确定，也是按各渠（或各组）灌溉面积比例或毛灌溉用水量比例进行计算。

3. 配水计划表的编制

根据全灌区（或干渠）配水方式，计算出各配水点的配水水量、配水流量或配水时间（轮灌时间）后，就可以编制配水计划表，其一般格式如表 8-1 所示。

表 8-1　某灌区第一次、第二次灌水干渠配水计划表

灌水次数、日期、历时	第一次，　月　日，共　d　h		第二次，　月　日，共　d　h	
配水方式	续灌		轮灌	
渠首取水流量（m³/s）				
渠道名称	1 干	2 干	1 干	2 干
配水比例（%）		上段 下段		上段 下段
配水量（万 m³）		上段 下段		上段 下段
配水流量（m³/s）		上段 下段		上段 下段
配水时间	d　h			上段 下段

（三）用水计划的执行

灌溉用水之前，灌区管理单位和用水单位要做好准备工作：检查工程状况，整修渠道和建筑物，做好田间工程，订立供水、用水合同，组织好浇地专业队等。灌溉放水期间，管理人员要深入田间进行灌溉技术指导，掌握灌溉进度，解决用水排水纠纷，处理违章用水等。灌溉期间如遇特殊情况或事故，由管理单位负责管理，有计划地减水、退水或停水。

灌区要节约用水。改进灌溉技术，推行沟、畦灌溉，消灭大水漫灌和串灌、串排，改变昼灌夜不灌等浪费水量现象，并应注意回归水和冬闲水的利用。发挥灌区内已有水井的作用，合理利用地下水；易盐碱化灌区要注意渠井结合，控制地下水位。灌区应根据需要设置量水设备、地下水观测井及其他设施，做好水情、水质、墒情、土壤盐分、泥沙淤积和地下水位等测报工作。

每次灌水后，灌区管理单位要及时把各用水单位实用水量、灌溉面积、应交水费金额等结算清楚。每个灌溉季度和年终要全面检查灌溉用水工作，分析水的利用情况，作

出总结。

（四）用水管理信息采集

随着我国经济的发展，水资源日趋紧张，综合利用供需矛盾增加，因此必须进一步加强灌溉排水系统的集中管理，实现管理现代化，以求获得系统的最优运行，充分发挥工程的效益。用水管理自动化是灌区现代化管理的核心，首先要求有灌溉工程控制设备的自动化，以便对系统进行自动控制；其次要有先进的系统运行软件对系统控制问题进行决策，如用计算机对管理信息进行加工、贮存和对信息资料进行分析提供决策依据等。前者主要是减轻人们的劳动强度和提高运行精度，保证系统的安全运行；后者主要是实现灌区的现代化经营和科学决策。

实行用水管理自动化的灌区，一般从渠系到各分水点要安装遥测、遥控装置，并设立中央管理所，由中央管理所集中监测，并发布指令遥控闸门启闭，进行分水和配水。灌区用水管理中的遥测、遥控装置包括三部分：终端部位的测控装置、传递各种操作指令的信息传递装置、数据处理及发出操作指令的处理装置。这三部分装置要求协同动作，精度相同。三部分中出现任何不协同，都不能有效地发挥作用。

测量、控制装置。遥测的内容有气象、土壤、作物、水位（在管道则为压力）、流量（或流速）、闸门开度（或回转角）及各自的上下限警报点值等。探测器包括电阻、电压、电流的测定仪器和脉冲信号发生器等。通过变换器将原始记录变成计测量，向中央监测站传送，在中央监测站输入计算机，按规定程序进行数据处理，并在键盘上进行操作处理。

传送装置。该装置分无线传送、有线传送或两者结合的传送方式，选择采用哪一种方式是根据中央监测站和计测站的地形地势、测站数量以及传送数据的连续性、间歇时间、控制的频繁程度、电流使用情况（电源条件）等所构成的装置费用决定的。有线传送方式适用于连续测定和多测站同时收集与控制的情况。无线传送方式适用于各站非同一电源和定期收集数据。

处理装置。该装置的主体是电子计算机。从各测站传送来的各种原始资料在这里输入电子计算机，由计算机按既定的程序进行处理，计算出各种需要数据，并在日报的基础上编出月报、季报和年报，再将各种基本资料按既定的程序组织配水，并发出操作指令。

用水管理自动化的系统运行软件应具备数据收集、存贮、加工、分析、计算和决策等功能，其核心部分是灌溉用水信息管理系统。世界上许多国家已投入较大精力研究农业经济用水和水管理的现代化问题，且已开发出了一些行之有效的系统管理运行软件。如美国加州 CIMIS 灌溉管理信息系统，包括由设在重点农业区的 70 多个气象站组成的网络，每个站的观测数据在每晚自动传输到水资源局计算中心，中心将降雨、土壤、空气温度、风速风向、相对湿度等气象数据综合汇集，再经过分析校准后存入 CIMIS 数据库，提供给各气象站使用。这样将采集到的水文气象、土壤、作物、农业生产等信息，经加工处理—指导实践—信息反馈的过程，也就是利用灌溉用水信息管理系统指导灌溉用水的过程。

一般地说，灌溉用水信息应包括水源信息、气象信息、土壤信息、作物信息和农业信息（作物种类、种植面积、灌溉面积、施肥标准）等。以上信息内容属于基本信息，对这些基本信息进行加工处理并引用历史资料，经过计算机模拟计算得到一些二级信息（如作物需水量、土壤贮水量……）和三级信息，如灌溉预报（灌水量、灌水日期）、河道流量预报、灌水配水方案的调整等。利用最后灌溉用水信息可以指导灌溉用水实践。经过灌溉实践，又会产生新的信息，如农田土壤水分信息、作物生长信息等。这些新信息又加入到基本信息中，供进一步加工处理和应用，从而实现信息采集—加工—指导实践—信息反馈的循环过程，以此可以不断地指导灌溉实践。

第三节 试验与监测

一、灌溉试验

（一）灌溉试验站的建立

灌溉试验站应配备一定的专业技术人员、专用的试验设施和列入计划的试验研究经费。研究人员应具有水利、农学、土壤、农业气象等基础知识，应有中级以上技术人员负责技术领导工作。观测工人必须进行技术培训，经考核合格后录用。灌溉试验站应根据其规模、任务，配置相应的土壤、作物、水分及气象观测仪器设备，并应具有气象观测场、实验室、资料室、办公室、仓库及生活设施。

建立灌溉试验站时，应组织水利、农业等有关部门，根据试验任务和要求，深入细致地勘测、调查，作出多种方案比较，选定试验场地。场地范围内的气象、地形、地貌、土壤、水文地质和农业生产等方面的条件，在当地应具有代表性。场地不宜靠近水库、大沟、大渠、河道、湖泊、铁路、公路、高大建筑物以及对试验有妨碍的工厂和污染源。试验田的周围如有房屋、围墙、树林等物体，则试验田与这些物体的距离必须大于物体高度的 5 倍。各试区内的地面应是平坦的，土壤结构及其肥力应是均匀一致的；平整土地时不能扰乱原有土壤层次。试区必须具有可靠的水源、健全的灌排系统及其建筑物以及符合试验精度要求的量水设备。试区的道路网布置应满足生产、生活、田间管理和观测记载的需要。

（二）灌溉田间试验设计

1. 设计程序

开展灌溉田间试验前，必须提交设计任务书，经上级审批后，再编写灌溉田间试验设计书。灌溉田间试验设计书宜包括以下几方面内容：试验课题、试验的时间、试验目的和意义及预期效果、试验方案设计（主要是确定试验处理和重复）、田间试区（小区或大区）规划设计并附试区布置图、主要农业技术措施、试验观测和调查的项目、经费预算与必需的仪器材料计划、试验人员（包括工人）的分工和职责等。

2. 试验处理与重复

确定灌溉田间试验的处理应遵循的主要原则有：一是处理要有针对性。应根据试验要求解决的问题，选择若干主要对比因素，将其划分为几个水平，组合成对比处理。二是水平划分时要注意使不同水平之间的差异和处理数目便于进行试验与成果分析。各因素的最高与最低水平以及各水平之间的差别应恰当选定，以利于探求试验成果的规律。三是应结合以往进行的试验和以后可能的发展，保持试验成果的连续性和系列性。四是对研究规律或探求各因素之间定量关系的试验，可安排恶劣状态或受害水平的处理。

在多因素试验的条件下，对于只有 2~3 个因素，且各因素只有 2~3 个水平的试验，宜采用全面试验法安排处理；因素数目或水平数目超过 3 个的试验，宜采用部分试验法（如正交试验法等）安排处理。除多点的大田示范性试验外，灌溉田间试验都必须设置重复试区。小区试验不得少于 3 次重复，中间示范性试验不得少于 2 次重复。

（三）试验资料的整理与分析

各种观测资料都必须进行整理，而后再进行分析。对比试验的成果必须进行差异显著性检验。试验的观测记录必须由观测者签名；整理、分析、汇编的成果必须相应由整理者、分析计算者、汇编者以及项目负责人签名。在试验资料的整理分析过程中，应注意总结观测试验工作的经验，发现问题，改进工作，提高试验水平。

1. 资料的整理

每项试验的原始资料应分科目进行整理。科目可参考以下方式划分，即试验的基本情况，农田水分及灌排情况，土壤理化性状，作物生长发育状况、生理状况、考种测产，气象及农田小气候等。长时期定期连续观测的资料，如农田水分状况、作物需水量、气象与农田小气候资料等，应按日历法（年、月、旬）进行统计整理，并按试验要求划分的阶段（如作物生育阶段或等分法划分的时段等）进行统计。

经过整理的资料，应分项列成表格或绘成图表。一种因素的系列数值应计算出平均值、标准差及变异系数。

2. 资料的分析

对于田间对比试验的结果，必须进行显著性检验，针对不同条件，可分别采用以下检验方法：只有 2 个处理，用 t 检验法或方差分析法（F 检验法）；3 个及 3 个以上处理，用方差分析法，并用最小显著差数法或最小显著极差法进行多重比较。

采用相关分析或回归分析法分析资料以探求经验公式时，应对求得的公式进行显著性检验，并确定其适用范围。

3. 资料的汇编

在一个试验站内，对连续多年观测试验的项目，在积累 5~10 年的观测资料后，应进行多年资料的整理汇编，以后每增加 5~10 年的资料，应再重新整理汇编一次。

为了保证汇编成果的质量，在汇编时，必须对各站、各年的整编资料再进行一次复查。汇编工作的技术负责人应对汇编成果的质量承担责任。汇编成果应及时刊印，刊布成果中必须写明取用资料的站名、年份、参加汇编的工作人员和技术负责人。

二、地下水动态监测

地下水动态监测是合理开发、利用地下水资源的基础工作。地下水动态监测主要是对观测井的水位、水温等长期定时的观测，以便掌握规律，查明资源，合理开采，科学调节和管理。

所谓地下水动态长期监测工作，是指根据当地的水文地质条件和对地下水动态的分析研究的要求，建立地下水长期监测站网，进行定期监测地下水运动要素。

（一）地下水动态长期监测的基本任务

地下水动态长期监测工作的基本任务应根据不同水文地质单元区的地下水埋藏分布和运动特征，以及不同开发利用的目的予以确定。归纳起来大概有以下五个方面：

（1）系统而准确地对灌区监测网中各监测井孔进行水位、水量、水温和水质的监测、记载与取样化验等工作。

（2）通过多年监测和分析，查明影响灌区地下水补给项（如降水入渗、地表水入渗、灌溉回归补给和地下水侧向补给等）和消耗项（如地下水的侧向排出、泉水溢出、潜水蒸发和人工开采等），以便对地下水实行调整和采取控制措施。

（3）根据地下水的动态资料，选择合理的参数计算方法，研究地下水资源计算与评价的方法，为合理开发地下水资源提供准确可靠的基础资料。

（4）依据地下水情，研究井灌建设的合理布局及水泵安装和运行管理的合理方案。另外，要研究在水情恶化条件下的地下水人工补给的适宜方式和工程措施。

（5）加强水质监测，了解地下水污染和盐化情况。以便制订出适宜的防治方案以防其继续恶化和蔓延。

（二）地下水动态长期监测应包括的内容

（1）水位监测：地下水位受到自然因素与人为因素的影响。它是掌握井灌区地下水动态变化趋势、进行人工控制地下水运动的最基本资料，目前多采取5 d或10 d监测一次。

（2）开采量统计：在开采状态下，所提取的水量是引起水位下降的主要因素。在运用数理统计法和非稳定流井群叠加法求取水文地质参数、进行资源计算时，开采量是必不可少的资料。为此，要求定期进行水量监测，统计开采时数并绘制开采量统计表。

（3）水质监测：为了监测地下水的水质变化或监视水质污染情况，一般要开展水质监测。在通常情况下，是在每年的最高水位期和最低水位期进行监测。水质污染情况监测要求监测取样要密，目前是每月应取样化验一次。

（三）地下水动态长期监测资料整理应包括的内容

（1）对地下水动态及其各种影响因素的经常性监测资料以及野外和室内的试验成果，均必须按照规定定期进行整理，其中包括日常整理、月整理、年终整理。编写年终报告时，应进行系统分析，写出报告并附有各种动态图件。

（2）在资料的日常整理中，最重要的是地下水位、开采量、水质和水温等确切数字的记载。每个月均应计算出平均值、最大值、最小值以及变化幅度，并编绘出综合图表。综合图表的内容应根据监测资料来确定。一般应包括监测点结构、水位、流量、水温及水化学成分的变化曲线图，还应定期按季按年整理出动态资料，并相应地编绘出年枯水期的地下水位等值线图、埋深图、矿化度图和水化学类型图等。

（3）对区域的水文、气象、地质和水文地质以及人为因素等资料也要进行整理，并以图表形式表示，也可将与其密切相关的监测点结合起来绘制成各种图件。

掌握了大量资料后，我们就能够较好地解决地下含水层的参数计算，以及地下水资源计算与评价问题。

在我国地下水严重超采、水质不断恶化的情况下，在某些重点区域或地段必须开展对地下水动态的专门性研究。引入先进的微机监控、传感技术，建立开采区地下水动态和水质变化的自动化监控系统，自动定时监测地下水动态及水质变化情况，确定各开采时空内的地下水开采警戒水位线，为领导部门的决策和适时、适量地控制地下水开采提供科学依据。

三、土壤墒情监测

土壤墒情是农田耕层土壤含水量的俗称。墒情监测即直接监测农作物当前土壤水分的供给状况。由于耕层土壤含水量直接关系到作物的生长与收获，因此土壤墒情监测是农田用水管理的一项基础工作，我国绝大多数灌溉试验站和气象台站一般均将其列为常规的重要监测项目。

（一）田间土壤墒情的监测方法

田间土壤墒情的监测方法大约有 20 余种，但这些方法归纳起来不外乎以下两大类，即直接测定法和间接测定法。

1. 直接测定法

直接测定法是通过用土钻分层取样，并利用各种干燥技术从土样中移去水分，从而计算确定土壤含水量的一种方法，其计算所用公式如下：

土壤含水量 ＝｛［（盒重＋湿土重）－（盒重＋干土重）］／［（盒重＋干土重）－ 盒重］｝×100%

计算所得结果为重量含水量。直接测定法按照移去水分的方式不同又可分为标准烘干法、酒精燃烧法、微波干燥法、真空法、干燥剂法和碳酸钙法等几种。其中的标准烘干法只是在取样并称（盒重＋湿土重）后，将其放入 105 ℃烘箱中，烘干 8 h 至恒重，取出并称（盒重＋干土重）后便可计算土壤含水量，所需设备简单，方法易行，并有较高的精度，故常作为评价其他各种方法的标准。然而，对于要长期监测土壤水分的场所来说，标准烘干法不仅测定时间长、自动化程度低、劳动强度大，而且对试验环境条件有很大的破坏。

2. 间接测定法

间接测定法是通过对土壤的某些物理与化学特性的测定来确定土壤含水量的一种方法，其特点是不需采取土样，因而不扰动土壤，且可以定点连续监测土壤含水量的变化，便于进行与土壤水分动态有关的各种研究。间接测定法有十几种，其中最常见的有张力计测定法、中子法和时域反射仪法三种。

1）张力计测定法

张力计测定法是先用负压计测定土壤水分的能量，然后通过土壤水分的特征曲线间接求出土壤含水量的一种方法。负压计由陶土头、连通管和压力计三部分组成。压力计可采用机械式真空表、压力传感器、水银或水的 U 形管压力计等。陶土头安装在被测土壤中之后，负压计中的水分通过陶土头与周围土壤水分达到平衡，这样就可以通过负压计将土壤水分的势能显示出来。此法的优点是负压计系统易于设计、制造、安装和维修，价格便宜，且能及时测定饱和或非饱和情况下的土壤势能，对土壤扰动较小，并能定点长期监测水分状况；缺点是事先必须精确测定土壤水分特征曲线，压力计的最大读数低，存在滞后现象，另外土壤与张力计间的良好接触不易保证，操作不慎时易损坏仪器，需经常作校正。

2）中子法

中子法是通过测定土壤中氢原子的数量而间接求得土壤含水量。中子法所用仪器为中子水分测定仪，仪器主要由快中子源、慢中子探测器和读数控制系统三部分组成。该法的优点是土壤扰动小，能长期定点监测不同深度上的土壤水分变化，且直接显示土壤含水量，测定快速、方便，测量水分的范围较宽，不受滞后影响，并能与室内计算机连接，自动化程度较高。缺点是中子水分测定仪具有一定的放射性危害；测定结果与土壤中许多物理化学特性有关；对深度的分辨不太准确，接近地表及在地表的观测精度差，此外，仪器的价格比较昂贵。

3）时域反射仪法

时域反射仪法是20世纪80年代以后发展起来的一种新的测墒技术，又称为介电常数法，它是通过测定土壤－水介质的介电常数，从而间接求出土壤含水量的一种方法。时域反射仪测定土壤含水量主要依赖于测试电缆。在测试土壤水分时，时域反射仪通过与土壤中平行电极连接的电缆，传播高频电磁波，信号从波导棒的末端反射到电缆测试器，从而在导波器上显示出信号的往返时间。只要知道传输线和波导棒的长度，就能计算出信号在土壤中的传播速度。介电常数与传播速度成反比，而与土壤含水量成正比。此法的优点是不需标定，不受土壤的结构和质地的影响，可直接读出土壤的体积含水量，且精度较高；土壤盐分对测定精度的影响较小，可在土壤剖面上各点（包括地表附近）长期监测；数据收集的自动化程度高。缺点是仪器及探头价格昂贵。

（二）田间土壤墒情监测的合理取样点数

尽管用直接测定法和间接测定法都可监测土壤含水量的变化，但前者取样后因留下孔洞不能在原位复原，实质上不是原位监测，用前后两次取样测定结果计算农田腾发量时，必须考虑样本变异因素的影响。间接测定法在原位监测，前后两次测定的差值可视为同一样本的含水量变化。即使如此，就一块田地来说，一个监测点的测定结果也不足以代表这块田地的土壤墒情，因为它只是这块田地"总体"中的一个随机样本，而对其总体来说，则须用一定数量的样本统计值来描述。因此，在监测土壤含水量时，需首先考察地块的湿度分布状况，以便采用相应的方法来描述其总体特征，并估计不同的取样数目下可能达到的测定精度，然后根据可行条件确定合理的取样数目；同时，如果其湿度分布是与结构有关的话，还应根据其结构特征确定取样或监测点的合理位置。

合理取样点数的确定，一般是先将监测地块按一定的尺寸划分成网格，并在其节点上取样，测定其土壤含水量；其次，将每个点各层土样测定结果的平均值并排列于常规概率纸上检验，确定其统计分布特征，并计算特征值；再次，利用地质统计学原理进行半方差函数分析，检验其是否各向异性及参数分布是否有空间结构；最后，根据变异系数（C_v）数值的大小，给出置信水平（P_t）和样本均值对总体期望值估计误差（相对

误差 Δ ），由下式确定合理的取样数目（N）：

$$N = \lambda_{\alpha f}^2 (C_v / \Delta)^2 \tag{8-1}$$

式中，$\lambda_{\alpha f}^2$ 为 t 分布特征值，由 $\alpha = 1 - P_t$ 和自由度 $f = N - 1$ 查一般统计学书上的 t 分布表得出。

根据试验，田块不同深度处含水量分布的变异系数（C_v）若为 $0.05 \sim 0.10$，则在田块进行含水量监测时，其监测或取样点的数目可取 $3 \sim 5$，这样可保证其均值的误差小于 10% 的概率为 95%。

（三）田间土壤墒情监测的布点方法

合理取样点数目确定后，如何确定取样点的位置也很重要。田间土壤墒情监测的布点方法很多，有对角线法、之字形法、均匀布点法、随机布点法和混合布点法等，其中均匀布点法最简单，结果也比较可靠。假如取样数目为 N，则可将取样或监测区域划分为面积相近的 N 个单元，在每个单元的中心范围内或有代表性处取样。这种方法特别适用于应用中子水分测定仪、时域反射仪或其他传感器定点监测土壤含水量。其他布点方法可参见有关书籍。

四、灌溉预报

在土壤墒情监测的基础上，预测耕层土壤含水量变化规律，并指出土壤含水量何时接近水分控制下限从而需要进行灌溉的工作，称为灌溉预报。在进行田间土壤墒情预测、指导灌水时，可以以某一深度范围内的土壤含水量为指标，也可用 1 m 土层贮水量作为指标。根据土壤墒情的预测方式不同，农田灌溉预报方法可分为正推法和反推法两种。正推法是通过农田土壤水分预测，得知现在的农田土壤含水量，并依此预报未来的时段内农田土壤水分是否降到作物适宜土壤水分控制下限，然后根据下限可能出现的日期预报灌水日及灌水量。反推法则是根据农田水量平衡方程，在假设某地块土壤水分降至适宜水分下限值时，反推上次灌水日期，而后再根据预报时段的作物耗水量与降水量大小进行比较，以此预报某月某日以前灌水地块现在需要灌水与否。

（一）正推法

1. 经验预测法

经验预测法是根据田间实测资料，用经验拟合方法求得土壤含水量消退的经验公式。公式的一般形式为

$$\theta_t = \theta_0 \cdot e^{-kt} \tag{8-2}$$

式中　θ_0——预测起始日（$t = 0$）的土壤含水量（实测值）；

　　θ_t——第 t 天的土壤含水量预测值；

　　k——经验消退系数。

利用该法预测土壤含水量的消退，其关键是 k 值的确定。k 值与土壤、气候、地下水埋深、作物生育阶段及产量有关。表 8-2 是利用山东临清和河北临西试验站的资料，拟合求得的冬小麦返青至收割期 1 m 土层平均含水量的消退系数 k。

表 8-2 1 m 土层平均含水量消退系数 k

月份	3	4	5
山东临清	0.003 ~ 0.007	0.010 ~ 0.015	0.015 ~ 0.025
河北临西	0.008 ~ 0.012	0.012 ~ 0.020	0.020 ~ 0.030

经验预测法缺乏含水量消退的物理基础,其应用受到经验拟合时所用实测资料的限制。若遇到降水,降水后应实测土壤水分,并将该日作为起始日,再用式(8-2)进行预测。因此,要想连续而又较为准确地进行预测,必须建立具有物理意义的模型。

2. 水量平衡模型预测法

在具有物理意义的数学模型中,水量平衡模型是其中最简单的一种。这种方法的灌溉预报是以农田水量平衡计算为基础,以土壤含水量预报为中心,通过循环计算,确定各日土壤含水量情况,然后判断其是否需要灌溉,并计算灌水量。基本方程为

$$W_t = W_0 + P_e - ET_t + G_t \tag{8-3}$$

式中　W_0——时段初($t=0$)的土壤贮水量,mm;

　　　W_t——第 t 日的土壤贮水量,mm;

　　　P_e——t d 内的有效降雨量,mm;

　　　ET_t——t d 内的作物腾发量,mm;

　　　G_t——t d 内的地下水利用量,mm。

水量平衡模型的关键是 ET_t 和 G_t 的计算。ET_t 可按下式计算:

$$ET_t = \sum_{i=1}^{t} ET_i \tag{8-4}$$

当 $W_{i-1} \geqslant W_k$ 时　　　　　　$ET_i = ET_{mi}$

当 $W_{i-1} < W_k$ 时　　　　　　$\left. ET_i = ET_{mi} \frac{W_{i-1} - W_p}{W_k - W_p} \right\} \tag{8-5}$

式中　W_p——凋萎含水量,mm;

　　　W_k——临界含水量,mm,根据试验确定;

　　　W_{i-1}——第 $i-1$ 日的土壤贮水量,mm;

　　　ET_i——第 i 日的腾发量,mm;

　　　ET_{mi}——第 i 日作物的最大可能腾发量,mm。

时段 t 内的地下水利用量(G_t)主要取决于地下水位埋深和该时段内的腾发量(ET_t),并与给水度有关。其公式为

$$G_t = C \cdot ET_t \tag{8-6}$$

式中　C——潜水蒸发系数,是地下水位埋深的函数,由试验确定。

灌水日期及灌水量的判定标准是与适宜土壤水分上、下限值相对应的土壤最大、最小允许贮水量。即当 $W_t \leqslant W_{min}$ 时,则进行灌水;当 $W_t > W_{max}$ 时,则应进行排水。灌水量 M 为

$$M = W_{max} - W_t \tag{8-7}$$

排水量 D 为

$$D = W_t - W_{max} \tag{8-8}$$

灌水或排水后取 $W_0 = W_{max}$，继续预报，直到作物收割。

3. 土壤水动力学模型预测法

土壤水动力学模型具有较强的物理学基础，不仅可用于水量平衡分析，而且能模拟土壤含水量在剖面上的分布及变化，其方程式、定解条件及解法在有关土壤水动力学书籍中有详细介绍。应用该法进行土壤含水量预测，除需精确测定土壤水分运动参数外，关键是要建立棵间蒸发和作物根系吸水的子模型，且计算相对较为复杂，不易在生产中推广应用，这是它最大的不足之处。

（二）反推法

利用反推法进行农田灌溉预报的基本思路是：先假定某一块农田的土壤水分现在刚好降至适宜土壤水分的下限值（W_{min}），从当日起利用水量平衡模型向后反算求出这一块农田的上次灌水日期（非降雨停止日的 $W_t = W_{max}$），以此确定土壤水分降至下限的田块。水量平衡模型为

$$W_t = W_{min} + ET_t - P_e - G_t \tag{8-9}$$

再根据气象预报，利用作物耗水量公式计算未来时段的作物腾发量（ET），并把 ET 预报值与降水量预报值（R）进行比较，如果 $ET > R$，则应进行灌水；而如果 $ET < R$，则不需灌水。最后若预报判别是 $ET > R$，计算应灌水量，并发出灌溉预报。

虽然反推法所用基本方程仍是水量平衡方程，但与正推法不同的是，反推法在反推阶段使用的是实测资料，避免了正推法中计算腾发量时所用气象预报值和作物生长发育状况预测结果不准的弊端，故其计算结果的精度较高，且比较可靠，而正推法则很难保证后面预报结果的准确性。其次，反推法使灌溉预报与气象预报两者更易密切结合，气象台（站）的观测人员只需假设该日某一地块的土壤水分达到了它的适宜下限值，利用编好的程序和过去观测已知的气象资料及作物生长发育情况，在极短的时间即可得知该地块的上次灌水日期，进而经过简单的判别后，就可在当天发布气象预报的同时一起发布灌溉预报。此外，反推法更适合目前我国农村农田分散经营管理方式下的农田灌溉管理工作，农户或水管员只要记住自家地块或所辖地块的上次灌水日期，通过每天收看或收听气象台（站）发布的气象预报和灌溉预报，便知自家地块或所辖地块是否需要灌水及灌多少水。

第九章　工程概（估）算

节水灌溉工程建设各阶段由于工作深度不同，工程造价文件类型主要有投资估算、设计概算、项目管理预算、标底与报价、完工结算和竣工决算等。节水灌溉工程建设文件中概（估）算是不可缺少的重要部分。

第一节　概（估）算的基本类型及基本方法

一、基本类型

投资估算是项目建议书及可行性研究报告的重要组成部分，本阶段是项目建议书及可行性研究对建设工程造价的预测，应充分考虑各种可能的需要、风险、价格上涨等因素，不留缺口，适当留有余地。

设计概算是在已经批准的可行性研究投资估算静态总投资的控制下进行编制的，是初步设计阶段对建设工程造价的预测，是初步设计文件的重要组成部分。初步设计阶段对建筑物的布置、结构以及主要尺寸等均已确定，所以经批准的设计概算是国家确定和控制工程建设规模、政府有关部门对工程项目造价进行审计和监督、项目法人筹集建设资金和管理工程造价的依据，也是编制建设计划、项目管理预算和标底，考核工程造价和完工结算、决算以及项目法人向银行贷款的依据。概算经批准后，相隔两年及两年以上工程未开工的，工程项目法人应委托设计单位对概算进行重编，并报原审查单位审批。建设项目实施过程中，由于重大设计变更、物价上涨幅度过大、国家政策性重大调整等造成工程投资突破批准概算投资，项目法人可要求编制调整概算，调整概算必须经原审批部门同意。

二、基本方法

目前，通用的编制建筑安装工程造价的基本方法大致有两种，即单价法和实物量法。

（一）单价法

单价法是将各个建安单位工程按工程性质、部位，划分为若干个分部分项工程，其数量分别乘以相应工程单价。工程单价由所需的人工、材料、机械台时的消耗量乘以相应的人、材、机价格，求得相应金额，再按规定加上相应的有关费用和税费后构成。工程单价所需的人、材、机消耗量，按工程的性质、部位和施工方法选取有关定额确定。

（二）实物量法

实物量法是首先把各个建筑物划分为若干个合理的工程项目（如土石方、混凝土等），之后把各工程项目再划分为若干个基本的施工工序（如钻孔、爆破、出渣），确定施工方法和选择最合适的设备，确定施工设备的生产率；根据要求的施工进度确定每个工序的生产强度，据此确定设备与劳动力的组合，接着计算出人、材、机的总数量并分别乘以相应的基础价格，计算出该工程项目的总直接费用，总直接费用除以该工程项目的工程量即得直接费单价，最后根据相关条件计算施工管理费和其他间接费及估算利润、利息等费用。

第二节　工程量的计算

节水灌溉工程根据其建设内容和所起作用分为骨干工程和田间工程。骨干工程包括水源工程、建筑物工程、渠系工程（干、支渠）。田间工程包括渠系工程（斗渠、农渠、毛渠）、建筑物工程、水源及动力工程（井灌）、输水管道及附属设施工程、其他工程。其他工程包括林带、道路、供电线路、土地平整、畦埂、网围栏等项。

节水灌溉模式有：①渠灌类型区节水灌溉模式；②井灌类型区节水灌溉模式；③井渠结合类型区节水灌溉模式；④雨水积蓄利用类型区节水灌溉模式；⑤抗旱灌溉类型区节水灌溉模式。

本章所述的节水灌溉工程的工程量和概（估）算，主要是结合上述田间工程和节水灌溉模式按工程建设内容分别详细叙述各部分工程量的构成及计算方法。

一、工程分项组成

（一）渠系工程

地面灌溉工程的田间渠系工程包括斗渠、农渠、毛渠三级渠道工程。其主要工程量包括挖方、填方和衬砌。衬砌形式主要有：一是浆砌石衬砌渠道；二是混凝土衬砌渠道，包括预制混凝土板衬砌和现浇混凝土 U 形槽衬砌；三是膜料防渗。

（二）建筑物工程

地面灌溉工程田间建筑物包括桥、涵洞、跌水、渡槽、闸等。闸有进水闸、退水闸、节制闸。其工程量主要含土方开挖、土方回填、砂垫层、干砌石、浆砌石、混凝土及钢筋混凝土等项。

（三）水源及动力工程

地下水灌溉的水源工程和动力工程是至关重要的。地下水灌溉的水源工程即为打井工程。根据工程所在地区不同，条件差异很大，井的类型很多，在北方地区有筒井（大口井）、管井及筒管井，水源工程即指成井工程，动力配套工程即指井的机、泵、管带及电力配套。有条件的地方以电力作为动力，特别偏远地区、电力不配套以柴油发电机作为动力。

电力配套工程是指为井灌区机电井配套的高低压输电线路、变压器，包括 10 kV 及以下的输电线路和 35 kV、2 A 以下的变电站。其主要工程量为输变电工程的材料、设备、架设、安装。

地表水灌溉，若采用喷灌则需设计加压泵站，将地表水从渠内提起，加压以满足喷灌的压力要求。

（四）输水管道及附属设施工程

管道输水灌溉由于是有压供水，可适应各种地形，使原来土渠难以达到灌溉的耕地实现灌溉，根据地形、水源、气象、种植结构等因素确定管道输水灌溉的方式。

管道输水灌溉类型包括喷灌（固定式、半固定式、移动式）、低压管道输水灌溉和微灌（滴灌、微喷灌、涌泉灌）等。

（五）其他工程

1. 林带

林带指田间工程中，在田块周围、农田道路两旁栽种的农田防护林。要根据土地条件和水利条件，因地制宜、因害设防、适地种树。农田防护林要林、渠、路相结合，林随渠路走，主林带走向尽量与主害风向垂直，坡耕地主林带应沿等高线设置，配置成小网格，窄林带。其工程量包括苗木的数量和栽植的土方量。

2. 道路

田间道路一般包括机耕路和田间路。按要求平原地区道路应通直，丘陵区也尽量通直。机耕路面平整且路面铺设砂石料便于农业机械进入田间作业。其主要工程量为土方的挖、填、压实、平整、人工整修边坡，砂石料的铺设，碾压等。

3. 土地平整、畦埂

田间节水工程对田块的平整、畦埂的整齐要求非常高，故土地平整、畦埂修筑是田间工程不可缺少的内容，其主要工程量是机械、人工推土方修整、畦埂修筑等。

4. 网围栏

根据草原的实际情况，牧区草场节水灌溉和青贮饲料基地节水灌溉，基本不种树、不留田间路。但为管理牲畜，在节水灌区田块周围必须修建网围栏。其主要工程量为预制混凝土杆和铁丝。

二、工程量的确定

工程量是编制概算的基本要素之一。工程量计算的准确性是衡量设计概（估）算质量好坏的重要标准之一。如果工程量不按有关规定计算，则编制出的概算也就不正确。因此，预算编制人员除应具有本专业的知识外，还应具有一定程度的水工、施工、机电等专业知识，掌握工程量计算的基本要求、计算方法、计算规则。按照概算有关规定，正确计算各类工程量。编制概算时预算人员应查阅主要设计图纸和设计说明，对设计中各专业提供的工程量，凡不符合概算编制有关规定的应及时提出修正，切忌不加分析照抄搬用。

（一）节水灌溉工程量分类

节水灌溉工程量按性质可以划分为以下几类。

1. 设计工程量

设计工程量由图纸工程量和设计阶段扩大工程量组成。

1）图纸工程量

图纸工程量指按设计图纸计算出的工程量。对于各种水工建筑物，也就是按其设计的几何轮廓尺寸计算出的工程量，渠系工程根据横断图、纵断图计算挖填土方量。

2）设计阶段扩大工程量

设计阶段扩大工程量指由于可行性研究阶段和初步设计阶段勘测、设计工作的深度有限，有一定的误差，为留有一定的余地而设置的工程量。

2. 施工超挖工程量

为保证建筑物的安全，施工开挖一般不允许欠挖，以保证建筑物的设计尺寸。而在施工当中超挖现象不可避免应予考虑。影响施工超挖工程量大小的因素主要有施工方法、施工技术、管理水平以及地质条件等。

3. 施工超填工程量

施工超填工程量是指由于施工超挖量、施工附加量相应增加的回填工程量。

4. 施工损失量

（1）体积变化损失量。如土石方填筑工程中的施工期沉陷而增加的工程量，混凝土体积收缩而增加的工程量等。

（2）运输及操作损耗量。如混凝土、土石方在运输、操作过程中的损耗，输水管设备在安装过程中的损坏等。

（3）其他损耗量。如土石方填筑工程阶梯形施工后，按设计边坡要求的削坡损失工程量、接缝削坡损失工程量等。

（二）各类工程量在概算中的处理

上述各类工程量在编制概算时，应按《水利水电工程设计工程量计算规定》（SL 238—2005）、部颁现行概预算定额、项目划分等有关规定，结合当地类似工程的实践经验正确处理。

1. 设计工程量

设计工程量就是编制概（估）算的工程量。图纸工程量乘以设计阶段系数，即设计工程量。可行性研究、初步设计阶段的系数应参照《水利水电工程设计工程量计算规定》（SL 238—2005）中水利水电工程设计工程量阶段系数表的数值，见表9-1。

实施方案阶段计算工程造价，其设计阶段系数为1.00，即设计工程量就是图纸工程量，不再保留设计阶段扩大工程量。

2. 施工超挖量、施工超填量

部颁《水利工程设计概（估）算编制规定》（水总［2002］116号）已按现行施工规范计入合理的超挖量、超填量，故采用概算定额编制概（估）算时，工程量不应计入这两项工程量。

部颁现行预算定额中均未计入这两项工程量，故采用预算定额编制概（估）算时，应将这两项合理的工程量采用相应的超挖、超填预算定额摊入定额中，而不是简单地乘以这两项工程量的扩大系数。

3. 施工损失量

部颁现行概、预算定额中均已计入了场内操作运输损耗量。有关这方面的详细规定，概、预算定额的总说明及章、节说明中均有交代。

表 9-1　设计工程量计算阶段系数

种类	设计阶段	钢筋混凝土	工程量（万 m³）									钢筋	钢材	灌浆
			混凝土			土石方开挖			土石方填筑					
			>300	100~300	<100	>500	200~500	<200	>500	200~500	<200			
永久水工建筑物	可行性研究	1.05	1.03	1.05	1.10	1.03	1.05	1.10	1.03	1.05	1.10	1.05	1.05	1.15
	初步设计	1.03	1.01	1.03	1.05	1.01	1.03	1.05	1.03	1.03	1.05	1.03	1.03	1.10
施工临时建筑物	可行性研究	1.10	1.05	1.10	1.15	1.05	1.10	1.15	1.05	1.10	1.15	1.10	1.10	
	初步设计	1.05	1.03	1.05	1.10	1.03	1.05	1.10	1.03	1.05	1.10	1.05	1.05	
金属结构	可行性研究												1.15	
	初步设计												1.10	

第三节　项目设计编制程序

一、基本建设设计程序介绍

基本建设的特点是投资多、建设周期长，涉及的专业和部门多，工作环节错综复杂。为了保证工程建设的顺利进行，达到预期的目的，在基本建设的实践中，逐渐总结出一套大家共同遵守的工作顺序，这就是基本建设程序。基本建设程序是基本建设全过程中各项工作的先后顺序和工作内容及要求。

现行的基本建设程序可分为项目建议书阶段、可行性研究阶段、初步设计阶段、开工准备阶段、施工阶段、生产准备阶段、竣工投产阶段、后评估阶段等八个阶段。鉴于水利水电基本建设较其他部门的基本建设有一定的特殊性，工程失事后危害性也比较大，因此水利水电基本建设程序较其他部门更为严格，应以 1998 年 1 月 7 日水利部发布的《水利工程建设程序管理暂行规定》为依据。现以水利系统为例，简介基本建设的设计程序。

（一）流域（或区域）规划阶段

流域（或区域）规划就是根据流域（或区域）的水资源条件和防洪状况以及国家长远计划对该地区水利水电建设发展的要求，提出该流域（或区域）水资源的梯级开发和综合利用的方案及消除水害的方案。因此，进行流域（或区域）规划必须对流域（或区域）的自然地理、经济状况等进行全面系统的调查研究，初步确定流域（或区域）内可能的工程位置和工程规模，并进行多方案的分析比较，选定合理的建设方案，并推荐近期建设的工程项目。

（二）项目建议书阶段

项目建议书是在流域（或区域）规划的基础上，由主管部门（或投资者）对准备建设的项目作出大体轮廓性设想和建议，为确定拟建项目是否有必要建设、是否具备建设的基本条件、是否值得投入资金和人力、是否需要再作进一步的研究论证工作提供依据。

（三）可行性研究阶段

可行性研究阶段的工作主要是对项目在技术上和经济上是否可行进行综合的、科学的分析和论证。可行性研究应对项目在技术上是否先进、适用、可靠，在经济上是否合理可行，在财务上是否盈利作出多方案比较，提出评价意见，推荐最佳方案。可行性研究报告是建设项目立项决策的依据，也是项目办理资金筹措、签订合作协议、进行初步设计等工作的依据和基础。

（四）设计阶段

设计工作是分阶段进行的，一般采用两阶段进行，即初步设计与施工图设计。对于某些大型工程和重要的中型工程一般要采用三阶段设计，即初步设计、技术设计及施工图设计。

（1）初步设计：是解决建设项目的技术可靠性和经济合理性问题。因此，初步设计具有一定程度的规划性质，是建设项目的"纲要"设计。

（2）技术设计：是根据初步设计和更详细的调查研究资料编制的，进一步解决初步设计中的重大技术问题，如工艺流程、建筑结构、设备选型及数量的确定等，以使建设项目的设计更具体、更完善，技术经济指标更好。

（3）施工图设计：是在初步设计和技术设计的基础上，根据建筑安装工作的需要，针对各项工程的具体施工，绘制施工详图。

二、项目建设设计程序

农田节水灌溉工程与大中型水利水电工程相比有很多不同，确切地讲，从建设内容、工艺流程、工程特点，以及工程建成后最终的目的和作用等方面相对来说都要简单得多，根据多年节水灌溉工程设计经验分析该类工程本身的特点，其设计程序如下。

（一）规划、项目建议书及可行性研究

农田节水灌溉工程由于工程本身的建设特点，加之其中许多工程是对已有工程的改建、扩建，已有一定的工程基础和设计基础，同时除个别大中型节水灌区属于国家基建项目，走基建程序外，绝大多数节水项目特别是田间节水灌溉项目的建设内容较单一，工程规模较小，工程投资不是很大，加之建设周期短，因此有一些地区或项目把规划、项目建议书、可行性研究三个设计阶段并为一个设计阶段，即可行性研究。这一阶段要将工程建设的必要性、是否具备建设的基本条件、工程位置、工程的规模论述清楚，进行方案的比较分析、推选出合理的建设方案，并将该项目在技术上是否先进、合理、可行适用，经济上是否合理可行等，作深入全面的论证，完成了三个阶段的设计任务，为项目的建设立项提供可靠的依据，同时为下一步的初步设计工作奠定了基础。

（二）初步设计及实施方案

节水灌溉工程初步设计提出设计报告、初设概算、经济评价三项内容。其主要包括：灌区的范围、工程的总体规划布置、工程规模、渠道的初步定线、断面设计和土石方量的估算，主要建筑物的位置、结构形式和尺寸，主要工程的施工方法，水利工程的管理机构和形式，还应包括各种建筑材料的用量、设备选型及用量、主要技术经济指标、建设工期、资金来源。

技施设计有些地方也叫实施方案，是根据初步设计和更详细的调查研究资料编制的，解决重大技术问题，如建筑结构、设备造型及数量的确定，针对各项工程的具体施工绘制施工详图。

有一些建设规模及投资规模较小的新建工程或现有灌区改、扩建工程将初步设计和施工图设计合二为一，即完成项目的实施方案。

三、投资编制

节水灌溉工程建设过程各阶段由于工作深度不同，要求不同，故各阶段工程造价计算类型也不相同。要根据不同设计阶段的具体内容和有关定额、指标分阶段由设计单位进行编制，现行的工程造价计算类型主要有以下几种。

（一）投资估算

投资估算是在项目建议书阶段、可行性研究阶段对建设工程造价的预测，应充分考虑各种可能的需要、风险、价格上涨等因素，要打足投资，不留缺口，适当留有余地。它是设计文件的重要组成部分，是编制基本建设计划，实行工程建设投资大包干、控制其中建设拨款、贷款的依据；也是考核设计方案和建设成本是否合理的依据。这是可行性研究报告的重要组成部分，是业主为选定近期开发项目、作出科学决策和进行初步设计的重要依据。投资估算是工程造价全过程管理的"龙头"，抓好这个"龙头"有十分重要的意义。它主要是根据估算指标、概算指标或类似工程的预（决）算资料进行编制。

投资估算是建设单位向国家或主管部门申请建设投资时，为确定建设投资总额而编制的技术经济文件，它是国家或主管部门确定建设投资计划的重要文件。投资估算控制初设概算，它是工程投资的最高限额。

（二）设计概算

初步设计概算是初步设计阶段对建设工程造价的预测，它是设计单位为确定拟建建设项目所需的投资额或费用而编制的工程造价文件，是初步设计文件的重要组成部分。初设概算在已经批准的可行性研究阶段投资估算静态总投资的控制下进行编制。

由于初步设计阶段对渠系、建筑物的布置、结构形式、主要尺寸以及机电设备的型号和规格等均已确定，所以概算对建设工程造价不是一般的测算，而是带有定位性质的测算。因此，初设概算经批准以后，是建设项目成本管理、成本控制的依据，当然它也是确定和控制建设投资、编制建设计划、编制利用外资概算和业主预算、编制工程标底、实行建设项目包干、考核工程造价和验核工程合理性，以及建设单位向银行贷款的依据。

由于节水灌溉工程建设期比较短，初设概算编制采用的价格水平与工程开工时间相隔较短，几乎在同一年份，这种价格变化不大的情况下，初设概算不必调整。若工程开工时间与设计概算所采用的价格水平不在同一年份或相隔较长，差异较大，按规定由设计单位根据开工年的价格水平和有关政策重新编制设计概算，这时编制的概算一般称为调整概算。调整概算仅仅是在价格水平和有关政策方面进行调整，工程规模及工程量与初步设计均保持不变。

另一种情况即工程开工后，由于设计有重大修改、遇有不可抗拒的重大自然灾害、国家有较大的政策性调整、物价有较大幅度的上涨等造成投资大幅度突破原概算时，业主应修改原概算，并按初设概算审批程序报批。对修改后概算的文件名称，可称调整概算，也可称修改概算。

（三）施工图预算

节水灌溉工程实施方案编制阶段的工程造价实际上就是水利水电工程基本建设项目的施工图预算。

施工图预算是在施工图（实施方案）设计阶段对工程造价的计算；是根据施工图纸、施工组织设计、国家颁布的预算定额和工程量计算规则、地区材料预算价格、施工管理费用标准、企业利润率、税金等，计算每项工程所需人力、物力和投资额的文件。它应在已批准的初步设计概算控制下进行编制。它是施工前组织物资、机具、劳动力，编制施工计划，统计完成工作量，办理工程价款结算，实行经济核算，考核工程成本，实行建筑工程包干和建设银行拨（贷）工程款的依据。它是施工图（实施方案）设计的组成部分，由设计单位负责编制。它的主要作用是确定单位工程项目造价，是考核施工图设计经济合理性的依据。一般建筑工程以施工图预算作为编制施工招标标底的依据。

一般较大型或新建节水灌溉工程的工程造价进行三个设计阶段的编制，即可行性研究投资估算、初步设计概算和实施方案预算。对于中、小型或改扩建节水灌溉工程，由于投资规模和现有工程基础等因素，其工程造价只进行两个设计阶段的编制。

第四节　概算编制原则和依据

水利工程初步设计概算是确定工程造价的文件，经主管部门审查批准的概算是一个具有约束投资的文件。概算的编制是一项政策性、技术性都很强的工作，是在设计的特定条件下，对施工条件和技术措施在经济上的综合反映，因此编制概算必须坚持科学、公正原则，对施工现场深入调研，掌握充分可靠的依据；是在初步设计阶段，根据国家现行技术经济政策、设计文件，以及工程所在地建设条件和资金来源编制的以货币形式表现的基本建设项目投资额的技术经济文件；是初步设计文件的重要组成部分。设计概算反映了为进行工程建设所必需的社会必要劳动量，是该工程建设技术水平和管理水平的综合体现。概算的编制是一项政策性很强的工作，应在编制前拟定编制原则和依据，并报经上级主管部门审定批准，以保证概算的编制符合现行政策的要求。

一、编制原则

（1）概算编制应涵盖节水灌溉工程的全部内容，编制概算前需根据工程性质、规模、资金来源以及隶属关系，确定概算按哪个主管部门的规定和该规定中的哪一工程类别进行编制。通常来说，中央直属和参与投资的大型水利工程应执行水利部颁发的规定及定额，地方水利工程执行地方规定及定额。

（2）概算编制应符合国家现行有关标准的规定，同时应在熟悉设计内容和施工组织设计、深入现场调查研究、充分掌握第一手资料的基础上进行；应密切结合工程实际，认真计算各项工程和费用。编制过程中要坚持原则，实事求是，合理准确地编好概算。

（3）概算编制应体现节水灌溉工程的特点，同时应考虑节水灌溉技术的发展，其中应有重点地做好主要材料、设备价格及主要工程单价的编制工作，以确保概算的基本质量。

二、编制依据

概算的编制是一项政策性、技术性都很强的工作，是特定条件下的施工条件和技术措施在经济上的综合反映，必须有充分的依据。

（1）国家和上级主管部门颁布的法令、制度、规程。如《中华人民共和国土地管理法》、《中华人民共和国合同法》、《中华人民共和国税法》、《中华人民共和国海关法》、《中华人民共和国水土保持法》、《中华人民共和国环境保护法》、《中华人民共和国文物保护法》及有关法规。

（2）国家和地方各级主管部门颁布的与节水灌溉工程相关的初步设计概算编制规定、办法、细则。根据这些文件要求，确定编制方法、划分项目、选用定额。

（3）水利工程设计概（估）算费用构成及计算标准。是概算编制决定价格、费率的依据。

（4）现行水利工程概算定额和有关专业部门颁发的定额。是编制概算的基础，它决定了拟建工程产品所需要消耗的人工、材料和机械的数量。

（5）水利工程设计工程量计算规定。是用以确定工程量计算的基本要求、计算方法、计算规则和相应的阶段系数。

（6）地方颁发的有关规定、标准和定额。是指国家规定必须执行的地方规定。

（7）初步设计文件。包括图纸、设备清单和施工组织设计。设计可以决定建筑产品的用途、规模、结构、标准和建设地点，从而也决定了工程的技术经济特性，因此设计文件是概算编制的重要基础。

（8）有关合同协议。如设计合同、土地征用协议、地下管线改移协议、文物搬迁赔偿协议等。

（9）其他。包括上级主管部门、当地政府及有关部门的意见，移民安置政策、工程建设地区建设规划等。

目前，水利部颁布的主要编制办法和定额有：

（1）《水利工程设计概（估）算编制规定》（水总［2002］116 号）。

（2）《水利建筑工程概算定额》（水利部 2002 年）。

（3）《水利水电设备安装工程概算定额》（水利部 2002 年）。

（4）《水利工程概预算补充定额》（水总［2005］389 号）。

（5）《水利工程概预算补充定额》（掘进机施工隧洞工程）（水总［2007］118 号）。

（6）《水利工程施工机械台时费定额》（水利部 2002 年）。

（7）《水利水电工程环境保护设计概（估）算编制规程》。

（8）《水土保持工程概（估）算编制规定》。

三、概算文件组成

为有效控制工程造价、加强技术经济指标积累和建设数据统计汇总、提高工程建设管理水平，概算文件必须标准、规范。概算文件的编制是根据各级主管部门规定的组成内容、项目划分和计算方法进行的，内容应完整、表式要简明。

初步设计概算包括从项目筹建到竣工验收所需的全部建设费用，概算文件内容由编制说明、设计概算表和概算附件三部分组成。

（一）编制说明

编制说明是概算文件的文字叙述部分，应扼要说明工程概况、主要技术经济指标、编制原则和依据以及应说明的其他问题。编制说明包括以下内容。

1. 工程概况

工程概况是初步设计报告内容的概括介绍，其内容包括所处流域、河系及兴建地点，对外交通条件、施工用水用电、通信条件、主要材料供应情况、工程规模、灌溉面积、工程效益、工程布置形式等。主体建筑工程量一般要按土石方开挖、土石方填筑、混凝土和钢筋制安、输水设备、管材量等分项汇总。主要材料用量一般按水泥、钢材、木材、柴（汽）油等主要材料分项汇总。要说明施工总工期、施工总工日、施工平均人数和高峰人数、资金来源构成和比例等。

2. 概算编制原则和依据

（1）编制概算依据的规程规定、执行的计费标准。

（2）建筑工程、安装工程和机械台班定额依据。

（3）价格水平年。

（4）基础单价计算和选用指标依据。

（5）主要设备价格依据。

（6）费用计算标准及依据。

（7）工程资金筹措方案。

（8）有关的合同或协议。

编制依据是重点部分，应作较为详尽的说明。

3. 主要技术经济指标

（1）河系流域、建设地点、建设单位和设计单位。

（2）工程特性：简要说明节水灌溉的模式及特性。

（3）主要工程量：土石方开挖、填筑、混凝土、输水管材设备量等。

（4）主要材料用量：水泥、钢材、木材、汽油、柴油等。

（5）工期与全员人数：施工总工期、施工总工日、施工高峰人数和平均人数。

（6）投资与经济指标：工程静态总投资和总投资。灌溉工程单位亩投资、年价格指数、资金来源和投资比例、融资利率等。

主要技术经济指标应采用文字或表格表述。

4. 应说明的其他问题

主要说明编制中的遗留问题、可能影响今后投资变化的因素，以及对一些问题的看法和处理意见。

（二）设计概算表

1. 总概算表

总概算表是概算文件的总表，它综合反映出拟建工程的建安工程费、设备购置费、独立费用、预备费、建设期融资利息、静态总投资和总投资。按项目划分填表并列至一级项目，一般以万元为单位，精确到小数点后两位。

2. 分部概算表

（1）建筑工程概算表：按项目划分列至三级项目。

（2）机电设备及安装工程概算表：按项目划分列至三级项目，并列明设备规格型号。

（3）金属结构设备及安装工程概算表：同机电设备。

（4）施工临时工程概算表：同建筑工程。

（5）独立费用概算表：按项目划分列至二级项目，个别项目列至三级项目。

3. 分年度投资表及资金流量表

（1）分年度投资表：分年度投资是按照施工组织设计确定的施工进度和合理工期来计算各年度完成的投资额，分年度投资表可视不同情况按项目划分列至一级或二级项目。

（2）资金流量表：该表的编制以分年度投资表为依据，按建筑安装工程、永久设备和独立费用三种类型分别计算，可视不同情况按项目划分列至一级或二级项目。

4. 概算各类汇总表

为便于校核和审查，便于对比分析，概算正文需编制各类汇总表。

（1）单价汇总表：包括建筑工程单价汇总表、安装工程单价汇总表。

（2）基础价格汇总表：包括材料预算价格汇总表、施工机械台时费汇总表。

（3）其他汇总表：包括主要工程量汇总表，主要材料用量、工日数量汇总表，建设及施工场地征用数量汇总表。

（三）概算附件

附件是概算文件的重要组成部分，内容繁杂、篇幅较多，一般独立成册。附件各项基础价格及费用计算的准确程度直接影响总投资的准确和编制质量，是审查概算的切入点。

附件主要包括以下内容。

1. 基础价格计算书（表）

基础价格计算书（表）是编制工程单价的基础价格，主要有：

（1）人工预算单价计算书。

（2）主要材料运输费及预算价格计算表。

（3）施工用电、水、风价格计算书。

（4）补充机械台时费计算书。

（5）砂石料单价计算书。

（6）混凝土材料单价计算表。

2. 工程单价计算表

工程单价计算表是编制建筑及安装工程概算的基础，是附件的主要组成部分，它包括：

（1）建筑工程单价计算表。

（2）安装工程单价计算表。

3. 其他计算书（表）

其他计算书（表）有的是编制概算过程中需要按照现行规定计算确定的费用，如：

（1）主要设备运杂费计算书。

（2）临时房屋建筑工程投资计算书。

（3）各项独立费用计算书。

（4）价差预备费计算表。

（5）建设期融资利息计算书。

（6）其他需要增设的计算书（表）。

此外，还有有关文件、询价资料及其他。

四、概算文件的编制程序

（一）了解工程概况、确定编制依据

（1）向各有关专业了解工程概况。了解有关工程规划、地质勘测、工程布置、主要建筑物结构形式及技术数据、施工总布置、施工方法、总进度、主要机电设备技术数据和报价等。

（2）确定编制依据。①确定技术标准。即设计概算所依据的定额和编制办法及费用标准。②确定基础价格的计算条件和参数。明确人工预算单价的工资区类别、标准工资，明确主要设备和主要材料来源地、原价及运输方式等，以及供风、供水、供电方式和计价依据。③明确主要工作内容。

（二）广泛调查研究、收集有关资料

（1）现场查勘，掌握工程实地现场情况，尤其是与编制概算所需的各种现场条件。

（2）调查收集工程所在地社会经济、交通运输等有关条件与规定。

（3）收集工程主要材料及设备价格等基础资料。

（4）熟悉工程设计及施工组织设计，特别要熟悉工程中采用的新技术、新工艺、新材料。

（三）编写概算编制大纲

（1）确定编制依据、定额和计费标准。

（2）列出人工、主材等基础单价或计算条件。

（3）明确主要设备的价格依据。

（4）确定有关费用的取费标准和费率。

（5）列出本工程概算编制的难点、重点及其对策以及其他应说明的问题。

（四）分析计算单价、确定指标费用

（1）基础价格计算：是计算建安工程单价的依据，包括人工预算单价、材料预算价格、电水风价格、砂石料单价和施工机械台时费等。

基础价格按照工程所在地现场条件和编制年的价格水平，并根据施工组织设计和现行的规程规定进行编制。切忌生搬硬套定额，与施工组织设计脱节的做法。

（2）建筑、安装工程单价分析计算：在基础价格计算的基础上，根据设计提供的工程项目和施工方法，按照现行定额和费用标准编制。

（3）确定有关指标或费用：对次要的、投资小的、计算繁杂的非主体工程项目，可根据类似工程实例采用经验指标，也可直接估算费用。

（五）编制各部分概算

（1）编制建筑安装工程部分概算。编制国内水利工程概算仍以单价法为主，根据设计提出的工程量、设备清单、建安工程单价汇总表及指标，按现行规定的项目划分依据计算建筑工程、机电设备及安装工程、金属结构设备及安装工程和施工临时工程的投资。

（2）编制机电、电器、输水设备工程部分概算。

（3）编制金属结构工程的概算。

五、投资估算

设计概算和投资估算在组成内容、项目划分和费用构成上是基本一致的，但两者的深度不同，编制方法和计算标准也有所区别。投资估算可根据《水利水电工程可行性研究报告编制规程》的有关规定对概算编制规定中的部分内容进行适当简化或合并，即一般对次要的工程项目可采用简化方法计算投资。另外，两者采用的定额可以不同，工程量计算和预算费计算所留余地的大小也不同。

（一）编制方法及计算标准

1. 基础单价

基础单价编制与概算相同。

2. 建筑、安装工程单价

投资估算主要建筑、安装工程单价编制与初设概算单价编制相同，一般均采用概算定额，但考虑到投资估算工作深度和精度，应乘以10%扩大系数。

3. 分部工程估算编制

（1）建筑工程。主体建筑工程、交通工程、房屋建筑工程基本与概算相同。其他建筑工程可视工程具体情况和规模按主体建筑工程投资的 3%～5% 计算。

（2）机电设备与安装工程、金属结构设备与安装工程、施工临时工程编制方法和计算基本与概算相同。

（3）独立费用、编制方法及计算标准与概算相同。

（二）分年度投资与资金流量

投资估算考虑工作深度仅计算分年度投资而不计算资金流量。

（三）预备费、建设期融资利息、静态总投资、总投资

可行性研究阶段投资估算基本预备费率取 10%～12%，项目建议书阶段基本预备费率取 15%～18%，价差预备费率同初步设计概算。

（四）估算表格

投资估算的表格基本与概算相同。投资估算不得大于初步设计概算的 10%。

六、费用构成

为有效控制工程造价、加强技术经济指标积累和基本建设数据统计汇总、提高工程建设管理水平，概算文件必须标准、规范。概算文件的编制是根据各级主管部门规定的组成内容、项目划分和计算方法进行的，内容应完整、表格形式简明。

（一）节水灌溉工程费用组成

（1）节水灌溉工程费用包括建筑及安装工程费、设备费、独立费用、预备费、建设期融资利息等，也可按建筑工程、机电设备及安装工程、金属结构及安装工程、临时工程、独立费用、预备费等列编。

（2）建筑及安装工程费包括直接工程费（包括临时工程）、间接费、企业利润、税金。

（3）设备费包括设备原价、运杂费、采购及保管费、运输保险费。

（4）独立费用包括建设管理费、生产准备费、科研勘测设计费、其他税费等。

（5）预备费包括基本预备费和价差预备费。

（二）建筑及安装工程费

（1）直接工程费是指建筑安装过程中直接消耗在工程项目上的活劳动和物化劳动，包括直接费、其他直接费、现场经费。

①直接费包括人工费、材料费和施工机械使用费。

人工费指直接从事建筑安装工程施工的生产工人开支的各项费用，主要包括基本工资、辅助工资、工资附加费。

材料费是建筑安装投资的重要部分，尤其是那些用量多、对总投资影响大的主要材料，如钢材、水泥、木材、粉煤灰、油料火工产品、电缆及母线等，一般需编制材料预算价格。材料预算价格一般包括材料原价、包装费、运杂费、采购及保管费、运输保险费。

施工机械使用费包括折旧费、修理及替换设备费、安装拆卸费、机上人工费和动力燃料费。

②其他直接费包括冬雨季施工增加费、夜间施工增加费、特殊地区施工增加费和其他。

③现场经费包括临时设施费和现场管理费。

临时设施费指各种临时设施的建设、维修、拆除、摊销等费用。

现场管理费指现场管理人员的工资、办公费、差旅交通费、固定资产使用费和保险费等。

（2）间接费包括企业管理费、财务费和其他费用。

①企业管理费指施工企业为组织施工生产经营活动所发生的费用。企业管理费包括管理人员工资、差旅交通费、办公费、固定资产折旧费、修理费、工具用具使用费、职工教育经费、劳动保护费、保险费及其他。

②财务费指施工企业为筹集工程项目资金而发生的各项费用。

③其他费用指企业定额测定费及施工企业进退场补贴费。

（3）企业利润指按规定应计入建筑及安装工程费用中的利润。

（4）税金指国家对施工企业承担建筑及安装工程作业收入所征收的营业税、城市维护建设税和教育费附加。

（三）设备费

设备原价按以下方法计算：

（1）国产设备的原价指出厂价。

（2）进口设备的原价包括到岸价、进口征收的税金、手续费、商检费及港口费。

运杂费指设备由厂家或到岸港口运至工地仓库所发生的一切运杂费用，包括运输费、装卸费、包装费及其他杂费。

采购及保管费指建设单位和施工企业在设备的采购、保管过程中发生的各项费用。

运输保险费指设备在运输过程中的保险费用。

（四）独立费用

建设管理费指建设单位建设期间进行管理工作所需的费用，包括项目建设管理费、工程建设监理费等。

生产准备费指水利建设项目的生产、管理单位为准备正常的生产运行或管理发生的费用，包括生产及管理单位提前进厂费、生产职工培训费、管理用具购置费、备品备件购置费、工器具及生产家具购置费。

科研勘测设计费指为工程建设所需的科研、勘测和设计等费用，包括工程科学研究试验费和工程勘测费、设计费。

其他税费指按国家规定应缴纳的与工程建设有关的税费。

第五节　编制方法及计算标准

一、基础单价编制

（一）人工预算单价

人工预算单价是指生产工人在单位时间（工时）的费用。计算方法如下：

人工预算单价（元/工日）＝基本工资＋辅助工资＋工资附加费

基本工资（元/工日）＝基本工资标准（元/月）×地区工资系数×12（月）÷
　　　　　　　　　　年应工作天数×年应工作天数内非工作天数的工资系数

辅助工资按以下方法计算：

辅助工资（元/工日）＝地区津贴＋施工津贴＋夜餐津贴＋节日加班津贴

地区津贴、施工津贴、夜餐津贴及节日加班津贴标准按国家、省（自治区、直辖市）的相关文件规定计取。

工资附加费按以下方法计算：

工资附加费（元/工日）＝（基本工资＋辅助工资）×工资附加费费率

工资附加费费率按国家、省（自治区、直辖市）的相关文件规定计取。

目前，年应工作天数为 250 工日，按工时计算时，日工作时间为 8 工时/工日。

1. 基本工资

根据国家有关规定和水利部水利企业工资制度改革办法，并结合水利工程特点，分别确定了引水工程六类工资区分级工资标准。按国家规定享受生活费补贴的特殊地区，可按有关规定计算，并计入基本工资。

（1）基本工资标准见表 9-2。

表 9-2　基本工资标准（六类工资区）

序号	名称	单位	基本工资（引水工程）
1	工长	元/月	385
2	高级工	元/月	350
3	中级工	元/月	280
4	初级工	元/月	190

（2）地区工资系数：根据劳动部规定，六类以上工资区的工资系数如下：七类工资区，1.026 1；八类工资区，1.052 2；九类工资区，1.078 3；十类工资区，1.104 3；十一类工资区，1.130 4。

2. 辅助工资

辅助工资标准见表 9-3。

表 9-3　辅助工资标准

序号	项目	标准（引水工程）
1	地区津贴	按国家、省（自治区、直辖市）的规定
2	施工津贴	3.5~5.3 元/d
3	夜餐津贴	4.5 元/夜班，3.5 元/中班

注：初级工的施工津贴标准按表中数值的 50% 计取。

3. 工资附加费

工资附加费标准见表 9-4。

表 9-4　工资附加费标准

序号	项目	费率标准（%）	
		工长、高级工	初级工
1	职工福利基金	14	7
2	工会经费	2	1
3	养老保险费	按各省（自治区、直辖市）规定	按各省（自治区、直辖市）规定的 50%
4	医疗保险费	4	2
5	工伤保险费	1.5	1.5
6	职工失业保险基金	2	1
7	住房公积金	按各省（自治区、直辖市）规定	按各省（自治区、直辖市）规定的 50%

注：养老保险费率一般取 20% 以内，住房公积金费率一般取 5% 左右。

（二）材料预算价格计算

（1）主要材料预算价格按以下方法计算：

材料预算价格 =（材料原价 + 包装费 + 运杂费）×（1 + 采购及保管费费率）+
运输保险费

（2）其他材料预算价格：可采用工程所在地地方政府主管部门发布的各种材料预算价格或工地结算价、市场价格、信息价格。

（三）施工用水、风、电预算价格计算

施工用水、风、电价格是编制水利工程概（估）算的主要基础价格，其价格组成大致相同，由基本价、能量损耗摊销费、设施维修摊销费三部分组成。节水灌溉工程（特别是渠系节水灌溉工程）电、水、风的消耗量较大，在编制工程概（估）算时，要根据施工组织设计确定的电、水、风供应方式、布置形式、设备配置情况等资料分别计算其价格。

施工用水价格由基本水价、供水损耗摊销费和供水设施维修摊销费组成。施工用水价格计算关键是各种供水方式的台时总费用及台时总出水量如何确定。

水利工程施工用水包括生产用水和生活用水两部分，因农田节水灌溉工程多处于偏僻地区、远离村庄，一般均自设供水系统。生产用水要符合生产工艺要求，保证工程用水的水压、水质和水量。生活用水要符合卫生条件的要求，一般情况下用同一水源，采用统一系统供水，仅根据水质要求增设净水建筑物，作净化处理，这样比分别设置供水系统经济。

施工用水价格由基本水价、供水损耗和供水设施维修摊销费组成，根据施工组织设计所配置的供水系统设备组（台）时总费用和组（台）时总有效供水量计算。

水价计算公式为

施工用水价格 = ［水泵组（台）时总费用 /（水泵确定容量之和 × 能量利用系数）］ ÷
　　　　　　（1 - 供水损耗率）+ 供水设施维修返销费

能量利用系数取 0.75 ~ 0.85，供水损耗率取 8% ~ 12%，供水设施维修返销费取 0.02 ~ 0.03 元/m³。

注：①施工用水为多级提水并中间有分流时，要逐级计算水价。②施工用水有循环用水时，水价要根据施工组织设计的供水工艺流程计算。

施工用风在水利工程中主要用于施工机械（如风钻、混凝土喷射、风水枪等）所需的压缩空气。压缩空气可由空压机供给。

在节水灌溉工程施工中，施工用风主要是用于混凝土浇筑、基础处理、金属结构、机电设备安装工程等风动机械所需的压缩空气。

施工用风价格由基本风价、供风损耗和供风设施维修摊销费组成，根据施工组织设计所配置的空气压缩机系统设备组（台）时总费用和组（台）时总有效供风量计算。

风价计算公式为

施工用风价格 = ［空气压缩机组（台）时总费用 + 水泵组（台）时总费用］/
　　　　　　（空气压缩机额定容量之和 × 60 分钟 × 能量利用系数）÷
　　　　　　（1 - 供风损耗率）+ 供风设施维修摊销费

空气压缩机系统如采用循环冷却水，不用水泵，则风价计算公式为

施工用风价格 = 空气压缩机组（台）时总费用/（空气压缩机额定容量之和 ×
　　　　　　60 分钟 × 能量利用系数）÷（1 - 供风损耗率）+ 单位循环冷却水
　　　　　　费 + 供风设施维修摊销费

能量利用系数取 0.70 ~ 0.85，供风损耗率取 8% ~ 12%，供风设施维修摊销费取 0.002 ~ 0.003 元/m³。

施工用电价格由基本电价、电能损耗摊销费和供电设施维修摊销费组成。

农田水利工程施工用电一般有两种供电方式，即外购电和自发电。外购电是工程就近的国家或地方电网和其他电厂供电，是工程施工的主要电源，自发电是柴油发电机组供电。

施工用电价格根据施工组织设计确定的供电方式以及不同电源的电量所占比例，按国家或工程所在省（自治区、直辖市）规定的电网电价和规定的加价进行计算。

电价计算公式为

电网供电价格 = 基本电价 ÷（1 - 高压输电线路损耗率）÷

（1 - 35 kV 以下变配电设备及配电线路损耗率）+ 供电设施维修摊
销费（变配电设备除外）

柴油发电机供电价格（自设水泵供冷却水）=［柴油发电机组（台）时总费用 + 水泵组
（台）时总费用］/（柴油发电机额定容
量之和 × 发电机出力系数）÷（1 - 厂用
电率）÷（1 - 变配电设备及配电线路损
耗率）+ 供电设施维修摊销费

柴油发电机供电如采用循环冷却水，不用水泵，电价计算公式为

柴油发电机供电价格 =［柴油发电机组（台）时总费用/（柴油发电机额定容量之和 ×
发电机出力系数）］÷（1 - 厂用电率）÷

（1 - 变配电设备及配电线路损耗率）+ 单位循环冷却水费 +
供电设施维修摊销费

发电机出力系数一般取 0.8 ~ 0.85，厂用电率取 4% ~ 6%，高压输电线路损耗率取
4% ~ 6%，变配电设备及配电线路损耗率取 5% ~ 8%，供电设施维修摊销费取 0.02 ~
0.03 元/（kW·h），单位循环冷却水费取 0.03 ~ 0.05 元/（kW·h）。综合用电价计算：
外购电与自发电的电量比例按施工组织设计研究。有两种或两种以上供电方式的工程，
综合电价按其供电比例加权平均计算。以外购电为主的工程，自发电的电量比例一般不
宜超过 5%。

（四）施工机械使用费

施工机械使用费是指一台施工机械正常工作 1 h 所支出和分摊的各项费用之和。台
时费是计算建筑工程单价中机械使用费的基础价格。现行部颁的施工机械台时费由第
一、第二类费用组成。

1. 第一类费用

第一类费用由折旧费、修理及替换设备费、安装拆卸费组成。施工机械台时费定额
中，一类费用是按定额编制年的物价水平的金额形式表示，编制单价时，应按概（估）
算编制年价格水平进行调整。

2. 第二类费用

第二类费用是指机械正常运转时机上人工及动力、燃料消耗费。在施工机械台时费
定额中，以台时实物消耗量指标表示。编制台时费时，其数量指标一般不允许调整。

本项费用取决于每台时机械的使用情况，只有在机械运转时才发生。

应根据《水利工程施工机械台时费定额》及有关规定计算。对于定额缺项的施工
机械，可补充编制台时费定额。

（五）砂、石料预算价格

砂石料是砂砾料、砂、碎石、砾石、块石、条石等骨料的统称，是节水灌溉工程中
混凝土、反滤层和堆砌石等构筑物的主要建筑材料。

砂石料价格的高低对工程投资有较大的影响，应作为主要基础单价认真编制。

节水灌溉工程的建筑规模、砂石料用量等因素决定不宜自采砂石料，而是从附近砂

石料市场采购。

外购砂石料单价包括原价、运杂费、损耗、采购保管费四项费用，其计算公式为

外购砂石料单价 =（原价 + 运杂费）×（1 + 损耗率）×（1 + 采购保管费率）

原价，指砂石料的购买价。

运杂费，指由砂石料购买地运至工地施工现场的砂石料堆料场所发生的运输费、装卸费等。

损耗包括运输损耗和堆存损耗两部分，运输损耗率与运输工具和运距有关。堆存损耗与堆存次数和堆料场的设施有关。

每转运一次的运输损耗率为砂子 1.5%，石子 1%。

堆存损耗率 = 砂（石）料仓（堆）的容积 ×4%（石子 2%）÷ 通过砂（石）料仓（堆）的总堆存量 ×100%

砂石料采购保管费率均取 3%。

编制设计概算时，进入工程单价的砂石料的预算价格控制在 70 元/m³ 左右，超过部分计取税金后列入相应部分之后。

（六）混凝土及砂浆材料计算

混凝土及砂浆材料单价指拌制每立方米混凝土、砂浆所需要的水泥、砂、石、水、掺合料及外加剂等各种材料的费用之和，即

混凝土材料单价 = Σ（某材料用量 × 某材料预算价）

它不包括拌制、运输、浇筑等工序的人工、材料和机械费用，也不包括搅拌损耗外的施工操作损耗及超填量损耗。

根据设计确定的不同工程部位的混凝土强度等级、级配和龄期，分别计算出每立方米混凝土材料单价，计入相应的混凝土工程概算单价内。其混凝土配合比的各项材料用量应根据工程试验提供的资料计算，若无试验资料，也可参照《水利建筑工程概算定额》附录混凝土材料配合表计算。

二、建筑及安装工程单价编制

工程单价是指以价格形式表示的完成单位工程量（如 1 m³、1 套等）所耗用的全部费用，包括直接工程费、间接费、企业利润和税金等四部分。工程单价分建筑工程单价和安装工程单价两类，是编制水利工程建筑安装工程投资的基础。它直接影响工程总投资的准确程度。

（一）工程单价组成的三要素

建筑安装工程单价由"量、价、费"三要素组成。

量：指完成单位工程量所需的人工、材料和施工机械台时数量。须根据设计图纸及施工组织设计等资料，正确选用定额相应子目的规定量。

价：指人工预算单价、材料预算价格和机械台时费等基础单价。

费：指按规定计入工程单价的其他直接费、现场经费、间接费、企业利润和税金。须按规定的取费标准计算。

（二）建筑工程单价编制

1. 建筑工程单价的编制步骤

（1）了解工程概况，熟悉设计图纸，收集基础资料，确定取费标准。

（2）根据工程特征和施工组织设计确定的施工条件、施工方法及设备配备情况，正确选用定额子目。

（3）根据本工程基础单价和有关费用标准，计算直接工程费、间接费、企业利润和税金。工程单价计算程序如表9-5所示。

表9-5　建筑工程单价计算程序

序号	费用名称	计算方法
1	直接工程费	（1）＋（2）＋（3）
（1）	直接费	1）＋2）＋3）
1）	人工费	∑定额人工工时数×人工预算单价
2）	材料费	∑定额材料用量×材料预算单价
3）	机械使用费	∑定额机械台时用量×机械台时费
（2）	其他直接费	（1）×其他直接费费率
（3）	现场经费	（1）×现场经费费率
2	间接费	1×间接费费率
3	企业利润	（1＋2）×企业利润率
4	税金	（1＋2＋3）×税率
5	工程单价	1＋2＋3＋4

建筑工程单价按以下方法编制：

$$建筑工程单价＝直接工程费＋间接费＋企业利润＋税金$$

直接工程费包括以下内容：

$$直接费＝人工费＋材料费＋施工机械使用费$$

$$其他直接费＝直接费×其他直接费费率$$

$$现场经费＝直接费×现场经费费率$$

$$直接工程费＝直接费＋其他直接费＋现场经费$$

间接费按以下方法计算：

$$间接费＝直接工程费×间接费费率$$

企业利润按以下方法计算：

$$企业利润＝（直接工程费＋间接费）×企业利润率$$

税金按以下方法计算：

$$税金＝（直接工程费＋间接费＋企业利润）×税率$$

2. 建筑工程单价的编制方法

通常使用单位单价分析表的形式进行建筑工程单价的计算。单价分析表是用货币形式表现定额单位产品价格的一种表式。其编制方法如下：

（1）按定额编号、工程名称、单位等分别填入表中相应栏内。其中"名称规格"一栏应详细填写，如混凝土要分强度等级、级配等。

（2）将定额中的人工、材料、机械等消耗量，以及相应的人工预算单价、材料预算价格和机械台时费分别填入表中各栏。

（3）按"消耗量×单价"的方法，计算人工费、材料费和机械使用费，并相加得出直接费。

（4）根据费率标准，计算其他直接费、现场经费、间接费、企业利润、税金等，汇总即得出该工程单价。

编制工程概（估）算时，也可采用较为便捷的综合系数法，即按直接费乘综合系数计算工程单价。

综合系数＝（1＋其他直接费费率＋现场经费费率）×（1＋间接费费率）×（1＋企业利润率）×（1＋税率）

由于水利工程的用途、等级、标准、施工技术及施工方法受地形、地质、气候、建设条件等因素的影响较大，不宜编制统一的地区单价分析表，而只能按每一工程分别编制，以保证概（估）算的编制质量。

3. 使用现行《水利建筑工程概算定额》编制建筑工程概（估）算单价时应注意的问题

（1）必须根据设计确定的有关技术条件（如石方开挖工程的岩石级别、断面尺寸、开挖与出渣方式、开挖与运输设备型号和规格及弃渣运距等）选用《水利建筑工程概算定额》中的相应子目。

（2）定额中有关共性的规定：土壤和岩石的性质根据勘探资料确定。编制土石方工程单价时，应按地质专业提供的资料确定相应的土石方级别。有关系数如下：

① 土石方松实系数。土石方工程的计量单位分别为自然方、松方和实方。这三者之间的体积换算关系通常称为土石方松实系数，其中，自然方指未经扰动的自然状态下的体积，渠道、基坑、地槽和一般的挖方以及运输均按自然方计量。松方是经过开挖松动了的体积。实方则指经过回填压实的体积，回填土方按实方计量。

实方、自然方、松方的不同计量单位可进行换算。

自然方、松方和实方之间的相互换算关系见表9-6，编制概（估）算单价时，宜按设计提供的干密度、空隙率等实际试验资料进行换算确定。如无实际试验资料，可按《水利建筑工程概算定额》附录中列示的土石方松实系数参考资料换算。

表9-6　土石方松实系数

项目	自然方	松方	实方	码方
土方	1	1.33	0.85	
石方	1	1.53	1.31	
砂方	1	1.07	0.94	
混合料	1	1.19	0.88	
块石	1	1.75	1.43	1.67

②除注明者外，运输（人工挑抬、双胶轮车、人力推斗车、汽车等）定额适用于水利工程施工路况的施工场内运输，使用时不另计高差折平和路面等级系数。

③汽车运输定额根据水利工程的特点适用于 10 km 以内的施工场内运输。运距超过 10 km 时，超过部分按增运 1 km 定额的台时数乘 0.75 调整系数计算。场外运输宜按当地交通运输部门的运价规定或当地的市场运价计算运输费用。

④高原地区时间定额调整系数。海拔比较高的地区施工时，生产效率会受到一定的影响。水利工程定额是按海拔 2 000 m 以下地区条件确定的，在超过海拔 2 000 m 的地区施工时，其时间定额（人工和机械）应按规定的系数调整。一个工程项目只采用一个调整系数。

⑤投资估算主要建筑安装工程单价编制与初步设计概算单价编制相同，一般采用概算定额，但考虑到投资估算工作深度，应乘以 10% 扩大系数。

（三）安装工程单价编制

安装工程单价按以下方法编制：

$$安装工程单价 = 直接工程费 + 间接费 + 企业利润 + 税金$$

（四）其他直接费

其他直接费包括冬雨季施工增加费、夜间施工增加费和其他，均以直接费为计算基础。

三、施工临时工程

施工临时工程根据施工组织设计及工程实际情况，依据设计工程量和相关文件规定费率计算导流工程、施工交通工程、施工场外供电工程、施工房屋建筑工程及其他施工临时工程等。节水灌溉工程的施工场地比较分散，规模不是很大，主要临时工程为施工仓库、临时输电线路、职工生活区等。

四、独立费用

独立费用主要由建设管理费、生产准备费、科研勘测设计费等费用组成，具体计算时应根据工程实际情况，依据国家及地方相关编制办法和文件规定进行逐项取费计算。

五、预备费、建设期融资利息、总投资

（一）预备费

预备费包括基本预备费和价差预备费。

基本预备费根据工程规模、施工年限和地质条件等不同情况，按建筑及安装工程、设备费、临时工程、独立费用投资合计的百分率计算，费率为 5.0%。

价差预备费根据施工年限，以静态投资为计算基数，年物价指数按照国家发改委发布的年物价指数计算。

（二）建设期融资利息

如有建设期融资利息费用发生，根据相关融资类型依据相关规定予以计算。计算公式为

$$S = \sum_{n=1}^{N} \left[\left(\sum_{m=1}^{n} F_m \times b_m - 1/2 \times F_n \times b_n \right) + \sum_{m=0}^{n-1} S_m \right] \times i$$

式中　　S——建设期融资利息；

　　　　N——建设工期；

　　　　n——施工年度；

　　　　m——还息年度；

　　　　F_n、F_m——建设期资金流量表内第 n、m 年的投资；

　　　　b_n、b_m——各施工年份融资额占当年投资比例；

　　　　i——建设期融资利率；

　　　　S_m——第 m 年的付息额度。

（三）总投资

建筑及安装工程费、设备费、临时工程费、独立费用与预备费、建设期融资利息之和构成工程总投资。

对于一般的节水灌溉工程，静态总投资即为总投资，不作价差预备费及建设期融资利息。

第六节　投资估算

投资估算是设计文件的重要组成部分，是概算静态总投资的最高限额，不得任意突破。投资估算与概算在组成内容上、项目划分和费用构成上基本相同，因设计深度有所不同，因此在编制投资估算时，在组成内容、项目划分和费用构成上可适当简化合并或调整。另外，工程量计算和预备费计算所留余地的大小也不同。

投资估算的编制方法及计算标准如下：

（1）基础单价的编制与概算相同。

（2）工程措施的编制与概算相同，但考虑设计深度不同，应乘以 1.10 倍的扩大系数。

（3）施工临时工程、独立费用的编制方法及标准与概算相同。

（4）投资估算的基本预备费费率取 10%。

（5）投资估算表与概算表的格式相同。

第七节　工程概算主要表格

一、总概算表

总概算按项目划分的五部分填表并列至一级项目。五部分之后的内容为：一至五部分投资合计，基本预备费、静态总投资、价差预备费、建设期融资利息、总投资（见表 9-7）。

表 9-7 总概算表 （单位：万元）

序号	工程或费用名称	建安工程费	设备购置费	独立费用	合计	占一至五部分投资（％）
	第一部分 建筑工程					
	第二部分 机电设备及安装工程					
	第三部分 金属结构设备及安装工程					
	第四部分 临时工程					
	第五部分 独立费用					
	一至五部分合计					
	基本预备费					
	静态总投资					
	价差预备费					
	建设期融资利息					
	总投资					

二、建筑工程概算表

建筑工程按项目划分列表（见表 9-8）。本表适用于编制建筑工程概算、施工临时工程概算和独立费用概算。

表 9-8 建筑工程概算表

序号	工程或费用名称	单位	数量	单价（元）	合计（万元）

三、设备及安装工程概算表

设备及安装工程按项目划分列至三级项目（见表 9-9）。本表适用于编制机电和金属结构设备及安装工程概算。

表 9-9　设备及安装工程概算表

序号	名称及规格	单位	数量	单价（元）		合计（万元）	
				设备费	安装费	设备费	安装费

四、分年度投资表

分年度投资可视不同情况按项目划分列至一级项目。节水灌溉工程施工期较短可不编制资金流量表，因此其分年度投资表的项目可按工程部分概算表的项目列入。

表 9-10　分年度投资表　　　　　　　　　　（单位：万元）

项目	合计	建设工期（年）						
		1	2	3	4	5	6	7
一、建筑工程								
1. 建筑工程								
××工程（一级项目）								
2. 施工临时工程								
××工程（一级项目）								
二、安装工程								
1. 机泵设备安装工程								
2. 变电设备安装工程								
3. 输水管路安装工程								
4. 金属结构设备安装工程								
三、设备工程								
1. 机泵配套设备工程								
2. 变电设备工程								
3. 输水管路设备工程								
4. 金属结构设备工程								
四、独立费用								
1. 建设管理费								
2. 生产准备费								
3. 科研勘测设计费								
4. 其他								
一至四部分合计								

五、工程概算附表

工程概算附表包括建筑工程单价汇总表、安装工程单价汇总表、主要材料预算价格汇总表、次要材料预算价格汇总表、主要施工机械台时费汇总表、主体工程主要工程量汇总表、主体工程主要材料量汇总表、主体工程工时数量汇总表（见表9-11～表9-18）。

表9-11　建设工程单价汇总表　　　　　　　　　　（单位：元）

序号	名称	单位	数量	其中							
				人工费	材料费	机械使用费	其他直接费	现场经费	间接费	企业利润	税金

表9-12　安装工程单价汇总表　　　　　　　　　　（单位：元）

序号	名称	单位	数量	其中							
				人工费	材料费	机械使用费	装置性材料费	其他直接费	现场经费	间接费	企业利润	税金

表9-13　主要材料预算价格汇总表　　　　　　　　（单位：元）

序号	名称及规格	单位	预算价格	其中			
				原价	运杂费	运输保险费	采购及保管费

表9-14　次要材料预算价格汇总表　　　　　　　　（单位：元）

序号	名称及规格	单位	预算价格	其中		
				原价	运杂费	合计

表 9-15　主要施工机械台时费汇总表　　　　　　（单位：元）

序号	名称及规格	台时费	其中				
			折旧费	修理费	安拆费	人工费	动力燃料费

表 9-16　主体工程主要工程量汇总表

序号	项目	土石方明挖（m³）	石方洞挖（m³）	土石方填筑（m³）	混凝土（m³）	模板（m²）	钢筋（t）	帷幕灌浆（m）	固结灌浆（m）

表 9-17　主体工程主要材料量汇总表

序号	项目	水泥（t）	钢筋（t）	钢材（t）	木材（m³）	炸药（t）	沥青（t）	粉煤灰（t）	汽油（t）	柴油（t）

表 9-18　主体工程工时数量汇总表

序号	项目	工时数量	备注

六、概算附件

概算附件包括人工预算单价计算表、主要材料运输费用计算表、主要材料预算价格计算表、混凝土材料单价计算表、建筑工程单价表、安装工程单价表等（见表 9-19 ~ 表 9-24）。

表 9-19　人工预算单价计算表

地区		类别	定额人工等级	
序号	项目		计算式	单价（元）
1	基本工资			
2	辅助工资			
（1）	地区津贴			
（2）	施工津贴			

续表9-19

地区		类别		定额人工等级	
序号	项目	计算式		单价（元）	
（3）	夜餐津贴				
（4）	节日加班津贴				
3	工资附加费				
（1）	职工福利基金				
（2）	工会经费				
（3）	劳动保险基金				
（4）	职工失业保险基金				
（5）	住房公积金				
4	人工工日预算单价				
5	人工工时预算单价				

表9-20 主要材料运输费用计算表

编号		1	2	3	材料名称			材料编号	
交货条件									
交货地点									
编号	运输费用项目	运输起讫地点		运输距离（km）		计算公式		合计（元）	
1	铁路运杂费								
	公路运杂费								
	水路运杂费								
	场内运杂费								
	综合运杂费								
2	铁路运杂费								
	公路运杂费								
	水路运杂费								
	场内运杂费								
	综合运杂费								
3	铁路运杂费								
	公路运杂费								
	水路运杂费								
	场内运杂费								
	综合运杂费								
每吨运杂费									

表 9-21 主要材料预算价格计算表

编号	名称及规格	单位	原价依据	单位毛重	每吨运费	价格（元）					
						原价	运杂费	采购及保管费	运到工地分仓库价格	保险费	预算价格

表 9-22 混凝土材料单价计算表

编号	混凝土强度等级	水泥强度等级	级配	预算量						单位（元）
				水泥（kg）	掺合料（kg）	砂（m³）	石子（m³）	外加剂（kg）	水（kg）	

表 9-23 建筑工程单价表

定额编号_____ 　项目_____ 　定额单位：

施工方法：					
序号	工程或费用名称	单位	数量	单价（元）	合计（万元）

表 9-24 安装工程单价表

定额编号_____ 　项目_____ 　定额单位：

规格型号：					
序号	工程或费用名称	单位	数量	单价（元）	合计（万元）

第十章　效益分析与经济评价

节水灌溉效益分为经济效益、社会效益和环境生态效益。经济效益体现在节水、节能、节地、增产等许多方面，可以量化，用货币表示。社会效益和环境生态效益体现在对人、社会和生态的有利影响，显示节水灌溉工程的必要性、重要性，但难以量化。节水灌溉工程经济分析就是通过分析工程的经济效益评价工程在经济上的合理性、可靠性。

第一节　经济分析原则和方法

一、经济分析原则

（1）坚持真实可靠的原则。从实际出发，重视收集、调查、分析和整理资料的真实性、可靠性。

（2）坚持费用和效益计算基准一致的原则。对工程各个方案的费用和效益在计算范围、计算内容、价格水平等方面要一致，使其具有可比性。

（3）坚持动态分析为主的原则。进行技术经济计算时，应考虑资金的时间价值，以动态分析为主。

（4）坚持以国民经济评价为主的原则。在进行国民经济评价和财务评价时，以国民经济评价为主，以项目对国家经济贡献的大小评价其经济合理性。

二、经济分析内容

根据规范要求，一般水利工程经济分析评价包括国民经济评价和财务评价。节水灌溉工程相对于其他水利工程项目来说，工程与投资规模小，建设周期短，一般受益主体是农民，工程运营管理方式各不相同，可主要进行国民经济评价。若需要进行财务评价，可以只列主要财务报表，分析计算主要财务评价指标。财务评价与国民经济评价的区别见表10-1。

三、经济分析方法

（一）静态法

静态法是指在分析计算工程费用与效益时不考虑资金时间价值的一种方法。这种方法不考虑不同年份的价格差异，把工程的投资、年费用和效益分别简单地叠加起来，通过计算还本年限和投资效益系数等指标，评价工程的经济合理性。

投资还本年限计算公式为

$$T = K/(B - C) \tag{10-1}$$

表 10-1　财务评价与国民经济评价的区别

序号	区别		财务评价	国民经济评价
1	评价角度 不同		在现行财税制度及价格体系下考察该项目的收、支赢利情况及还贷能力，评价其财务上的可行性	从整个国民经济发展的角度考察国家对它付出的代价和对整个国民经济产生的效益，评价其经济上的合理性
2	效益与费用 的含义不同		实际发生的财务收入和支出（税金、利息、保险费等计入费用）	国民经济为项目所付出的代价（税金、利息、保险费等不应计入费用）
3	效益与费用 范围不同		只计算直接发生的效益和费用	还要分析计算间接效益费用
4	采用的价格 体系不同		用现行价格计算	用影子价格计算或等效代替法
5	用途不同		用来判断该项目的财务增值能力和清偿贷款能力，对局部项目的方案比较可不作财务评价	用来判断该项目对国民经济相对的和绝对的贡献，对局部项目的方案比较可只通过国民经济评价进行比较，择优而定
6	主要计算 内容不同	主要	财务内部效益率（财务增值能力） 固定资产贷款偿还期（清偿贷款能力）	国民经济内部收益率 不计算贷款偿还期
	评价指标	辅助	财务净现值 财务净现值率	国民经济净现值 国民经济净现值率

投资效益系数计算公式为

$$e = (B - C)/K \tag{10-2}$$

式中　　T——还本年限；

　　　　K——工程总投资；

　　　　B——工程多年平均增收与节支效益；

　　　　C——工程多年平均运行费用；

　　　　e——投资效益系数。

　　静态法虽具有概念直观、计算简单的优点，但由于没有考虑资金的时间价值，不能反映投资和效益随时间变化而产生的增值，不符合货币的价值规律。

（二）动态法

　　动态法是指在经济分析计算时考虑资金时间价值的一种方法。这种方法采用一定的折算率（利率），把不同年份的工程投资、年费用和效益折算成某一基准年的现值或相等的年值进行比较分析，评价工程的经济合理性。这种方法因考虑了资金的时间价值，能较全面地、真实地反映投入和产出的过程，符合货币的价值规律。动态法中常用的分析指标是经济内部收益率（$EIRR$）、经济净现值（$ENPV$）和经济效益费用比（$EBCR$）。

　　对节水灌溉工程进行经济分析，应以动态法为主，若只进行简单估算，也可采用静态法。

当采用动态法进行节水灌溉工程经济分析时，货币的时间价值计算采用复利法，即各期末的利息加到各期初的本金中，再作为下一期的新本金来计算。其计算公式为

$$F = P(1 + i)^n \tag{10-3}$$

式中　F——期末本金值，万元；

　　　P——期初本金值，万元；

　　　i——折算率（利率）；

　　　n——计算周期，年。

四、经济分析编制依据

（1）《水利建设项目经济评价规范》（SL 72—94）；

（2）《建设项目经济评价方法与参数》（第三版）；

（3）《节水灌溉工程技术规范》（GB/T 50363—2006）；

（4）相关工程设计报告及投资估算。

五、主要参数选定

（1）根据《水利建设项目经济评价规范》（SL 72—94）、《节水灌溉工程技术规范》（GB/T 50363—2006）规定，选取社会折现率，以工程建设第一年为折算基准年，以第一年年初为折算基准点。

（2）节水灌溉工程经济计算期是建设期与运行期之和，建设期长短由施工期决定，正常运行期一般取 15～20 年。

（3）《建设项目经济评价方法与参数》（第三版）中规定，进行国民经济评价时，原则上应使用能反映投入和产出物真实价值的价格，即用影子价格计算项目的费用和效益。对于节水灌溉工程，因设备、材料多为国产，可采用现行价格或只作简单调整，但应注意，采用现行价格计算工程费用和效益时应用同一年的不变价格。

第二节　国民经济评价

国民经济评价是从国家整体角度，采用影子价格，分析计算项目的全部费用和效益，考察项目对国民经济所作的贡献来评价项目的经济合理性。对于节水灌溉工程来说，主要应进行国民经济评价。根据经济内部回收率、经济净现值及经济效益费用比等评价指标和准则进行评价。

一、费用计算

节水灌溉工程费用主要包括固定资产投资、流动资金和年运行费。

（一）固定资产投资

固定资产投资包括建设项目达到设计要求所需要的由国家、地方、企业和个人以各种方式投入的全部建设资金。

　　节水灌溉工程的固定资产投资，应根据合理工期和施工计划，作出分年度投资安排。

（二）流动资金

　　节水灌溉工程的流动资金包括维持项目正常运行所需购买燃料、材料、备品、备件和支付职工工资等的周转资金。流动资金应从项目运行的第一年投入，其数量视投产规模分析确定。

（三）年运行费

　　年运行费是指节水灌溉工程正常运行期间每年需要的费用，包括燃料动力费、维修费、管理费、水资源费和水费及其他费用等。

　　（1）燃料动力费。是指节水灌溉工程设施在运行中消耗电、油的费用。如果缺乏实际资料，可参照类似工程设施的资料分析确定。

　　（2）维修费。主要指节水灌溉工程中各类建筑物和设备的维修养护费。一般分为日常维修、岁修和大修理费等。日常的维修养护费用可按相应工程设施投资的一定比例（费率）进行估算。大修理一般每隔几年进行一次，但为简化起见，可将大修理费平均分摊到各年，作为年运行费用的一项支出。表10-2列出了部分设施设备的大修费率值，可参考使用。

　　（3）管理费。包括职工工资、附加工资和行政费以及日常的观测、科研、试验、技术培训、奖励等费用。可按地方有关规定并对照类似工程设施的实际开支估算。

　　（4）水资源费和水费。根据规定，每年应向有关部门缴纳的水资源费，或当灌溉用水由其他单位或部门供应时节水灌溉工程每年应缴纳的水费。

　　（5）其他费用。其他经常性支出的费用，如参加保险的工程项目，按保险部门规定每年缴纳保险费等。

　　值得注意的是，节水灌溉效益一般指工程建设后效益的增加值，所以其年运行费也应该是年运行费用的新增部分，即如果原来已有地面灌溉工程，则应从以上各项费用的合计中扣除原有工程的运行费用。

（四）费用分摊

　　节水灌溉工程与其他部门或单位共同使用一个水源工程或其他相关工程时，其投资和运行费都应根据各自使用的水量进行合理分摊。

二、经济效益分析

　　节水灌溉工程经济效益是指工程投入使用后所能获得的经济效益。节水灌溉工程的经济效益通常包括增加的农业产值，以及节水、省地、省工等所增加的效益。

（一）增产效益

　　增产效益是指兴建了节水灌溉工程以后，在相同的自然、农业生产条件下，有节水灌溉措施较无节水灌溉措施的农业产量（或产值）的增加值。

　　节水灌溉的新增产值一般应计算包括丰水年、平水年和枯水年等水平年在内的多年平均增产值，在缺乏不同水文年增产资料时，可将平水年的增产效益作为多年平均增产效益进行计算。如缺乏试验资料，可参考邻近地区类似工程的实际资料确定。

表 10-2　水利工程固定资产基本折旧和大修费率

固定资产分类	折旧年限（年）	年均大修费率（%）	固定资产分类	折旧年限（年）	年均大修费率（%）
一、坝、闸建筑物			六、输配电设备		
1. 中小型坝、闸	50	0.5~1.0	1. 铁塔、水泥杆	40	0.5
2. 中小型闸涵	40	1.5	2. 电缆、木杆线路	30	1.0
3. 木结构、尼龙等半永久坝、闸	10	2.0	3. 变电设备	25	1.5
4. 泥沙淤积多的坝、闸	30	1.0~1.5	4. 配电设备	20	0.5
二、引水、灌排渠道			七、水泵和喷灌机		
1. 中小型一般护砌灌排渠道	40	1.5	1. 大中型水泵	15	6.0
2. 混凝土、沥青护砌防渗渠道	30	2.0	2. 小型水泵	10	6.0
3. 塑料等非永久性防渗渠道	25	3.0	3. 大中型喷灌机	15	5.0
4. 跌水、节制闸等渠系建筑物	30	2.0	4. 小型喷灌机	10	5.0
三、水井			八、喷头		
1. 深井	20	1.0	1. 金属喷头	5	0
2. 浅井	15	1.0	2. 塑料喷头	2	0
四、房屋建筑			九、地面移动管道		
1. 钢筋混凝土、砖石混合结构	40	1.0	1. 薄壁铝管	15	2.0
2. 永久性砖木结构	30	1.5	2. 镀锌薄壁钢管	10	2.0
3. 简易砖木结构	15	2.0	3. 塑料管	5	0
4. 临时性土木建筑	5	3.0	4. 塑料软管	2	0
五、机电设备			十、地埋管道与仪器设备		
1. 小型电力排灌设备	20	2.0	1. 钢管、铸铁管	30	1.0
2. 小型机械排灌设备	10	4.0	2. 塑料管	20	1.0
3. 中小型闸阀、启闭设备	20	1.5	3. 试验观测、研究仪器设备	10	0.5

如果农业技术等措施随着水利条件的改善而改变和提高（如采用农作物新品种、增施肥料，或采取地膜覆盖和秸秆还田措施等，项目区农作物产量的增加显然是节水灌溉和农业措施共同作用的结果），这时增产效益应在节水灌溉和农业技术等措施之间进行分摊。分摊系数应根据调查和试验资料分析确定，无资料时，参照条件类似节水灌溉区试验资料确定，一般为 0.2~0.6。

（二）节水效益

节水灌溉工程节省的水量因其用途不同，效益也不相同。如只是节约了灌溉用水，则效益为减少的水费值。如果节省水量用于生态环境，则为生态环境效益，没有直接经济效益。当节省水量用于扩大灌溉面积或改善灌溉面积时，应根据扩大或改善灌溉面积前后增产值计算效益。对于扩大灌溉面积取得的新增效益，需扣除相应的工程费用等有关新增费用并进行效益分摊。当节省水量用于工业或城镇供水时，按向工业或城镇供水的水费收入（按市场水价或影子水价）计算经济效益。当用于向鱼塘、蓄水池补水等其他经济用途时，其经济效益根据具体情况，按照有关要求计算。

（三）省地效益

节水灌溉工程节省的土地可以用于农作物种植；在郊区或工业开发区，节省土地也可以弥补建设用地占用的耕地资源。一般来说，可将由于省地而新增的种植面积的产值，扣除农业生产费用后的剩余部分作为省地效益。

（四）其他经济效益

节水灌溉实施后，还有省工、节能等效益。省工效益按节水灌溉工程实施前后灌溉用工数量减少值乘以人工费计算。节能效益指燃料动力费较前有所降低，但应注意，若该部分效益已在年运行费用中予以考虑，则不单独计算。如提水灌溉只因节水而产生的节能，并已在节水效益中因减少水费值计入，则不能重复计算节能效益。此外，节水灌溉工程实施后产生的水土保持效益、观光旅游效益等其他经济效益也应予以考虑。

三、国民经济评价指标与评价准则

（一）经济内部收益率（EIRR）

经济内部收益率以项目计算期内各年净效益现值累计等于零时的折现率表示。

$$\sum_{t=1}^{n}(B-C)_t(1+EIRR)^{-t}=0 \tag{10-4}$$

式中　　$EIRR$——经济内部收益率；

　　　　B——年效益，万元；

　　　　C——年费用，万元；

　　　　n——计算期，年；

　　　　t——计算期各年的序号，基准点的序号为0。

节水灌溉项目的社会折现率可以取12%，对于主要为生态环境效益和社会效益的项目也可以取7%~8%。当经济内部收益率大于或等于社会折现率时，该项目在经济上是合理的。

（二）经济净现值（ENPV）

经济净现值是用社会折现率将项目计算期内各年的净效益折算到计算期初的现值之和表示，其计算公式为

$$ENPV=\sum_{t=1}^{n}(B-C)_t(1+i_s)^{-t} \tag{10-5}$$

式中　　$ENPV$——经济净现值，万元；

　　　　i_s——社会折现率；

　　　　其余符号意义同前。

当项目的经济净现值大于或等于零（$ENPV \geqslant 0$）时，该项目在经济上是合理的。

（三）经济效益费用比（*EBCR*）

经济效益费用比为项目效益现值与费用现值之比，计算公式为

$$EBCR = \frac{\sum\limits_{t=1}^{n} B_t (1 + i_s)^{-t}}{\sum\limits_{t=1}^{n} C_t (1 + i_s)^{-t}} \tag{10-6}$$

式中　*EBCR*——经济效益费用比；

B_t——第 t 年的效益，万元；

C_t——第 t 年的费用，万元；

其余符号意义同前。

根据《节水灌溉工程技术规范》（GB/T 50363—2006），节水灌溉项目只有当 *EBCR* 大于或等于 1.2 时，该项目在经济上才是合理的。

进行国民经济评价应编制国民经济效益费用流量表（见表 10-3），反映项目计算期内各年的效益、费用和净效益，计算该项目的各项国民经济评价指标。

表 10-3　国民经济效益费用流量表

序号	项目	建设期			运行初期			正常运行期			合计
	年份	1	2	…	…	…	…	…	…	n	
1	效益流量 *B*										
1.1	各项功能总效益										
1.1.1	灌溉效益										
1.1.2	省地效益										
…											
1.2	回收固定资产余值										
1.3	回收流动资金										
1.4	项目间接效益										
2	费用流量 *C*										
2.1	固定资产投资（含更新改造投资）										
2.2	流动资金										
2.3	年运行费										
2.4	项目间接费用										
3	净效益流量										
4	累计净效益流量										
备注	评价指标：　　经济内部收益率　　；经济净现值　　；　　经济效益费用比										

第三节　财务评价

财务评价的内容有项目资金筹措、计算实际发生的费用和效益、编制财务报表、计算评价指标、考察清偿能力及赢利能力等财务状况，并对一些主要影响因素进行敏感性分析，以判别项目的财务可行性。项目的财务评价以财务内部收益率、固定资产投资贷款偿还期为主要指标，以财务净现值、投资利润率、投资利税率及静态回收期为辅助指标。

一、资金筹措、费用及效益计算

（一）资金筹措

项目财务评价中，要拟定建设资金来源，各种资金的贷款利率、条件与借款期限等。目前，建设资金的可能来源有国内银行贷款、地方集资、建设债券、国外贷款、自有资金和其他资金以及中外合资等。

（二）费用计算

建设项目费用主要包括总投资、总成本费用、流动资金和各项应纳税款等。

1. 总投资

总投资包括固定资产投资、固定资产投资方向调节税及建设期和部分运行初期的借款利息。固定资产投资包括建筑工程费、机电设备及安装工程费、金属结构设备及安装工程费、临时工程费、建设占地费、独立费用和预备费等，应根据不同设计阶段的深度要求按有关规范进行编制。

2. 总成本费用

总成本费用应包括项目在一定时期内为生产、运行以及销售产品和提供服务所花费的全部成本和费用，可按经济用途分类计算，也可按经济性质分类计算。

按经济用途分类，总成本费用应包括制造成本和期间费用。制造成本应包括直接材料费、直接人工和制造费用；期间费用应包括管理费用、财务费用和销售费用。

按经济性质分类，总成本费用应包括材料、燃料及动力费、维护费和其他费用等。可分项计算，也可按项目总成本费用扣除折旧费、摊销费和利息净支出计算。

3. 流动资金

流动资金应包括维持项目正常运行所需的全部周转资金。其可分为自有流动资金和流动资金借贷。流动资金借贷为每年付息，支付的利息列入总成本费用。

4. 税金

税金包括增值税、销售税金附加和所得税，其中增值税为价外税。销售税金附加包括城市维护建设税和教育费附加，以增值税税额为计算基数。所得税为应纳税所得额乘以所得税税率，其中应纳所得额等于销售收入减总成本费用及销售税金附加。税金应根据项目性质，按照国家现行税法规定的税目、税率进行计算。

（三）效益计算

水利建设项目的财务收入应包括出售水利产品和提供服务所获得的收入。节水灌溉工程收入是指综合利用效益中可以获得的实际收入。

二、清偿能力分析

水利工程清偿能力分析包括计算借款偿还期和资产负债率。

（一）借款偿还期

借款偿还期是根据国家有关财务制度的规定和项目具体条件，在项目投产后可利用建设项目的可分配利润、折旧费、摊销费及其他可以利用的还贷资金，偿还固定资产投资借款的本金和利息所需的时间。

（二）资产负债率

资产负债率反映项目财务风险程度和偿还债务能力，是财务评价的一个重要指标。

三、赢利能力分析

建设项目财务赢利能力分析，主要是考察投资的赢利水平。其主要指标有财务内部收益率和投资回收期。根据项目的实际需要也可计算财务净现值、投资利润率、投资利税率、资本金利润率等指标。

（一）财务内部收益率

财务内部收益率是指项目在整个计算期内，各年净现金流量现值累计等于零时的折现率，它反映了项目所占用资金的赢利率。

（二）投资回收期

投资回收期是指以项目的净效益抵偿全部投资所需时间，是考虑项目在财务上的投资回收能力的主要静态评价指标。

（三）财务净现值

财务净现值是反映项目在计算期内获利能力的动态指标。工程项目的财务净现值是指按行业的基准收益率将各年的净现金流量折现到建设期起点的现值之和。

（四）投资利润率

投资利润率是指项目达到设计生产能力后的一个正常生产年份的年利润总额与项目总投资的比率，它是考察项目单位投资赢利能力的静态指标。

（五）投资利税率

投资利税率是指项目达到设计生产能力后的一个正常年份的年利税总额与项目总投资的比率。

（六）资本金利润率

资本金利润率是指项目达到设计生产能力后的一个正常年份的年利润总额与资本金的比率，它是反映投入项目的资本金的赢利能力。

四、编制财务评价表

财务评价的基本报表由财务现金流量表、损益表、借款还本付息计算表、资金来源与运用表、资产负债表等。

（一）财务现金流量表

财务现金流量表反映计算期内各年现金收入（现金流入和现金流出），用以计算各项动态和静态评价指标，进行项目财务赢利能力分析。

（二）损益表

损益表反映建设项目计算期内经营成果及分配情况，即各年的利润总额、所得税及税后利润分配情况，用以计算投资利润率、投资利税率和资本金利润率等指标。

（三）借款还本付息计算表

借款还本付息计算表用于分年列出偿还资金以及还本付息的动态过程，计算还本付息年限。

（四）资金来源与运用表

资金来源与运用表反映项目计算期内各年的资金盈余或短缺情况，用于选择资金筹措方案，制订适宜的借款及偿还计划，并为编制资产负债表提供依据。

（五）资产负债表

资产负债表综合反映项目在计算期内各年末资产、负债和所有者权益的增值或变化及对应关系，以考察项目资产、负债、所有者权益的结构情况，用以计算资产负债等指标，进行清偿能力分析。

第四节　技术经济指标

为了反映节水灌溉工程的技术经济特征，全面衡量和评价工程的技术经济效果和设计管理水平，除对工程进行国民经济评价外，还应分析计算有关单位技术经济指标作为综合经济评价的补充指标。对于不同节水灌溉工程，可根据要求和资料情况选择若干项技术经济指标进行计算分析。

一、单位面积投资指标

节水灌溉工程的单位面积投资计算公式为

$$K_m = K/A \tag{10-7}$$

式中　K_m——工程的单位面积投资，元/hm^2；

$\quad\quad K$——工程总投资，元；

$\quad\quad A$——工程控制的总面积，hm^2。

二、单位面积材料用量指标

（一）单位面积管道用量

单位面积管道用量是指平均每公顷管道长度（m/hm^2），应该按材质和管径分别统计计算，公式为

$$L_m = L/A \tag{10-8}$$

式中　L_m——每公顷管道长度，m/hm^2；

$\quad\quad L$——某材质与管径节水灌溉工程管道总长度，m；

其余符号意义同前。

（二）单位面积建筑材料用量

单位面积建筑材料用量指钢铁、水泥、塑料等主要材料的公顷用量，计算公式为

$$W_m = W/A \tag{10-9}$$

式中　W_m——某种材料的每公顷用量，kg/hm^2；

　　　W——某种材料的总用量，kg；

　　　其余符号意义同前。

三、动力、能耗指标

（一）单位面积装机功率

对需要加压或提水的节水灌溉工程项目，应分析单位面积装机功率以评价动力配置的合理性，计算公式为

$$P_m = P_z/A \tag{10-10}$$

式中　P_m——每公顷装机功率，kW/hm^2；

　　　P_z——节水灌溉工程装机功率，kW；

　　　其余符号意义同前。

（二）单位面积年耗电（油）量

单位能耗表征节水灌溉工程系统运行效率和管理水平。能耗指标一般用每公顷年耗电（油）量表示，计算公式为

$$E_m = E_z/A \tag{10-11}$$

式中　E_m——每公顷年耗电（油）量，$kW \cdot h/（年 \cdot hm^2）$或 $kg/（年 \cdot hm^2）$；

　　　E_z——节水灌溉工程平均年耗电（油）量，$kW \cdot h/年$或 $kg/年$；

　　　其余符号意义同前。

四、灌溉用水效率指标

（一）灌溉节水率

灌溉节水率用节水灌溉实施后的省水量占原灌溉用水量的百分率表示，以表征节水效果，计算公式为

$$R_{sh} = \left[（M_d - M_P）/M_d\right] \times 100\% \tag{10-12}$$

式中　R_{sh}——灌溉节水率（%）；

　　　M_d——节水灌溉前年毛总用水量，$m^3/年$；

　　　M_P——节水灌溉后毛总用水量，$m^3/年$。

（二）灌溉水生产率

灌溉水生产率为多年平均或典型水平年的单方毛灌溉水生产的粮食或产值，kg/m^3或元$/m^3$，表明灌溉用水产出效率，以评价节水灌溉的效果，计算公式为

$$R_s = Y_P/M_{gj} \tag{10-13}$$

式中　R_s——单位灌溉水量产量或产值，kg/m^3或元$/m^3$；

Y_P——节水灌溉面积上每公顷平均产量或产值，kg/hm^2 或元$/hm^2$；

M_{gj}——节水灌溉面积上每公顷平均用水量，m^3/hm^2。

（三）水分生产效率

以田间每立方米净耗水量产出的产量（kg/m^3）或产值（元$/m^3$）来表示，计算公式为

$$R_h = Y_P/M_{sj} \tag{10-14}$$

式中　R_h——水分生产效率，kg/m^3 或元$/m^3$；

M_{sj}——节水灌溉面积上每公顷平均耗水量，m^3/hm^2；

其余符号意义同前。

五、费用指标

（一）单位面积年运行费

单位面积年运行费的计算公式为

$$C_{ym} = C_y/A \tag{10-15}$$

式中　C_{ym}——节水灌溉每公顷年运行费，元/（年·hm^2）；

C_y——节水灌溉工程年总运行费，元/年；

A——灌溉作业总面积，hm^2。

（二）单位面积年费用

单位面积年费用的计算公式为

$$C_{nm} = (D + C_y)/A \tag{10-16}$$

式中　C_{nm}——节水灌溉工程每公顷的年费用，元/（年·hm^2）；

D——工程年折旧费，元/年；

其余符号意义同前。

六、增产指标

（一）单位面积增产量（值）

单位面积增产量（值）的计算公式为

$$\Delta Y = Y_P - Y_0 \tag{10-17}$$

式中　ΔY——每公顷增产量（值），kg/hm^2 或元$/hm^2$；

Y_0——节水灌溉前每公顷平均产量（值），kg/hm^2 或元$/hm^2$；

其余符号意义同前。

（二）增产百分比

增产百分比的计算公式为

$$R_Z = (\Delta Y/Y_0) \times 100\% \tag{10-18}$$

式中　R_Z——增产百分比；

其余符号意义同前。

七、综合指标

万元农业产值用水量的计算公式为

$$B_m = M/B \tag{10-19}$$

式中　B_m——节水灌溉项目万元农业产值用水量，m^3/万元；

　　　M——项目区平水年总用水量，m^3；

　　　B——项目区平水年农业产值，万元。

第五节　社会效益和环境生态效益

社会效益和环境生态效益体现对人、社会和生态的有利影响，显示节水灌溉工程的必要性、重要性，但难以量化。

一、社会效益

节水灌溉可以根据作物不同生长期的需水要求，适时、适量地进行科学灌溉，提高农作物的产量，改善农产品的质量，实现增产和增收。随着节水灌溉工程的实施，能够加快所在地区产业结构的调整和优化。节水灌溉工程的效益显现必将带动社会其他相关产业的发展，促进相关商品经济的良性循环，为构建社会主义和谐社会，建设社会主义新农村的大目标奠定坚实的基础。节水灌溉工程的发展必将带来巨大的社会效益。

二、环境生态效益

农业节水与生态环境密切相关。目前，我国的生态环境从整体上看还处于不断恶化阶段，因水资源短缺、河流断流而带来的一系列生态环境问题引人注目。解决水资源短缺、河流断流等环境生态问题的对策有多种，其中最主要的根本性战略措施是农业节水，提高农业用水效率。因此，大力发展节水灌溉必将全面改善农业生产、农民生活和环境条件，增强农业发展后劲，为整个社会带来无比巨大的环境生态效益。

第十一章　环境影响评价

任何人类活动都会对大气、水、土壤和生态环境造成影响，有些是有利的、有些是有害的，兴建节水灌溉工程也是一样。如果有害影响超过国家有关法规、规范、标准规定的限度，就要一票否决。因此，节水灌溉工程立项时都要进行环境影响评价，并对不利影响提出改善建议，将改善措施的费用列入概预算。

第一节　概　述

一、环境评价与环境影响评价的概念

环境评价包括环境质量评价和环境影响评价。环境质量评价主要是对项目当地环境质量，包括大气环境质量、水环境质量、土壤环境质量、生态环境质量等现状进行描述和分析。环境影响评价则是针对项目对环境的影响，依据国家有关法规、规范、标准进行评价，并提出结论性意见。环境质量评价是环境影响评价的基础。节水灌溉工程项目规模小、建设周期短，是否进行环境质量评价可根据主管部门的要求而定，但一定要进行环境影响评价。

二、环境影响评价的原则、方法与内容

（一）环境影响评价的原则

环境影响评价应遵循科学性、实用性和综合性的原则。

（1）科学性原则。环境影响评价必须坚持科学、客观、实事求是的原则。在评价中要运用生态、地理、经济、社会等多门学科的知识，结合先进的分析、检测等手段，提高评价的科学性、可靠性。

（2）实用性原则。环境影响评价应根据工程项目特点、等级确定评价重点、深度和选择评价方法。既要达到有关法规、标准的要求，也要具有可操作性。

（3）综合性原则。在环境影响评价中，不仅要关注工程项目对单个环境因子（要素）的影响，还要注意这些因子之间的联系及交互作用；不仅关注项目对自然环境的影响，还要评价对社会环境的影响。

（二）环境影响评价的方法与内容

环境影响评价的方法种类繁多，按类型可分为综合评价和专项评价，按性质可分为定性法、定量法以及定性、定量相结合的方法。常用的综合评价方法有核查表法、矩阵法、网络法、环境指数（指标）法等；常用的专项评价方法有环境影响特征度量法、环境指数（指标）法等。采用何种评价方法应根据工程的规模与重要性，对环境影响的性质、强度、范围，以及专业人员的水平等确定。节水灌溉项目一般采用定性法或定

性、定量相结合的方法，对环境总体采用核查表法进行综合评价，对单项环境因子采用环境影响特征度量法或环境指数（指标）法进行专项评价。

简单核查表法是将工程可能影响的环境因子一一列出，由专业人员分别就工程建设期、运行期对环境因子有无影响及影响性质——有利或有害、短期或长期等作出判断。相关的环境因子包括：①自然环境因子：包括温度、湿度、颗粒物（粉尘）等空气质量因子；地表水、地下水、水质等水环境因子；土壤侵蚀、土壤盐分、土壤污染等土壤环境因子；植被（水土保持）因子；②社会经济环境：包括农业种植结构、人均收入、科技水平、土地利用、交通、噪声、美学景观等。必要时由专家给出各项因子的影响程度分级与权重，算出总分，依分值大小选择最佳工程方案。

环境影响特征度量法是对那些能够直接或间接量测的单项环境因子，通过对比工程实施前后的相对变化，判断环境影响的性质、大小与程度。例如，实施喷微灌等节水灌溉项目后，减少了因地面灌溉水量渗漏导致农药、化肥残留物对地下水的污染，可以比较工程实施前后，因灌溉水入渗量不同导致地下水污染负荷的变化，评价工程对地下水污染的影响。

第二节　环境影响评价程序及内容

一、环境影响评价的工作程序

环境影响评价一般分为三个阶段：第一，根据我国有关法规、政策，进行初步的工程分析和环境现状调查，确定环境评价的对象及工作等级，编制工作大纲；第二，进行深入的环境现状调查，对调查结果进行分析、处理，并针对工程可能造成的影响进行预测、评价；第三，提出环境保护建议和措施，给出评价结论，编制环境影响评价报告。按照上述工作程序，环境影响评价可以分为五个步骤，即现状调查、影响识别、影响预测、影响评价、提出减免和改善不利影响的措施等。对于节水灌溉工程项目，上述程序与步骤也可以适当合并。

二、环境影响因素的识别

影响因素识别是环境影响评价的基础，是通过对工程特性与环境背景值（受人类活动影响较少地区自然环境因子的质量参数平均值）、基线值（当地环境因子质量参数现状值）的调查分析，提出可能对环境产生影响的因子及相关问题。

环境因子是环境影响评价的基本单位，对某个工程项目而言，环境因子可能很多，应根据工程特点，选取那些确实因为工程建设产生的影响、能够反映环境质量、在现有技术条件下可以监测的因子。对节水灌溉工程而言，施工期间影响的环境因子包括粉尘、噪声、临时占地、水土流失、交通等；运行期间的环境因子包括水量、土壤污染、土壤盐分以及农业结构、人均收入、科技水平等。环境因子对环境的影响分有利、有害两个方面，有利方面：减少灌溉用水量可相应增加环境用水量，减少或避免灌溉水的深层渗漏可减轻农药、化肥对地下水的污染，减少占地可增加收入，以及提高科技含量等；有害方面：对地下水超采地区而言，减少深层渗漏就减少了对地下水的补给量；在有盐渍化威胁地区滴灌可能造成耕层土壤盐分积累；采用膜下滴灌或使用一次性滴灌带可能造成土壤污染等。在上述情况下运行期间就应选取水量、土壤盐分、土壤污染等自然环境因子和占地、人均收入以及科技水平等社会经济环境因子进行分析评价。

三、环境影响评价的主要内容

节水灌溉工程因其规模小、建设周期短，并以提高用水效率、改善生态环境为目标，对环境的影响主要是正面的，但也有负面的影响，需要认真进行环境影响评价。

环境影响评价应包括以下内容。

（一）工程分析

阐述工程概况，分析工程对环境可能产生哪些有利、有害影响，识别主要的环境因子，为环境影响评价提供依据。

（二）环境现状调查

环境现状调查除对工程所在地自然环境与社会环境现状有一般了解外，主要是对工程施工期与运行期影响的环境因子进行深入调查，必要时进行抽样检测，如水质、土壤盐分、土壤污染状况等。为环境影响预测、评价提供基础资料。

（三）环境影响预测与评价

节水灌溉工程的环境影响评价可分为施工期环境影响评价和运行期环境影响评价两部分。施工期应对粉尘污染、噪声污染、水土流失、临时占地、废弃物排放等进行评价，运行期应对水资源利用、地下水运移、灌溉水质、土壤环境以及对当地经济、生态的影响进行评价。

1. 施工期环境影响评价

（1）占用耕地，影响农业生产。节水灌溉工程施工中土方开挖、堆放，建筑材料运输与存放，以及施工人员现场活动等，均会临时占用部分耕地、毁坏农作物而影响农业生产。评价时，要对可能占用耕地面积、毁坏农作物情况等进行预估分析，说明可能造成影响的程度。

（2）破坏植被，造成水土流失。工程的土方挖填堆放会破坏表土与植被，造成水土流失，尽管工程规模相对较小，但对这些可能的影响也应进行评估分析。

（3）施工现场噪声污染。由于施工机械化水平的提高，机械的噪声污染已经成为问题。虽然有的节水灌溉工程大多在野外田间施工，距离居住区较远，对居民影响较小，但对施工人员会有些影响。况且，一些工程穿越居民区或离居民区较近，更要对机械噪声污染进行评估。

（4）扬尘及废弃物的污染。土方开挖、非硬化路面上的运输、施工机械的作业等均会产生大量的扬尘污染，对施工现场环境与施工人员健康产生不利影响，如果靠近居住区，对居民生活与卫生也会产生影响。另外，节水灌溉工程施工中用到多种建筑材料及包装材料，尤其是塑料制品，有些材料不易降解，如果废弃在地里会造成土壤污染。

此外，节水灌溉工程施工还可能对原有自然景观或有价值的历史遗迹造成影响，都应该认真评价。

2. 运行期环境影响评价

1）对区域水文情势的影响评价

（1）减少地表水引（提）水或地下水抽水量。

节水灌溉工程实施后可以减少农田灌溉用水量，也就是使地表水引（提）水量或抽取地下水量减少。引（提）水量的减少使得下游河流和地表水体水量增加，对河床形态、水流特性、冲淤规律、水生动植物等均会产生相应影响，对缺水地区来说，这些影响是有利的；地下水抽水量的减少可以改善地下水超采地区的地下水环境，使地下水位回升或下降速度减缓，也是有利影响。

（2）减少地下水补给量。

节水灌溉工程与地面灌溉方法相比，减少了渠道与田间灌溉水的渗漏量。同时，由于浅层土壤含水量相对降低，增加了降雨对土壤的补给流量，相应减少了降雨入渗对地下水的补给量，从而使地下水总补给量和可开采量减少，是不利影响。尤其对于地下水超采区，应该认真进行分析评价。

（3）增加河流环境流量。

节水灌溉实施后节约的水量可以全部或部分回归河流与自然水体，增加环境流量、改善河流与自然水体的生态环境质量，也是有利影响。

（4）减少排水量与减轻排水压力。

对于南方水稻灌区，推广水稻控制灌溉等节水灌溉技术可以减少田间水层深度，甚至不产生水层，这样，在降雨季节，水稻格田就是一个很大的调蓄池，可滞留调蓄雨洪，从而减轻排涝压力。

在地下水位较高以及有次生盐碱化威胁的地区，节水灌溉避免了传统灌溉深层渗漏导致的地下水位升高，从而减轻以降低地下水位为目的的排水压力。

2）对污染物运移传输的影响评价

（1）减轻非点源污染。

节水灌溉措施可以大量减少或避免传统灌溉时的退水量，同时不同程度地减少雨季地表径流量，从而减轻对河流的非点源污染。非点源污染负荷量可以根据项目区地表径流或灌溉退水量和污染物平均浓度分析计算，计算公式为

$$M_i = C_i W \qquad (11\text{-}1)$$

式中　　M_i——第 i 污染物输出总量，kg；

　　　　C_i——第 i 污染物平均浓度，kg/m^3；

　　　　W——径流总量或退水总量，m^3。

$$\text{某非点源污染物负荷减少率}(\%) = \frac{M_b - M_a}{M_b} \times 100\% \qquad (11\text{-}2)$$

式中　　M_b——项目区节水灌溉实施前某污染物污染负荷；

　　　　M_a——节水灌溉实施后某污染物污染负荷。

（2）减轻地下水污染。

节水灌溉与传统灌溉相比，渠道和田间灌溉水的深层渗漏量会显著降低，相应进入

地下水的污染物量也会减少。评价节水灌溉对地下水污染的影响可参照式（11-1）、式（11-2）计算。

3）对土壤环境的影响评价

灌溉方式的改变可能造成土壤侵蚀、土壤污染、土壤盐分状况的变化。例如，节水灌溉方式，无论喷灌、微灌、管道输水灌溉等都会减轻原地面灌溉特别是大水漫灌造成的土壤冲刷；灌溉方式的改变，特别是采用滴灌方法会使作物根系层污染物和土壤盐分积累与分布的状况发生变化。上述影响有些是有利的（如减轻土壤冲刷）、有些是不利的（如盐分积累），应予以分析评价。必要时应作定量分析及预测，判断是否会影响作物生长，为制定相关措施提供依据。

4）对社会经济环境的影响评价

节水灌溉项目应评价的社会经济环境因子主要有：交通、供水、排水、农业基础设施等变化；供用水矛盾与冲突等影响社会安全和稳定的变化；社会福利事业、生活方式和生活质量以及劳动强度和劳动条件等变化；农业产业结构、农民人均收入水平等变化；自然风景、休闲娱乐游览区环境及人工景观等美学价值的变化；新技术、新知识的普及与推广等知识水平、技术水平的变化等。节水灌溉工程建设旨在提高社会经济总体水平，尤其是提高农民收入，全面推进小康社会建设，主要产生有利的社会经济影响。

上述评价只是就节水灌溉工程涉及的一般性环境影响内容进行了阐述，作具体项目的环境影响评价时，应根据工程规模、当地环境背景、生态系统与社会经济水平等具体情况，对项目建设期间及运行期可能产生的不利与有利影响进行分析、预测、评价，说明有利与不利影响的方式、性质、程度等，为制定消除不利影响的对策措施提供依据。

（四）环境保护建议、措施与费用估算

针对工程施工期和运行期对环境的不利影响提出改善建议与措施。例如，提出恢复临时占地植被的方案；提出处理施工废渣、废料以及减少粉尘、噪声污染的措施；对运行期的不利影响提出改善措施、建议等，并对改善措施所需费用进行估算。

（五）环境影响评价结论

环境影响评价结论包括：工程对环境产生的主要有利影响、不利影响及工程兴建后环境总体的变化趋势；对采取的环境保护措施提出论证意见；从环境保护角度，对工程的可行性提出评价结论。

第十二章　实　例

第一节　区域水土资源供需平衡分析实例

一、基本概况

某海岛区域总面积 2.22 万 km^2、陆域面积 1 256.9 km^2。该区域属北亚热带南缘季风海洋性气候，季风显著，四季分明，光照充足，雨量中等，多年平均降水量 1 273 mm，多年平均陆面蒸发量 760 mm。目前，该地区辖 2 区 2 县，总人口 105.9 万，城镇人口比重为 62.4%。2009 年国内生产总值为 533 亿元，三产结构为 9.6∶46.6∶43.8。该地区经济发达，人口多，人均水资源量只有全国平均水平的 31.2%，是水资源较为紧缺的地区。

二、计算分区与水平年

根据区域行政区划、地形地貌以及气候、水文等特点，将全区域划分为 4 个水资源平衡单元。本次水土资源供需平衡分析，现状基准年为 2009 年，近期水平年为 2015 年，远期水平年为 2020 年，分析范围为整个行政区域。

三、水土资源总量及可利用量分析

（一）水土资源总量估算

1. 水资源

由于区域地处海岛，无过境客水，山低源短，水资源基本全靠降水补给。岛内河流水系多为季节性间歇河流，互不相通，独流入海，根据区域水资源调查评价、区域水资源综合规划等成果，该区域多年平均地表径流量为 6.92 亿 m^3，多年平均地下水资源量为 1.62 亿 m^3，地下水资源与地表水资源间的重复计算量为 1.62 亿 m^3，区域水资源总量为 6.92 亿 m^3。按照 1956 ~ 2000 年水文资料系列，各分区 50%、75%、95% 保证率下的水资源量特征值如表 12-1 所示。

2. 土地资源

依据区域土地利用总体规划（2006 ~ 2020 年），该区域土地面积 206.9 万亩，其中农用地 128.2 万亩，占土地总面积的 62.0%；建设用地 33.7 万亩，占土地总面积的 16.3%；未利用地 45.0 万亩，包括滩区沼泽和自然保护地，占总面积的 21.8%。各区土地资源情况如表 12-2 所示。

表 12-1　水资源总量特征值

分区	不同保证率水资源总量（万 m³）			
	50%	75%	95%	多年平均
Ⅰ区	32 036	24 563	16 035	33 551
Ⅱ区	20 600	15 298	94 412	21 805
Ⅲ区	10 734	7 225	3 709	11 825
Ⅳ区	1 599	851	271	1 985
合计	64 969	47 937	114 427	69 166

表 12-2　土地资源情况

分区	总面积（万亩）	农用地（万亩）	比例（%）	建设用地（万亩）	比例（%）	未利用地（万亩）	比例（%）
Ⅰ区	82.9	62.1	75.0	13.8	16.6	7.0	8.4
Ⅱ区	64.2	38.6	60.1	9.1	14.2	16.5	25.7
Ⅲ区	46.6	24.4	52.4	8.8	18.9	13.4	28.7
Ⅳ区	13.2	3.1	23.5	2.0	15.2	8.1	61.4
合计	206.9	128.2	62.0	33.7	16.3	45.0	21.8

（二）水土资源可利用量估算

按照《全国水资源综合规划技术大纲》有关水资源可利用量的计算方法，地表水资源总量扣除不可以被利用水量（河道内生态需水量）和不可能被利用水量（洪水弃水）中的汛期下泄洪水量，得出地表水资源可利用量；地下水资源可利用量采用区域地下水资源调查评价与开发利用规划成果。地表水资源可利用量与浅层地下水资源可开采量相加，再扣除两者之间的重复计算量的方法估算区域水资源可利用量，如表 12-3 所示。

表 12-3　区域水资源可利用总量

分区	不同保证率水资源可利用总量（万 m³）			
	50%	75%	95%	多年平均
Ⅰ区	18 768	15 170	10 959	19 183
Ⅱ区	9 722	7 859	5 663	10 003
Ⅲ区	5 533	4 042	2 451	5 767
Ⅳ区	683	425	200	818
合计	34 706	27 496	19 273	35 771

在现状土地利用基础上，依据区域滩涂围垦规划，新增土地面积 19.3 万亩，规划期末区域土地资源可利用量达到 226 万亩。

（三）水利工程供水能力

1. 水利工程现状供水能力

当地目前已建水利工程蓄水容积 1.57 亿 m³。其中，中小型水库共 210 座，山塘和池塘 2 737 座，河道总容积 1 588 万 m³。这些水库、山塘、池塘、河道等蓄水工程是供水、灌溉等的主要水源。地下水的开发利用主要采用打深井、建井和建坑道井等方法，地下水用水量少，主要作为备用水源。此外，海水利用也是供水的重要组成部分，同时目前大陆一期引水工程极大地缓解了地区水资源供需紧张的局面。基准年水利工程可供水能力如表12-4 所示。

表 12-4　基准年水利工程可供水能力

分区	不同保证率可供水能力（万 m³）		
	50%	75%	95%
Ⅰ区	9 205	10 356	9 642
Ⅱ区	4 366	5 264	4 106
Ⅲ区	3 950	4 525	3 669
Ⅳ区	726	873	680
合计	18 247	21 018	18 097

2009 年全区总供水量 1.25 亿 m³，其中地表水源供水量 1.195 亿 m³，占总供水量的 95.6%；其他水源供水量占总供水量的 4.4%，其中，地下水源供水量 56 万 m³，海水淡化量 494 万 m³。在地表水源供水量中，蓄水工程供水量 6 850 万 m³，占 54.8%；引水工程供水量 589 万 m³，占 4.7%；提水工程供水量 3 613 万 m³，占 29.0%；跨流域调水供水量 888 万 m³，占 7.1%。

2. 水利工程供水能力预测

根据水利发展规划、农田水利建设规划、城乡供水规划、区域大陆引水工程规划，预测规划水平年可供水量情况如表12-5 所示。

表 12-5　规划水平年可供水能力预测　　　　　　　　　　（单位：万 m³）

分区	项目	2015 年			2020 年		
		50%	75%	95%	50%	75%	95%
Ⅰ区	地表水	12 520	10 659	10 276	14 653	13 225	12 860
	地下水	912	790	760	912	790	760
	其他	2 700	2 700	2 100	3 800	3 800	3 200
	小计	16 132	14 149	13 136	19 365	17 815	16 820
Ⅱ区	地表水	5 788	5 139	4 820	6 330	6 287	6 015
	地下水	672	611	557	672	611	557
	其他	2 100	2 100	1 500	3 000	3 000	2 000
	小计	8 560	7 850	6 877	10 002	9 898	8 572

续表 12-5

分区	项目	2015 年			2020 年		
		50%	75%	95%	50%	75%	95%
Ⅲ区	地表水	4 574	4 110	3 822	4 909	4 421	4 007
	地下水	409	381	350	409	381	350
	其他	1 600	1 600	1 100	2 000	2 000	1 600
	小计	6 583	6 091	5 272	7 318	6 802	5 957
Ⅳ区	地表水	1 134	910	860	1 134	910	860
	地下水	71	65	62	71	65	62
	其他	0	0	0	200	200	200
	小计	1 205	975	922	1 405	1 175	1 122
全区	地表水	24 016	20 818	19 778	27 026	24 843	23 742
	地下水	2 064	1 847	1 729	2 064	1 847	1 729
	其他	6 400	6 400	4 700	9 000	9 000	7 000
	合计	32 480	29 065	26 207	38 090	35 690	32 471

四、需水量计算

（一）现状用水量分析

依据区域水资源综合规划、历年水资源公报、行业用水统计等，统计分析基准年需水情况，如表 12-6 所示。

表 12-6　基准年需水计算成果

分区	不同保证率需水量（万 m³）		
	50%	75%	95%
Ⅰ区	5 338	6 820	8 096
Ⅱ区	3 460	4 155	5 435
Ⅲ区	2 225	2 971	3 781
Ⅳ区	305	388	457
合计	11 328	14 334	17 769

2009 年全区总用水量 1.25 亿 m³，其中农田灌溉用水 2 231 万 m³，占总用水量的 17.9%；林牧渔畜用水 607 万 m³，占 4.9%；工业用水 4 197 万 m³，占 33.6%；城镇公共用水 1 746 万 m³，占 14.0%；居民生活用水 3 690 万 m³，占 29.6%。

（二）规划水平年需水量预测

依据区域经济社会发展规划、小型农田水利建设规划、工业发展规划等，根据需水预测方法,在基准年需水分析基础上采用定额法,按照近年来节水型社会建设的要求,参考相关规划进行需水预测。

1. 生活需水

按照区域城市总体规划城镇化率、《长江三角洲地区区域规划》等,由于境外引水工程的实施,各水平年人均用水定额在现状基础上适当提高,生活需水预测如表12-7所示。

表 12-7 各分区生活需水预测 (单位:万 m³)

分区	水平年	城镇用水	农村用水	合计
I 区	2015 年	1 682	377	2 059
	2020 年	1 927	361	2 288
II 区	2015 年	1 516	360	1 876
	2020 年	1 774	350	2 124
III 区	2015 年	695	250	945
	2020 年	794	262	1 056
IV 区	2015 年	208	102	310
	2020 年	235	117	352
全区	2015 年	4 101	1 089	5 190
	2020 年	4 730	1 090	5 820

2015 水平年和 2020 水平年,全区生活用水为 5 190 万 m³ 和 5 820 万 m³。随着海岛区开发和海洋经济建设,城镇居民生活用水量将逐渐加大。

2. 农业需水

农业需水预测与自然气候条件、种植结构、农业用水效率等因素有关。在有常系列降雨资料、灌溉用水资料的条件下,结合农业部门相关规划成果,可以按照水利部《水资源供需预测分析技术规范》(SL 429—2008)进行调节计算。考虑到全区基础设施的建设和工业化、城市化发展需要,规划年全区的耕地面积将会继续减少。同时,考虑到土地政策和相关法律法规,耕地面积减少的幅度将逐渐变小。全区水田面积维持不变,旱地面积略有减少,鱼塘补水面积略有增加。在工业和服务业高速发展的同时,农业也得以协调发展。参考地区农田水利建设规划等成果,现状农田灌溉水利用系数为0.65,2015 水平年和 2020 水平年为 0.67、0.70,多年平均水田亩均灌溉用水量 213 m³,旱地为水田亩均用水的 1/7。不同水平年农田及林果业灌溉需水预测如表 12-8 所示。

现状畜牧用水定额为 17 L/d,水平年保持现状。鱼塘补水定额为 480 m³/亩,参考全省用水定额,2015 水平年及 2020 水平年分别为 440 m³/亩、400 m³/亩。畜牧业及鱼塘补水需水预测如表 12-9 所示。

表 12-8　农田及林果业灌溉需水预测　　　　　　（单位：万 m³）

分区	水平年	50%	75%	95%
Ⅰ区	2015 年	1 566	2 030	2 524
	2020 年	1491	1 933	2 404
Ⅱ区	2015 年	347	451	560
	2020 年	331	429	533
Ⅲ区	2015 年	358	463	576
	2020 年	338	437	544
Ⅳ区	2015 年	4	6	7
	2020 年	4	5	7
全区	2015 年	2 275	2 950	3 667
	2020 年	2 164	2 804	3 488

表 12-9　畜牧业及鱼塘补水需水预测　　　　　　（单位：万 m³）

分区	水平年	鱼塘补水	牲畜业需水	合计
Ⅰ区	2015 年	176	93	269
	2020 年	200	124	324
Ⅱ区	2015 年	220	25	245
	2020 年	240	28	268
Ⅲ区	2015 年	132	43	175
	2020 年	160	47	207
Ⅳ区	2015 年	0	12	12
	2020 年	0	16	16
全区	2015 年	528	173	701
	2020 年	600	215	815

　　2015 水平年和 2020 水平年，全区第一产业需水为 3 000 万 ~ 4 300 万 m³，维持现状农业用水水平，保障农业的发展。

　　3. 第二、三产业需水

　　该区目前已经初步形成了以临港工业、物流、交通运输设备制造业为主导的工业结构。根据区域有关经济发展规划，提出了在规划期形成资源节约型的产业体系政策，为资源调配和产业布局提供了导向，2009 ~ 2015 年经济增长速度约为 14%，2015 ~ 2020 年经济增长速度约为 12%。第三产业包括商饮业和服务业，其中商饮业包括批发零售贸易和餐饮业，服务业包括邮电、交通运输、仓储、金融保险、旅游、教育和文化卫生等诸多行业。

按照区域海洋经济发展规划，2020 年经济总量比现状翻两番，第三产业比重为 50% 左右，参考节水型社会建设规划，采用万元增加值定额法进行预测，各分区第二产业及第三产业需水预测如表 12-10 所示。

表 12-10 第二产业及第三产业需水预测 （单位：万 m³）

分区	2015 年			2020 年		
	第二产业	第三产业	小计	第二产业	第三产业	小计
Ⅰ区	3 599	2 025	5 624	5 740	3 807	9 547
Ⅱ区	3 887	1 596	5 483	6 140	3 268	9 408
Ⅲ区	2 166	213	2 379	3 108	369	3 477
Ⅳ区	196	171	367	246	342	588
全区	9 848	4 005	13 853	15 234	7 786	23 020

2015 年全区第二产业、第三产业需水共计约 1.39 亿 m³，2020 年第二产业、第三产业需水共计约 2.30 亿 m³，需水量增长较快。

4. 生态环境需水

河道内生态环境总用水量以多年平均径流量的百分比进行确定，北方为 10% ~ 20%、南方为 20% ~ 30%。全区多年平均径流量为 7.1 亿 m³，取 20%，即 1.4 亿 m³。河道外生态环境需水参考水利部《建设项目水资源论证培训教材》中有关研究成果方法，取为生活、生产总用水量的 3%。

5. 需水预测汇总

在上述需水预测的基础上，进行全区需水量汇总，如表 12-11 所示。

表 12-11 需水量预测 （单位：万 m³）

水平年	分区	50%	75%	95%
2015 年	Ⅰ区	9 803	10 281	10 790
	Ⅱ区	8 189	8 295	8 408
	Ⅲ区	3 973	4 082	4 198
	Ⅳ区	715	716	718
	全区	22 680	23 374	24 114
2020 年	Ⅰ区	14 059	14 514	14 999
	Ⅱ区	12 495	12 596	12 704
	Ⅲ区	5 229	5 332	5 442
	Ⅳ区	988	990	991
	全区	32 771	33 432	34 136

2015 水平年，$p = 50\%$、$p = 75\%$、$p = 95\%$ 保证率全区总需水量分别约为 2.27 亿 m³、2.34 亿 m³、2.41 亿 m³；2020 水平年，$p = 50\%$、$p = 75\%$、$p = 95\%$ 保证率全区总

需水量分别约为 3.28 亿 m^3、3.34 亿 m^3、3.41 亿 m^3。

五、水资源供需平衡分析

（一）基准年水资源供需平衡分析

基准年水资源供需平衡分析结果如表 12-12 所示。该区域在平水年 $p=50\%$ 和一般干旱年 $p=75\%$ 时不缺水；在枯水年 $p=95\%$ 时，Ⅱ区、Ⅲ区缺水，当地水资源总量表现为不足。近年来，Ⅰ区和Ⅱ区已实施管网供水一体化管理，提高了整个区域的供水保障能力。

表 12-12　基准年水资源供需平衡分析结果

分区	不同保证率余缺水量（万 m^3）		
	50%	75%	95%
Ⅰ区	3 867	3 536	1 546
Ⅱ区	906	1 109	− 1 329
Ⅲ区	1 725	1 554	− 112
Ⅳ区	421	485	223
合计	6 919	6 684	328

注：− 表示缺水，下同。

（二）规划水平年水资源供需平衡分析

规划水平年水资源供需平衡分析结果如表 12-13 所示。

表 12-13　规划水平年水资源供需平衡分析

水平年	分区	不同保证率余缺水量（万 m^3）		
		50%	75%	95%
2015 年	Ⅰ区	6 329	3 868	2 346
	Ⅱ区	371	− 445	− 1 531
	Ⅲ区	2 610	2 009	1 074
	Ⅳ区	490	259	204
	全区	9 800	5 691	2 093
2020 年	Ⅰ区	5 306	3 301	1 821
	Ⅱ区	− 2 493	− 2 698	− 4 132
	Ⅲ区	2 089	1 470	515
	Ⅳ区	417	185	131
	全区	5 319	2 258	− 1 665

由水资源供需分析知，2015 水平年在 $p=75\%$ 和 $p=95\%$ 时，Ⅱ区缺水，但通过Ⅰ区和Ⅱ区的一体化联网供水，可以解决Ⅱ区缺水问题；2020 水平年在 $p=95\%$ 时，Ⅱ区

缺水 4 132 万 m³，通过与Ⅰ区互相调剂，仍将缺水 2 311 万 m³。即使全区进行联合调配，仍有1 665万 m³ 的水量缺口。为解决该区域的缺水问题，区域被列为全国节水型社会建设试点，针对该区资源型缺水、工程型缺水问题，将生活节水的重点放在Ⅰ区、Ⅱ区供水管网改造上，降低管网漏损，达到节水型城市建设的要求；农业节水的重点放在Ⅱ区、Ⅲ区，结合种植结构调整，按照有关节水规划，2020 水平年将实现节水 1 800 万 m³ 的目标；同时，按照海水淡化利用发展规划，海水淡化利用量将不断增加，水资源供需基本能达到平衡要求。

六、土地资源供需平衡分析

（一）基准年土地资源利用情况

基准年各区的土地利用情况如表12-2 所示，总体上以农用地为主。未利用土地占总土地面积的 21.8%，为规划期土地利用格局的调整提供了一定的空间。

（二）规划水平年土地资源供需平衡分析

由于区域耕地资源少且分布分散，基础设施条件差，难以进行规模经营，农业用地生产条件较差，土地调整难。区域现状建设用地整体集约利用程度较低，有较大提高的空间，成为土地利用规划重点关注的问题。建设用地扩展区域与优质耕地布局区域同向，城镇用地扩展、基础设施新建均需占用大量耕地，耕地保护形势紧张。按照优先保护农用地，重点保护耕地，特别是基本农田和标准农田，规划期建设用地资源将主要依靠滩涂围垦造地。规划期在保障经济建设的前提下，控制建设用地总量，提高建设用地集约水平，农村居民点用地总规模逐步缩小，城乡用地实现动态平衡；滩涂围垦全面展开，土地后备资源得以适度开发；土地利用率与产出率明显提高，土地资源得到可持续利用。规划水平年土地资源供需平衡计算结果如表12-14 所示。

表 12-14　规划水平年土地资源供需平衡分析

水平年	分区	土地资源余缺量（万亩）		
		农用地	建设用地	未利用地
2015 年	Ⅰ区	0	-2.7	1.0
	Ⅱ区	0.2	-3.6	2.6
	Ⅲ区	0	-1.3	1.6
	Ⅳ区	0	-0.3	0.7
	全区	0.2	-7.9	5.9
2020 年	Ⅰ区	0.1	-4.3	1.7
	Ⅱ区	0.4	-6.1	5.1
	Ⅲ区	-0.1	-2.8	2.8
	Ⅳ区	0	-1.5	1.2
	全区	0.4	-14.7	10.8

由土地资源供需平衡知，2020 水平年总土地面积增加了 3.5 万亩。其中，农用地减少 0.4 万亩，建设用地增加 14.7 万亩，未利用地减少 10.8 万亩。规划期末，农用地 127.8 万亩，基本维持平衡。到规划期末，基本农田保护面积不低于 34.7 万亩、标准农田面积不低于 12 万亩。灌溉面积在规划期内基本维持在 16.85 万亩左右，其中水田面积 5.75 万亩、旱地面积 11.1 万亩。根据区域土地利用规划，通过滩涂围垦、土地结构布局优化等措施，规划期内的土地资源能够达到动态供需平衡。

第二节　节水灌溉发展规划实例

一、基本情况

（一）地理位置

某市地处浙江东南沿海，位于长三角地区南翼，为温黄平原所在地，地理坐标为北纬 28°22′，东经 121°21′。该市三面临海，陆域面积 925.8 km^2。全市辖 16 个镇（街道）928 个行政村，人口约 118.5 万人。

（二）地形地貌

全市地势西高东低，自西向东逐渐倾斜侵入东海，西部和西南部为海拔 100 ~ 250 m 的低山丘陵，北部、中部和东部为平原。境内地貌单元众多，有低山、高丘、低丘、台地、平原、滩涂、岛屿等，以平原为主，"四山一水五分田"是该区域地貌的基本特征。

全市境内土壤类型多样、地域分布明显，主要有黄壤、红壤、潮土、水稻土和盐土五种土类，以红壤和水稻土为主，广泛分布在低山丘陵及平原河网地区。

（三）气候条件

该地区属于亚热带季风气候，四季分明，气候温和，温湿适中，雨量充沛，光照适宜，年平均气温 17.3 ℃，无霜期长。全市多年平均降水量 1 609 mm，全年有两个雨季，5 ~ 6 月为梅雨期，7 ~ 9 月为台风暴雨期。降雨量分布与地形结构相吻合，降雨总的变化特征呈双峰型，降雨量山区多于平原和沿海。如遇空梅且无台风影响，则会产生旱灾。

（四）河流水系

全市境内主要水系为金清水系，为温黄平原主要水系，属雨源性河流；其他河流水系相对独立，源短流急，枯洪变化悬殊，属山溪间歇性河流。境内河流总长 1 773.7 km。山区河流容积 1 371 万 m^3，平原河网正常水位下水域面积 32.5 km^2、容积 6 850 万 m^3。

（五）社会经济状况

该市是浙江省粮、渔重点产区之一，形成了西瓜、果蔗、高橙、草鸡、葡萄、沿海渔业六大特色农业产业带。工业方面基本形成了摩托车及汽摩配件、水泵及机电、鞋帽及皮塑、家用炊具及金属制品、中小船舶修造、建筑建材六大产业群。根据《市统计年鉴 2009》，全市 2008 年末实现国内生产总值 478.6 亿元，三个产业结构比为 7.9∶52.8∶39.3。城镇居民人均可支配收入 24 125 元，农民人均纯收入 10 354 元。

（六）农业生产

2008 年末实有耕地面积 49.1 万亩，其中水田 40.8 万亩、旱地 8.3 万亩。2008 年实际灌溉面积 43.4 万亩、粮食作物播种面积 45.6 万亩，全年粮食总产量 17.72 万 t、蔬菜产量 42.36 万 t、水产品产量 50.96 万 t，实现第一产业增加值 37.96 亿元。

该市主要自然灾害有台风（热带风暴）、洪涝、干旱、低温等，冰雹、龙卷风、大雪等局部性灾害也时有发生。

二、农田水利工程现状及存在问题

（一）农田水利工程现状

该区域农业灌溉因取水方式不同形成三种灌区：以河网为界限，以河水为水源的小型灌区；以山塘或水库为水源，采用干渠输水到灌区的独立灌区；以河或井为水源，提水进行灌溉的山前缓坡地灌区。河网灌区以自流或泵站提水进入干渠，由干渠给各支渠配水。独立灌区从山塘取水，由干渠给各支渠配水。扬水灌区由河道或机井取水，泵站提水到灌区高处，由干渠给各支渠配水。

全市节水灌溉面积为 20.1 万亩，有高效节水灌区总面积 4.25 万亩。蔬菜、花木、果树等采用的灌溉方式为喷灌和滴灌。

（二）农田水利工程面临的主要问题

全市农田水利基础设施建设近年来取得了很大成就，农田水利事业得到了全面的发展。但农田水利建设与经济社会的快速发展和不断增加的需求相比，水利的支撑和保障能力仍明显不足。

（1）农田水利基础设施建设有待加强。农田水利设施多建成于 20 世纪六七十年代，经多年运行后，破损严重，导致水利工程效益未能正常发挥。虽然农田水利建设财政投入在逐年加大，但由于工程面广、量大，加上管理主体、责权不明，农村税费改革后，新的农村水利投入机制尚未形成，工程缺乏有效的管理养护与资金投入，目前全市农田水利工程老化依然严重，渠系水利用系数较低，山塘、渠道等需要改造。

（2）灌排设施标准不高。农业仍然是全市用水大户，水田灌溉面积占到总灌溉面积的 83.4%，虽然部分地区推行了如薄露灌溉等技术，但还没有形成规模性的节水、优质、高产的农业种植结构，节水灌溉工程设施缺乏，农田灌溉方式大多以渠道防渗地面灌为主，排水设施不完善，标准不高。目前，还缺乏适时适量先进的灌溉方式，灌排设施滞后制约了现代高效农业的进一步发展。

（3）农业水环境治理任务艰巨。随着区域经济的快速发展，工业废水、生活及农业污水排放量增大，水环境污染问题日趋严重。从现状水质监测情况分析，河流水体多处于 V 类状态，在枯水期用水紧张时还需要调引水质较好的水进行水环境改善。同时，地下水污染、水库水源的富营养化问题也较突出，加剧了供需矛盾。

（4）管理体制有待进一步完善。水利地方管理体系建设尚不完善，众多乡村集体所有的蓄、引、提、灌、排、防、饮等小型水利工程，长期以来依靠政府号召、政策引导、行政力量组织的方式开展建设和管理，重建轻管和粗放管理的现象仍然比较突出，技术服务推广体系及人才队伍建设亟待加强，水利投融资、水费征收体系尚难以适应市场经济规律和水利行业建设的要求，农村水利工程的管理体制和运行机制有待完善。

三、水土资源供需平衡分析

对全市进行水土资源供需平衡分析，确定现状基准年 2008 年、近期 2015 年、远期 2020 年。

（一）水土资源总量及可利用量

1. 水土资源总量及可利用量

根据水资源综合规划成果，全市多年平均地表水资源量为 8.15 亿 m³，多年平均地下水资源量为 1.36 亿 m³。扣除重复计算量，多年平均水资源总量为 8.57 亿 m³。在 $p = 75\%$、95% 情况下，水资源总量分别为 6.25 亿 m³、3.74 亿 m³。

全市水资源多年平均可利用量为 3.50 亿 m³，其中地表水可利用量为 3.17 亿 m³，地下水可开采量为 0.40 亿 m³/年。

全市土地总面积 925.8 km²，其中农用地 415.3 km²，占土地总面积的 44.9%；建设用地 148.7 km²，占土地总面积的 16.1%；未利用地 87.9 km²，占土地总面积的 9.5%。

2. 水土资源开发利用现状

全市目前水库总蓄水能力 7 666 万 m³，兴利库容 5 588 万 m³。其中，中型水库 2 座，总库容 5 949 万 m³，兴利库容 4 031 万 m³；小（1）型水库 2 座，总库容 1 011 万 m³，兴利库容 796 万 m³；小（2）型及库容 10 万 m³ 以下的山塘 149 座，总库容 824 万 m³。境内河网正常调蓄能力 6 250 万 m³。全市已建成机电排灌泵站 1 535 处，年提水量约 2 800 万 m³，地下水可开采量 4 000 万 m³/年。

全市现状耕地利用结构如表 12-15 所示。

表 12-15　全市现状耕地利用结构　　　　　　（单位：万亩）

总耕地面积	有效灌溉面积	农田实灌面积				林牧渔面积			
		水田	旱地	菜田	总计	林果	草场	鱼塘	总计
49.1	33.3	41.3	2.1	—	43.4	13.6	—	—	13.6

（二）水资源供需平衡分析

1. 水利工程供水能力分析

现状供水格局为蓄水、提水和地下水并存，根据水资源开发利用现状及水资源综合规划、市新农村建设保障规划，确定该区域现状工况条件下水利工程供水能力，见表 12-16。

表 12-16　现状工况下水利工程供水能力统计　　　　　　（单位：万 m³）

保证率	长潭水库	蓄水	引水	提水	地下水	合计
50%	18 479	8 268	222	16 913	160	44 042
75%	15 312	6 634	166	15 373	160	37 645
95%	10 719	4 082	103	12 588	160	27 652

2. 节水潜力分析

现状节水潜力是在现状经济社会条件下的人口、经济量和实物量按照远期水平年（2020 年）的节水标准计算出的需水量与现状用水量的差值。根据节水潜力分析计算方法，全市各行业现状节水潜力如表 12-17 所示。

表 12-17 全市各行业现状节水潜力

分类	节水量（万 m^3）
农业节水潜力	2 234
工业节水潜力	1 867
城镇生活节水潜力	810
合计	4 911

由分析知，全市 2020 水平年节水潜力 4 911 万 m^3，农业作为用水大户还有较大的节水挖潜空间，发展高效节水灌溉已成为农业节水的主要途径。

3. 水资源需求预测

根据城市总体规划确定人口增长率、城镇化水平等预测指标；按照经济社会发展规划、工业发展规划等确定产业经济发展规模；考虑输配水系统的水利用系数的提高，以定额法为基本方法，分别对全市规划期生活、生产、生态环境需水量进行预测，如表 12-18 所示。

表 12-18 全市需水量预测 （单位：万 m^3）

水平年	保证率	生活	生产	生态环境	合计
2015 年	50%	7 320	20 440	4 510	32 270
	75%	7 320	21 890	5 340	34 550
	95%	7 320	22 350	6 190	35 860
2020 年	50%	8 600	21 880	4 870	35 350
	75%	8 600	22 640	5 850	37 090
	95%	8 600	23 600	6 260	38 460

4. 水资源供需平衡分析

在现状工况条件下规划水平年水资源供需平衡情况如表 12-19 所示。在现状工况条件下，$p = 50\%$、75% 时不缺水；在 $p = 95\%$ 干旱年份时，2015 水平年缺水 8 208 万 m^3，缺水率为 22.9%；2020 水平年缺水量达 10 808 万 m^3，缺水较为严重，缺水率达到 28.1%。

针对全市面临的水资源短缺问题，现有工程不能满足社会经济发展对水资源的需求，修建小型蓄水工程、加大长潭水库引水量、开展非常规水源利用等，是在供水水源上解决用水紧张的重要途径；在供水方式上需要将多种水源联成网络，实现水资源合理配置，提高供水能力和效率；在取用水上降低输水漏损，调整产业用水结构，加强用水管理，推广节水技术、设备和器具；同时，以完善的制度法规体系来促进和保障水资源的综合高效利用。

表 12-19　规划水平年水资源供需平衡分析情况

水平年	保证率 （％）	需水量 （万 m³）	供水量 （万 m³）	余缺水量 （万 m³）	缺水率 （％）
2015 年	50	32 270	44 042	11 772	0
	75	34 550	37 645	3 095	0
	95	35 860	27 652	− 8 208	22.9
2020 年	50	35 350	44 042	8 692	0
	75	37 090	37 645	555	0
	95	38 460	27 652	− 10 808	28.1

农业是该地区用水大户，节水潜力大，为给工业和生活省出更多的宝贵水资源，支持社会经济可持续发展，加快农业基础设施建设，实现农业增效同时降低农业用水量，抓好农田水利建设，大力发展高效节水灌溉是十分必要的。

（三）土地资源供需平衡分析

随着经济的发展和农村工业化、城市化的逐步推进，耕地的承载压力进一步加大。近年来通过开垦荒地、宅基地整理等手段，使得农用地的数量有了一定程度的增加，保证了农业发展。根据市土地利用总体规划，未利用地 87.9 km²，通过加强基础设施配套建设，对农田进行科学的改造，绝大部分土地可以作为农用地利用。此外，全市有可围垦滩涂 109.53 km²，占潮间带总面积的 71％，主要分布在东部的大港湾、南部的隘顽湾和乐清湾中部以及北部坞根沿海，其中滩涂高程在黄海高程 0 m 以上的约 51 km²。通过滩涂围垦，农业用地特别是耕地面积基本上能实现占补平衡。

四、指导思想与规划依据

（一）指导思想与原则

1. 指导思想

立足实际，深入贯彻落实科学发展观，大力发展民生水利，加强以小型水源工程建设、灌区续建配套与节水改造、现代农业园区喷微灌建设为重点的小型农田水利工程建设和管理，积极推进工程管理体制和运行机制的改革与创新，提高灌溉水利用率、农田灌溉保证率，促进粮食稳定增产、农民持续增收、农村经济社会全面发展。

2. 原则

规划坚持统筹兼顾，实现农田水利工程的经济效益、社会效益和生态效益相统一；坚持重点突出，以提高农业灌溉水利用效率为重点；坚持因地制宜、注重实效，制订相适宜的方案；坚持建设与管理同步，加强水资源的合理开发利用和节约保护，建设和完善农村小型水利工程管理与服务体制。

3. 规划水平年

规划基准年：2008 年，规划水平年：近期为 2015 年、远期为 2020 年。节水灌溉工程重点建设期为 2009～2011 年。

（二）规划依据

1. 法律法规及政策文件

（1）《中华人民共和国水法》、《中华人民共和国防洪法》、《中华人民共和国水土保持法》；

（2）《中共中央国务院关于进一步加强农村工作提高农业综合生产能力若干政策的意见》（中发［2005］1 号）；

（3）《关于建立农田水利建设新机制的意见》（国办发［2005］50 号）；

（4）《中国节水技术政策大纲》（国家发展和改革委员会、科技部、水利部、原建设部、农业部 2005 年第 17 号）。

2. 技术标准

（1）《水资源供需预测分析技术规范》（SL 429—2008）；

（2）《节水灌溉工程技术规范》（GB/T 50363—2006）

（3）《灌溉与排水工程设计规范》（GB 50288—99）；

（4）《喷灌工程技术规范》（GB/T 50085—2007）；

（5）《微灌工程技术规范》（GB/T 50485—2009）；

（6）《农田低压管道输水灌溉工程技术规范》（GB/T 20203—2006）；

（7）《渠道防渗工程技术规范》（GB/T 50600—2010）；

（8）《城市供水管网漏损控制及评定标准》（CJJ 92—2002）。

3. 有关规划、纲要

（1）市水资源综合规划（2005）；

（2）城乡供水水源规划（2006）；

（3）市国民经济和社会发展第十一个五年规划纲要（2005）；

（4）市域总体规划（2006～2020）；

（5）浙江省温黄平原水利规划（2008）；

（6）市新农村建设水利保障规划（2007）。

4. 基础资料

（1）市统计年鉴；

（2）市土地开发整理规划成果资料；

（3）市水资源公报；

（4）市水环境质量通报（2007～2008）；

（5）浙江省农业灌溉用水定额成果资料。

五、规划目标与任务

（一）规划目标

规划基准年：2008 年，规划水平年：近期为 2015 年、远期为 2020 年。本次节水灌溉工程重点建设期为 2009～2015 年（其中，2009～2011 年为小型农田水利重点县建设期）。

根据全市农田农村水利建设的需求，确定近期发展目标：实现基本农田"旱能灌、涝能排"，使农业生产条件明显改善，农业综合生产能力明显提高，农业抗御自然灾害能力明显增强；远期目标：全市形成较为完善的节水灌溉网络体系，农业综合生产能力与其他产业相适应，建立良性的管理运行机制。

重点建设期即近期的具体目标：

（1）增加和恢复有效灌溉面积5.8万亩，达到39.0万亩，有效灌溉面积占耕地面积的比重提高11.8%，达到79.4%。

（2）节水灌溉面积增加15.5万亩（高效节水灌溉面积增加1.0万亩、田间灌排及渠道改造面积增加8.8万亩，整合农综项目面积增加5.7万亩），达到35.6万亩，节水灌溉面积占有效灌溉面积比重提高29.8%，达到91.3%。

（3）灌溉水利用系数从0.62提高到0.65左右。

（4）增加粮食生产能力3 200万kg，提高粮食综合生产能力10.2%。

远期规划目标：有效灌溉面积占耕地面积90%以上，基本实现节水灌溉，灌溉水有效利用系数提高到0.7，实现粮食生产能力的自给。

（二）主要任务

1. 渠道改造工程

2009～2013年五年规划为新建（改造）干渠衬砌改造49.58 km，新建（改造）田间灌排渠道581.35 km，配套各类水闸68座和小型泵站30座。其中2009～2011年完成新建（改造）干渠衬砌改造34.26 km，新建（改造）田间灌排渠道420.486 km（不包括农综项目和基本完好的田间灌排渠道），配套各类水闸48座和小型泵站21座，占五年建设任务的72%。

2. 高效节水灌溉工程

2009～2013年五年规划建设高效节水灌溉面积1.276万亩，其中2009～2011年完成建设高效节水灌溉面积1.008万亩，包括11处滴灌工程，面积8 039亩；5处喷灌工程，面积2 040亩，占五年建设任务的79%。

3. 山塘综合整治工程

2009～2013年五年规划综合整治1万～10万 m³ 山塘12座，其中2009～2011年完成综合整治1万～10万 m³ 山塘10座，占五年建设任务的83%。

六、工程总体布局与主要建设内容

（一）总体布局

全市水资源供需紧张最为突出的地区为东部产业聚集区。由于东海塘、滨海等工业区建设的加快，区域用水紧缺问题将越来越突出，成为规划期间的重点区域。

（1）温黄平原东部滨海区。适于以西瓜、葡萄、梨等为优势的特色农业基地和休闲旅游型的农业观光基地建设，逐步发展管道输水；葡萄、早熟梨、蔬菜结合施肥、治虫等发展滴灌、喷灌等集成微灌设施。

（2）温黄平原西部地区。配合中等城市建设，提升现有农田景观，着力提高城市的生态品位，在重点巩固现有灌溉设施的前提下，杜绝地下水过度开采，适度发展现代节水灌溉技术。

（3）西南山丘区。作为全市重要的生态屏障，对水资源以保护性开发为主，大力发展农业节水，推广微灌等节水灌溉技术。

（二）主要建设内容

1. 山塘整治工程

近期完成石塘镇新村西坑山塘、太平镇呑底扬村青坑等山塘综合整治工程 10 座。山塘工程整治的措施如下：

（1）山塘坝脚设置混凝土截水墙，内坡采用土工膜防渗。

（2）内外坝坡修整，迎水坡护砌，背水坡脚修建排水棱体。

（3）更换放水设施，采用虹吸管。

（4）更换启闭设施，启闭机房拆除重建。

（5）溢洪道维修加固。

（6）修建抢险道路。

（7）设置观测设施。

（8）坝体及坝周白蚁防治。

山塘综合整治后，正常库容可从现状的约 1.3 万 m^3 提高到 1.73 万 m^3，增加可利用库容 0.43 万 m^3，按复蓄指数为 3 计算，则每年增加供水能力 1.29 万 m^3，可保障村民的生产生活用水。

2. 渠系改造工程

重点建设期对有关镇的田间灌排渠道、U 形衬砌渠道或混凝土预制板渠道进行改造，逐步提高灌溉水利用系数，扩大农田受益面积。渠系工程改造的措施有：修改建提水泵房、衬砌渠道、疏浚排水沟。泵房为分基干室泵房，尺寸为 3.0 m×3.0 m×3.5 m，砖墙厚 0.24 m。衬砌渠道断面为矩形，采用现浇混凝土衬砌，侧壁厚 0.15 m、底板厚 0.1 m，采用 C15 混凝土浇筑；渠底设碎石垫层，厚 0.1 m。排水沟以疏浚整治为主，排水沟断面 1.0 m×1.0 m。

3. 高效节水灌溉工程

重点建设期新增高效节水灌溉 1 万亩，高效节水灌溉面积达到 5.25 万亩。根据种植作物和水源条件，高效节水灌溉工程以滴灌为主。滴灌系统采用内镶式滴灌带，管径为 16 mm，滴头工作压力为 0.1 MPa，滴头间距为 1.0 m，滴头流量 $L = 4$ L/h。其布置为每行作物 1 条毛管，毛管长约 50 m，敷设间距为 2 m。

4. 非工程性节水措施

非工程性节水措施主要指水田薄露灌溉等灌溉理念的应用及技术、经济、管理的改进。

（1）推广薄露灌溉技术。在满足施肥、防病治虫等农艺措施的前提下，在水稻灌区推行薄露灌溉，使土壤既有水分，又有氧气，更有利于水稻生长，在节省灌溉水量的同时，还能促进水稻增产，需要有关部门大力宣传、推广。

（2）加强节水管理，建立良性运行机制。根据不同的条件，对不同类型特别是小型灌区因地制宜实行多种形式的管理体制改革，如实行承包经营、股份合作制、租赁拍卖等。

七、工程管理

（一）建设期管理

组织主体为市政府，成立工程建设指挥部，全面负责工程的建设实施，发改、财政、水利、国土、农业、环境保护等部门按照自己的职能履行好相关职责。乡镇一级成立相应的领导小组，实行行政领导负责制，重点工程实行包点制度。建立考核管理制度，层层签订责任状，落实各项责任，实行奖罚制度、以奖代补制度。

（二）工程运行维护

按照"谁投资、谁所有"的原则，根据《浙江省水利工程管理体制改革实施办法》，合理界定现有小型水利工程的产权归属，充分发挥项目建后的效益，实行灌区管理处＋管理站、用水户协会＋用水户的两级管理机构的管理模式。本着"统一管理、分级负责"的原则，实行以专业管理为主，专管与群管相结合的灌区管理组织体系。干渠及其建筑物由管理处和管理站管理，支渠以下渠道及其建筑物由群众性的管理组织即用水户协会管理。

明确各级责任与义务，建立监督考核、责任追究机制。健全和完善各项管理规章制度，明确各级管理人员的责任和义务，并根据各项制度，对各级水利管理人员进行监督考核，提高管护人员的责任心和积极性。

（三）服务体系建设

加强乡镇、村一级的基层水利管理机构和技术服务组织建设，加强对基层技术管理人员的培训，落实水利科技推广人员进村入户补贴发放政策，完善考评、考核机制。通过农村水利协会等组织让农民参与农村水利事务，民主管理、民主监督，实现专业管理与民主管理的有机结合，提高服务能力和水平。

八、投资估算

依据有关概预算编制依据，投资估算采用综合指标估算法。小型水源工程、灌溉工程、排水工程等主要根据市已完成类似工程实际造价或工程量，参照《浙江省水利水电工程费用定额及概算编制规定》（2006 年）所规定的费用构成和费率取值，得出各类工程的估算值，然后根据综合造价按规模比例估算同类工程的投资。其他费用中的基本预备费、建设管理费、勘测设计费及临时工程费用分别按建安费的 5%、3.5%、4%、3% 计算。投资估算见表 12-20。

近期规划重点建设工程共有 52 个项目，涉及滴灌、喷灌、食用菌加湿工程、田间灌排渠道新建改造及配套、干渠改造及配套、山塘综合整治等六种工程类型，工程建设总投资 8 487.62 万元。

表 12-20 投资估算表 （单位：万元）

序号	项目	分项	建安工程投资	其他费用	合计
1	滴灌工程	水池	24.03	3.72	27.75
		水闸	6.0	0.93	6.93
		小型泵站	13.0	2.02	15.02
		滴灌建设	850.98	131.90	982.88
		小计	894.01	138.57	1 032.58
2	喷灌工程	小型泵站	4.0	0.62	4.62
		喷灌建设	249.56	38.68	288.24
		小计	253.56	39.30	292.86
3	食用菌加湿工程		388.98	60.29	449.27
4	田间灌排渠道新建改造及配套	水闸	22.05	3.42	25.47
		小型泵站	83.04	12.87	95.91
		渠道工程	3 742.57	580.10	4 322.67
		小计	3 847.66	596.39	4 444.05
5	干渠改造及配套	小型泵站	35.0	5.43	40.43
		渠道工程	1 067.38	165.65	1 233.03
		小计	1 102.38	171.08	1 273.46
6	山塘综合整治		861.82	133.58	995.4
	总计		7 348.41	1 139.21	8 487.62

九、效益分析与环境影响评价

（一）效益分析

1. 社会效益

规划的实施有利于建设节约型社会，促进水资源可持续发展和社会主义新农村建设。渠系改造、山塘整治、高效节水灌溉工程的建设等，不仅增加了供水能力，提高了灌溉供水保证程度和灌溉水利用率，有利于农业生产规模化经营，改善农业生产条件，减少甚至杜绝灌溉季节争水抢水矛盾，消除水事纠纷，推进以用水户参与灌溉管理为主的群管组织建设，促进社会主义新农村建设，同时也为其他重要基础设施的安全提供了保障，促进了地区综合发展。

2. 节水增产效益

工程实施后，节水灌溉工程面积占有效灌溉面积的比例从 60.5% 提高到 91.3%；高效节水灌溉面积增加 23.5%，达到 5.25 万亩；灌溉水利用系数从 0.62 提高到 0.65。农业灌溉节水潜力约 2 000 万 m^3，为发展城镇供水创造了条件。可提高粮食生产 3 200

万 kg，按粮食平均价格 1.8 元/kg 计算，全年可增收 5 760 万元。

3. 生态效益

通过山塘综合整治，周围水环境将得到较大改善，维持良好水质，使当地居民的生活、居住环境有较大改善；通过高效节水灌溉工程的实施，控制农药、化肥合理使用，有利减少农业种植对周围水环境的污染，从而提高了当地的生态环境质量；渠系配套项目的建设，改善了灌区作物的生长环境，同时也将改善灌区的生态环境。

（二）环境影响评价

按照规划建设方案，施工期对环境有影响的工程主要包括农业节水工程中的灌区河道改造工程、中低产田改造工程。项目对环境的影响按施工期、运行期两个阶段进行分析评价。

1. 施工期环境影响评价

重点工程施工期间产生一定的"三废"、噪声污染、水土流失等影响。大部分工程施工期相对较短，其对环境的不利影响是临时性的，采取相应的环保措施，可以将其对环境的负面影响降到最低。

在噪声预防上采取有效降噪措施，控制施工时间，尽可能避免有噪声设备在夜间作业，减轻机械设备噪声对周围群众的影响。

河道施工弃渣集中堆放，尽量就近利用，土方开挖地表植被会遭到破坏，施工完成后应及时绿化。对施工垃圾、污水处理厂产生的污泥和药渣，不能任意排放，应实行分类集中处理。

在水土流失预防上，对工程开挖面、弃渣场以及临时占地在施工后应及时恢复，对工程永久建筑周围，道路两旁应在工程结束后及时进行绿化和美化，恢复景观，防止水土流失，保持当地生态系统稳定。

工程施工期间按照保护水功能区的要求，对废污水采取相应措施进行处理，施工结束后，对施工场地进行平整，并尽量恢复原有的土地功能。

2. 运行期环境影响评价

农业面源污染是全市水环境治理的重点。通过灌区河道整治、疏浚和改造，提高了河道的行洪、排涝能力，缓解了水土流失压力。

十、保障措施

（一）管理制度保障

节水灌溉建设是一项公益性的基础工程建设，也是一个系统的社会工程，涉及财政、水利、农业、国土等多个部门，建设时间长，投入资金多，影响面广。因此，需要切实加强组织领导，强化责任，各部门分工协作。成立建设指挥部，明确各部门职责，从组织领导、部门协调联动、引导农民筹资投劳、工程建设管理，制定协调统一机制，资金管理按照"专项管理、专款专用、单独建账、单独核算"的原则，对工程投资计划下达、资金拨付、资金使用和账务处理的全过程实行规范化管理，落实方案的具体实施工作，做好节水灌溉县建设方案与其他行业规划的有效衔接和协调，共同推进建设方案的实施，加强对项目建设质量监督、检查，把好设计关、施工关、竣工验收关，实现工程保质保量按时完成并发挥预期效益。

（二）资金保障

建设资金是规划项目实施的先决硬条件，为此必须充分争取国家和省的财政支持，充分发挥节水灌溉建设资金多元化、多渠道的筹集能力，整合各类涉及节水灌溉建设资金参与项目建设。在中央和省级补助资金到位的情况下，地方配套资金也完全可以足额及时到位，工程建设资金有坚强的保障。通过深化节水灌溉工程产权改革，大力吸引企业、个人投资，要创新节水灌溉工程建设资金投入机制。

（三）技术保障

节水灌溉是一门融多学科于一体的综合性专业学科，搞好节水灌溉工程的建设，要有一支有奉献精神的专业技术过硬的人才队伍，县级水利单位以及乡镇的水利服务中心是实施规划的人才仓库，为规划实施奠定了科技人才的基础。而且，根据工程实施需要，还可以从各相关部门抽调一定的人才资源和力量，整合到节水灌溉建设的管理和技术队伍当中，通过集中培训、专项讲座、人才储备等多种方式充实加强县、乡镇两级的水利技术力量，切实保障规划实施。

第三节　节水灌溉工程规划实例

一、基本情况

（一）自然情况

某县位于云南省中北部，东经 101°35′～102°06′、北纬 25°23′～26°06′之间，全县东西宽 26 km，南北长 78 km，总土地面积 2 021.69 km²。全县地处滇中高原北部，四周群山环抱，中部为低陷的元谋盆地，周围山峰高出盆地 1 000～1 300 m。经地质构造运动，呈现出东山侵蚀构造中山地形、西山剥蚀构造中山丘陵地形、盆地断陷堆积地形三大地貌形态。

该县属亚热带干燥季风气候，具有降雨少、蒸发量大、干旱严重的气候水文特征。境内旱季和雨季界限分明，季风气候显著，气温随海拔增加而递减，降雨随海拔增加而递增，"立体气候"特征明显。年均降水量 624.20 mm，蒸发量 3 094.1 mm，平均气温为 21.2 ℃，平均日照时数为 2 670 h，平均无霜期为 316 d，基本无霜冻现象，有利于各种植物栽培生长。

该县地层从元古界至中生界和新生界岩组均有分布，根据境内工程地质情况可分为高山剥蚀夷平面区、河谷侵蚀区、河谷坝子区、河湖相沉积岩地质。境内大、小坝子多为河流冲积阶地及河漫滩，由砂、泥、砾石层组成，沉积厚度不等，属河谷坝子区、河湖相沉积岩组工程地质。地下水以松散堆积层孔隙水、碎屑岩裂隙水、变质岩裂隙层间水和碳酸盐岩裂隙溶洞水为主。

该县境内的河流分两大水系，即龙川江及支流属金沙江水系、花同乡的依轳轳河属元江水系。雨季泛洪水、枯季流清水的常流河有金沙江、龙溪河、龙川江、蜻蛉河等 19 条，总长 435 km。雨季洪水、旱季干涸的主要河流有糯巴拉箐、沙沟箐、法窝箐、罗纳河、芝麻河等 39 条，总长 330 km。

该县土壤分为棕壤、黄棕壤、红壤、燥红壤、紫色土、石灰土、冲积土、盐土、水稻土 9 大土类。在 9 大土类中，自然土壤占 85%、农业土壤占 15%。耕地多分布于盆地和箐沟、河谷、山洼两旁，山区大多为旱地，半山区和部分山槽、箐沟地带兼有水田和旱地。境内植物共有 123 个科 462 种，以禾本科和菊科居多。境内农作物以水稻、玉米、小麦、花生、蚕豆、薯类等作物为主，特别是冬春早熟蔬菜，可种植品种丰富。热带亚热带经济作物有香蕉、龙眼、甘蔗、芒果、西瓜、荔枝、枣类、咖啡、核桃、酸角等。

该县因受气象、地形影响，平均降水量少，雨季集中，旱季较长，且雨季降水量也随海拔高低和地形有极大差别。由于森林植被差，水土流失严重，自然灾害频繁。自然灾害主要为干旱、洪涝、冰雹及泥石流、山体滑坡，其中，干旱灾害最为常见、发生频率最高、影响范围广、对农业生产的影响最大，造成的经济损失位于其他自然灾害损失之首。该县的干旱灾害一般分为两种类型。一种是春旱，雨季越迟，旱情越严重；另一种是夏旱，也包括雨季间的插花性干旱，干旱间隙时间越长，旱情就越严重，特别是两种类型兼有的情况。少数年份也有秋旱。根据资料记载，自新中国成立后该县共发生 35 次较大规模的干旱，境内农作物生产受到严重影响，损失惨重，其中尤以近年来的几次大旱最为严重。

（二）社会经济状况

该县辖 3 个镇 7 个乡 73 个村民委员会。2010 年年末，全县有户籍人口 21.58 万人，其中农业人口 19.12 万人、非农业人口 2.46 万人。该县有彝族、苗族、回族、傈僳族等少数民族 22 个，少数民族人口 8.29 万人，占总人口的 38.4%。

2010 年，全县地区国内生产总值 17.79 亿元，农业总产值 13.12 亿元，农民人均纯收入 4 783 元。全年财政总收入完成 1.15 亿元，完成固定资产投资 15.14 亿元。

（三）水土资源现状

该县地处龙川江下游，属金沙江水系龙川江流域，水资源丰富，全县境内有大小河流 819 条，其中常流河 21 条、季节河 798 条。经分析，全县多年平均水资源总量为 3.48 亿 m^3，其中地表水 2.75 亿 m^3、地下水 0.73 亿 m^3。水资源可利用量 4.25 亿 m^3，其中地表水资源可利用量 1.37 亿 m^3、地下水资源可利用量 0.29 亿 m^3，客水 2.59 亿 m^3。

截至 2010 年，全县已建成蓄水工程 1 648 件，其中中型水库 5 座、小型水库 65 座，小坝塘 1 578 件，水库坝塘的总库容 1.232 0 亿 m^3。机电井 245 眼，引水沟渠 114 件，机电排灌站 198 处，农用机井 245 眼。蓄、引、提年供水能力达到 3.07 亿 m^3，占水资源可利用量的 72.2%。

全县可耕地面积 46.31 万亩，2010 年全县耕地面积 42.94 万亩，农作物总播种面积 38.21 万亩，粮食种植面积 19.62 万亩，经济作物播种面积 18.59 万亩，粮经作物种植结构为 51.4 : 48.6，经济作物占到农作物的一半左右。其中，蔬菜种植面积 12.77 万亩、烤烟种植面积 1.33 万亩、油料种植面积 1.30 万亩。全县有效灌溉面积达到 19.18 万亩、节水灌溉面积 9.95 万亩。

二、水土资源平衡分析

（一）水资源供需状况

以 2010 年为基准年、高效节水灌溉试点县建设期间和完成后的 2015 年和 2020 年分别为近期和远期规划水平年，进行全县可供水量预测分析。预测结果表明，全县近期2015 年在偏旱年份（$p=75\%$）可供水量为 34 996.70 万 m^3，远期 2020 年在偏旱年份（$p=75\%$）可供水量为 36 353.26 万 m^3。

根据全县国民经济和社会发展"十二五"规划、结合有关部门制定的中长期发展规划，对规划水平年近期（2015 年）和远期（2020 年）各用水部门的用水量进行预测。用水部门包括农业、工业、生活、生态环境用水。经分析，近期（2015 年）和远期（2020 年）偏旱年（$p=75\%$）各行业用水量分别为 49 946.2 万 m^3 和 62 583.74 万 m^3，特旱年（$p=95\%$）各行业用水量分别为 40 822.87 万 m^3 和 50 786.41 万 m^3。

结果表明，全县近期（2015 年）平水年不缺水，偏旱年缺水量 14 949.50 万 m^3，特旱年缺水量 41 420.54 万 m^3。远期（2020 年）平水年余水 21 711.09 万 m^3，偏旱年缺水 4 469.61 万 m^3，特旱年缺水 28 802.91 万 m^3。

根据有关水资源供需平衡结果，近期（2015 年）偏旱年份略有缺水，近期和远期特旱年份缺水量较多。规划水平年 2015 年和 2020 年生活与生态环境用水量均有所增加，农业、工业用水量有所降低；特旱年（$p=95\%$）可供水量减少，农业灌溉用水量因天气状况有较大幅度增加，缺水量较大。经过农田水利工程建设后，近期（2015 年）和远期（2020 年）偏旱年份可供水量与需水量的差额分别为 − 14 949.50 万 m^3 和−4 469.61 万 m^3，近期缺水问题严重，而远期水资源供需矛盾得到有效缓解。

（二）土地资源供需状况

依据修订后的全县土地利用总体规划（2006～2020 年），到 2020 年，全县耕地保有量不低于 39.95 万亩，基本农田保护面积不低于 34.2 万亩，城乡建设用地规模控制在 5.1 万亩以内，新增建设占用耕地控制在 0.6 万亩以内，补充耕地不少于 0.6 万亩。因此，土地资源的利用格局基本上是耕地和建设用地的调整，规划期内未利用土地得以适度开发，总体实现占补平衡。

三、节水灌溉工程现状与存在问题

（一）节水灌溉及高效节水发展现状

该县现有节水灌溉面积 9.95 万亩，其中渠道防渗面积 8.58 万亩、低压管道输水面积 0.76 万亩、喷灌面积 0.01 万亩、微灌面积 0.56 万亩、林果节水灌溉面积 0.04 万亩。全县水利化程度为 28.1%，灌溉渠道完好率为 65%，灌溉水利用系数为 0.48。

目前，全县节水灌溉工程现状指标如下：有效灌溉面积占耕地面积的比重为44.67%；节水灌溉面积占有效灌溉面积的比重为 51.88%，高效节水灌溉面积占有效灌溉面积的比重为 7.14%；灌溉水利用系数为 0.48；全区粮食综合生产能力为 7.33 万 t。

（二）存在的主要问题

该县农田水利工程大都是 20 世纪五六十年代兴建的，各水利工程设施老化破损问题严重，设备陈旧失修，工程完好率低，造成水资源浪费严重，不利于该县经济社会尤其是农业生产的可持续发展。小型农田水利资金不足是制约该县节水灌溉农业发展的主要因素，缺乏扶持政策也是制约该县小型农田水利工程、高效节水灌溉工程发展的重要因素。

该县是农业大县，农业灌溉用水量占总用水量的 90% 以上，然而由于资金不足，农田水利工程老化失修，工程配套程度低，渠道输水损失大，造成了灌溉水利用系数低，灌溉定额大，田间水浪费严重。灌溉水利用效率低、节水灌溉技术推广应用范围小，影响了农业增产、农民增收，也加剧了水资源短缺的矛盾，进行高效节水灌溉重点县建设将极大地提高该县水土资源开发利用程度。

小型农田水利工程，尤其是高效节水灌溉工程，资金投资大、开发难度大、施工要求高、工程运行管理要求高。缺乏政策扶持、工程投入不足，就会造成工程管理或维修不到位或不及时，将难以保障工程的建后管护，将不能发挥工程的效能，会制约工程灌溉效益的正常发挥。建立集约化、现代化、统一化的先进管理模式在该县这个严重缺水的西南地区是非常有必要的。

四、规划目标与任务

（一）规划目标

经过三年（2011～2013 年）的建设，建立全县高效节水灌溉工程示范基地，集多种高效节水灌溉工程、技术与管理体系为一体，达到农业生产条件明显改善、农业综合生产能力明显提高、抵御自然灾害能力明显增强的效果，为当地高效节水灌溉技术的推广起到良好的示范作用。拟实现以下目标：

（1）每年新增高效节水灌溉面积 2.0 万亩以上，3 年达到 6.04 万亩。其中，新增低压管道输水灌溉面积 2.85 万亩，新增滴灌灌溉面积 3.19 万亩，新增喷微灌面积占新增高效节水灌溉总面积的 52.89%。

（2）项目区灌溉水利用系数达到 0.88。其中，低压管道输水灌溉工程灌溉水利用系数达到 0.75、滴灌工程灌溉水利用系数达到 0.90。

（3）项目区高效节水灌溉工程合格率达 100%。

（4）着力推进工程产权制度改革，发展多种适宜高效节水工程运行与管理的集约化、规模化经营机制，新型经营模式管理面积达到 85%。

（二）建设任务

根据小型农田水利设施建设要求，结合该县实际情况，提出 2011～2013 年高效节水灌溉工程的建设任务如下。

1. 小型水源工程建设任务

在元马镇、黄瓜园镇、羊街镇、老城乡、物茂乡、平田乡、新华乡建设蓄水池 89 处，总容积 9.06 万 m^3；在虎溪片区金锁湾村西南 0.8 km 处建设小型灌溉泵站 1 座，配置水泵 2 台、设计流量 280 m^3/h，电机 2 台、配套功率 180 kW，用于虎溪片区滴灌工程。

2. 高效节水灌溉工程建设任务

高效节水灌溉工程采用低压管道输水灌溉和滴灌两种形式，建设面积6.04万亩。

在元马镇、黄瓜园镇、羊街镇、老城乡、物茂乡、平田乡、新华乡建设低压管道输水灌溉工程13处，建设面积2.85万亩，敷设管道295.97km，安装给水栓3825个。

在元马镇、黄瓜园镇、羊街镇、老城乡、物茂乡、平田乡、新华乡建设滴灌工程13处，建设面积共3.2万亩，建系统首部52套，敷设输水管道592.25km，建滴灌带（管）21303.98km。

根据上述总体目标及建设要求，分年度建设任务如表12-21所示。

表12-21　分年度建设任务

建设任务			2011年	2012年	2013年
小型水源工程	蓄水池	工程数量（座）	28	31	30
		容积（万m³）	2.85	3.16	3.05
	小型灌溉泵站	工程数量（处）	1	—	—
		引水流量（m³/h）	280	—	—
高效节水灌溉工程	低压管道输水灌溉工程	建设面积（万亩）	0.89	1.01	0.95
		管道长度（km）	92.38	104.76	98.83
	滴灌工程	建设面积（万亩）	1.13	1.01	1.06
		管道长度（km）	209.35	187.09	195.81

五、工程布局与建设标准

（一）工程布局

根据该县地形特点、水源条件和作物种植情况，以及小型农田水利工程现状，对该县节水灌溉工程建设进行统筹安排、统一布局。全县节水灌溉工程分布在禾阳、清河、中兴—领庄、虎溪、挨小、丙华、罗兴、老城、物茂、丙月—尹地、平田—新康、新华、羊街—甘泉等13个片区。

禾阳片区高效节水灌溉工程位于元马镇北部，涉及小庄连、那达、禾阳新村、小乌头禾、莫党、大乌头禾、小羊庄7个自然村，灌溉面积3210亩，其中低压管道灌溉面积1660亩、滴灌灌溉面积1550亩，主要种植林果、玉米、蔬菜、水稻。片区的灌溉水源为东山大沟及丙间大沟。

清河片区高效节水灌溉工程分布在元马镇清河村委会，涉及中屯、挨那望、下广、高卷槽、下那蚌、小那乌、长安、大水井、月龙9个自然村，灌溉面积4960亩，其中低压管道灌溉面积2420亩、滴灌灌溉面积2540亩，主要种植林果、玉米、蔬菜、水稻。片区的灌溉水源为东山大沟及丙间大沟。

中兴—领庄片区（东片）高效节水灌溉工程分布在黄瓜园镇中兴、领庄两个村委会，涉及大学庄、小学庄、上你莫、下你莫、老范、小中等26个自然村，灌溉面积13070亩，其中低压管道灌溉面积7170亩、滴灌灌溉面积5900亩，主要种植林果、玉米、蔬菜、水稻。片区的灌溉水源为东山大沟及丙间大沟。

虎溪片区高效节水灌溉工程分布在物茂乡虎溪村委会，涉及丁茂、虎溪、雷稿、丙满、雷依、雷老、塘角、金锁湾 8 个自然村，灌溉面积 4 820 亩，其中低压管道灌溉面积 2 260 亩、滴灌灌溉面积 2 560 亩、主要种植水稻、玉米、葡萄、蔬菜。片区的灌溉水源为蜻蛉河、东来水库及唐角水库。

挨小片区高效节水灌溉工程分布在老城乡挨小村委会，涉及下班发、上班发、新法、禹门、挨小、上广、大那乌、上那蚌 8 个自然村，灌溉面积 3 930 亩，其中低压管道灌溉面积 2 090 亩、滴灌灌溉面积 1 840 亩，主要种植水稻、玉米、葡萄、蔬菜。片区的灌溉水源为东山大沟及丙间大沟。

丙华片区高效节水灌溉工程分布在元马镇丙华村委会，涉及马大海、大丙戌、茂应、湾云、小丙戌 5 个自然村，灌溉面积 5 940 亩，其中低压管道灌溉面积 2 910 亩、滴灌灌溉面积 3 030 亩，主要种植林果、玉米、蔬菜、水稻。片区的灌溉水源为东山大沟及丙间大沟。

罗兴片区高效节水灌溉工程分布在物茂乡罗兴村委会，涉及大物茂、小物茂、那化、永红、大多乐、小多乐、多竹、永红 8 个自然村，灌溉面积 3 220 亩，其中低压管道灌溉面积 1 350 亩、滴灌灌溉面积 1 870 亩，主要种植水稻和蔬菜。灌溉水源为永仁县麻栗树水库及新河水库。

老城片区高效节水灌溉工程分布在老城乡老城村委会，涉及下箐、中箐、新建、永康、老城、花园、河湾、田房、班美、大哨、大安、王丙庄、大空、新庄、渔洪、石榴庄、甘塘、攀枝罕、河坝街、骂龙、公路梁子 21 个自然村，灌溉面积 4 180 亩，其中低压管道灌溉面积 1 830 亩、滴灌灌溉面积 2 350 亩，主要种植水稻和蔬菜。灌溉水源为东山大沟及丙间大沟。

物茂片区高效节水灌溉工程分布在物茂乡物茂村委会，涉及上罗茂勒、下罗茂勒、湾保、多克、普龙 5 个自然村，灌溉面积 3 020 亩，其中低压管道灌溉面积 1 510 亩、滴灌灌溉面积 1 510 亩，主要种植水稻、蔬菜和葡萄。灌溉水源为新河水库、永仁县麻栗树水库。

丙月—尹地片区高效节水灌溉工程分布在老城乡丙月、尹地村委会，涉及大月旧、小月旧、兰家坟、山后、丙岭哨、尹地、茂易、阿郎 8 个自然村，灌溉面积 3 010 亩，其中低压管道灌溉面积 1 340 亩、滴灌灌溉面积 1 670 亩，主要种植水稻和蔬菜。片区灌溉水源为龙川江、丙巷河水库、丙间水库、麻柳水库、马道地水库、丙月团山水库。

平田—新康片区高效节水灌溉工程分布在平田乡平田、新康村委会，涉及平田、培英、五哨、坤来、英户、三家、小新、小户领、户郎、班恺、班皂利、华康、金沙坝、团结、新源、鸿园、云峰、凤尾、龙坪 19 个自然村，灌溉面积 4 890 亩，其中低压管道灌溉面积 2 270 亩、滴灌灌溉面积 2 620 亩，主要种植水稻和蔬菜。片区灌溉水源为河尾水库、弯腰树水库、丙令水库、丙令团山水库。

新华片区高效节水灌溉工程分布在新华乡新华行政村，涉及空连、河尾、新村、团坝、平地、吴果、四保、庙上、庙下、班庄、湾子、上柏 12 个自然村，灌溉面积 3 090 亩，其中低压管道灌溉面积 1 500 亩、滴灌灌溉面积 1 590 亩，主要种植水稻、蔬菜、烤烟。片区灌溉水源为河尾水库、鼠街水库、冷水箐水库。

羊街—甘泉片区高效节水灌溉工程分布在羊街镇羊街、甘泉两个行政村，涉及羊街、大村、甸头、大树、德里康、文理、后箐、石林、三家、木资海、新庄、大麻地、民劝、甘泉、石龙、上白邑、下白邑、唐家、庄子、上罗胜、下罗胜、洒马旧、山脚、小碧马、大碧马、山后26个自然村，灌溉面积3 050亩，其中低压管道灌溉面积1 410亩、滴灌灌溉面积1 640亩，主要种植水稻、玉米、蔬菜、烤烟。片区水源为秧田箐水库、前进水库、法曙碑水库、后箐河水库。

高效节水灌溉试点县建设项目总体布局见表12-22。

表12-22　高效节水灌溉试点县建设项目总体布局一览

工程名称	工程地点	建设面积（万亩）
低压管道输水灌溉工程	元马镇、黄瓜园镇、羊街镇、老城乡、物茂乡、平田乡、新华乡，雷依、雷老、塘角、马大海、大丙戌村、上罗茂勒、班庄、领亥、小新等72个自然村	2.85
滴灌工程	元马镇、黄瓜园镇、羊街镇、老城乡、物茂乡、平田乡、新华乡，丁茂、新地、金锁湾、下箐、中箐、新建、大物茂、小物茂、那化等81个自然村	3.19

（二）规划依据与标准

根据《农田低压管道输水灌溉工程技术规范》（GB/T 20203—2006）、《微灌工程技术规范》（GB/T 50485—2009）、《泵站设计规范》（GB 50265—2010）以及其他相关规范和标准，结合项目区具体情况确定各项工程建设设计标准如下。

1. 小型水源工程建设设计标准

小型灌溉泵站，工程等别为Ⅴ等，泵站工程中的水工建筑物级别为5级，设计洪水重现期10年，校核洪水重现期20年。

2. 高效节水灌溉工程建设设计标准

低压管道输水灌溉工程，灌溉设计保证率为75%，灌溉水利用系数为0.85；微灌工程，灌溉设计保证率为85%，滴灌灌溉水利用系数为0.90。

六、建设内容

该县高效节水灌溉试点县建设内容为小型灌溉泵站、蓄水池等小型水源工程，低压管道输水灌溉工程、滴灌工程等节水灌溉工程，涉及该县7个乡镇153个自然村，覆盖面积6.04万亩，建设内容按资金来源分别说明如下。

（一）小型水源工程建设内容

小型水源工程主要有小型灌溉泵站和蓄水池。

1. 小型灌溉泵站

根据高效节水建设工程布局，考虑虎溪片区提水灌溉条件及要求，确定取水水源为蜻蛉河。

在虎溪片区蜻蛉河建设小型灌溉泵站工程 1 处，作为高效节水灌溉工程的配套水源。小型灌溉泵站的设计灌溉保证率 $p=85\%$，灌溉泵站进水池和出水池采用混凝土结构，泵型选用离心泵，总装机容量为 180 kW。主要工程量包括土方 511 m^3、浆砌石 71 m^3、混凝土与钢筋混凝土 804.8 m^3。

小型灌溉泵站建设内容如表 12-23 所示。

表 12-23　小型灌溉泵站建设内容

建设年份	工程名称	灌溉面积（亩）	设计流量（m^3/h）	装机功率（kW）	选泵型号
2011	虎溪片区	1 640	273.3	180	DL150-20
2012	—	—	—	—	—
2013	—	—	—	—	—

2. 蓄水池

根据各灌溉片区水源情况、灌溉方式及灌溉要求，在项目区 13 个片区范围内地势有利处布置蓄水池 89 座，总容积 9.06 万 m^3。单池容积 1 000 m^3 左右，采用封闭式圆形钢筋混凝土结构。主要工程量包括土方 1.67 万 m^3、砌石 0.98 万 m^3、混凝土与钢筋混凝土 1.89 万 m^3。

蓄水池建设内容如表 12-24 所示。

表 12-24　蓄水池建设内容

建设年份	工程名称	蓄水池数量（座）	蓄水池容积（万 m^3）
2011	禾阳片区、清河片区、中兴—领庄片区、虎溪片区、挨小片区	28	2.85
2012	丙华片区、中兴—领庄片区、罗兴片区、老城片区	31	3.16
2013	中兴—领庄片区、物茂片区、丙月—尹地片区、平田—新康片区、新华片区、羊街—甘泉片区	30	3.05

（二）高效节水灌溉工程建设内容

高效节水灌溉工程主要有低压管道输水灌溉工程和滴灌工程两部分。

1. 低压管道输水灌溉工程

低压管道输水灌溉工程用于项目区内水稻灌溉。本次设计中，建设低压管道输水灌溉工程 13 片，建设面积约 2.85 万亩。

输配水工程：干、支管均埋于地下，采用 UPVC 管道。管径根据实际流量计算，选取 90~200 mm。输水干管根据地形条件布置，支管走向平行于作物种植方向，间距控制在 100 m。

给水栓：按灌溉面积均衡布设，并根据作物种类确定布置密度。单口灌溉面积控制在 7.5 亩，给水栓工作水头为 0.3～0.5 m。给水栓采用 ϕ90 mm 固定式给水栓。每个给水栓流量为 25 m³/h。

附属设施：低压管道输水灌溉工程建设还包括阀门井、泄水井、镇墩等。

主要工程量包括土方 33.74 万 m³、混凝土与钢筋混凝土 0.60 万 m³、敷设管道 295.96 km、安装给水栓 3 831 个。

低压管道输水灌溉工程建设内容见表 12-25。

表 12-25　低压管道输水灌溉工程建设内容

建设年份	项目区	灌溉面积（亩）	管道长度（km）	给水栓（个）
2011	小计	8 880	92.38	1 196
	禾阳片区	1 660	17.27	224
	清河片区	2 420	25.18	326
	中兴—领庄片区	450	4.68	61
	虎溪片区	2 260	23.51	304
	挨小片区	2 090	21.74	281
2012	小计	10 070	104.75	1 355
	丙华片区	2 910	30.27	392
	中兴—领庄片区	3 980	41.40	535
	罗兴片区	1 350	14.04	182
	老城片区	1 830	19.04	246
2013	小计	9 500	98.83	1 280
	中兴—领庄片区	1 470	15.29	198
	物茂片区	1 510	15.71	203
	丙月—尹地片区	1 340	13.94	181
	平田—新康片区	2 270	23.62	306
	新华片区	1 500	15.60	202
	羊街—甘泉片区	1 410	14.67	190
三年总计		28 450	295.96	3 831

2. 滴灌工程

根据项目区内种植作物种类，结合当地农民灌溉方式，建设滴灌工程 13 片，建设面积约 3.19 万亩。各片区滴灌工程灌溉面积见表 12-26。

首部枢纽：滴灌工程首部包括过滤器、控制与量测设施等。项目区共安装首部枢纽 52 套。

输配水管道：总干管、干管埋于地下，选用 UPVC 管道，管径根据实际流量计算，选取 110～160 mm；支管布置在地表，选用 PE 管道，管径根据实际流量选取 63 mm。输配水管道根据地形条件布置，支管垂直于植物种植行布置。

表 12-26 滴灌工程建设内容

建设年份	项目区	灌溉面积（亩）	首部枢纽（套）	管道长度（km）	滴灌带（管）
	小计	11 290	18	209.35	7 530.43
	禾阳片区	1 550	2	28.74	1 033.85
	清河片区	2 540	4	47.10	1 694.18
2011	中兴—领庄片区	2 800	5	51.92	1 867.60
	虎溪片区	2 560	4	47.47	1 707.52
	挨小片区	1 840	3	34.12	1 227.28
	小计	10 090	16	187.08	6 730.03
	丙华片区	3 030	5	56.18	2 021.01
2012	中兴—领庄片区	2 840	4	52.66	1 894.28
	罗兴片区	1 870	3	34.67	1 247.29
	老城片区	2 350	4	43.57	1 567.45
	小计	10 560	18	195.81	7 043.52
	中兴—领庄片区	1 530	3	28.37	1 020.51
	物茂片区	1 510	2	28.00	1 007.17
2013	丙月—尹地片区	1 670	3	30.97	1 113.89
	平田—新康片区	2 620	4	48.58	1 747.54
	新华片区	1 590	3	29.48	1 060.53
	羊街—甘泉片区	1 640	3	30.41	1 093.88
三年总计		31 940	52	592.24	21 303.98

灌水器：滴灌带（管）及毛管沿作物种植行布置。滴灌带（管）采用 $\phi16$ mm 滴灌带（管），工作压力为 200 kPa。

附属设施：滴灌工程建设还包括阀门井、泄水井、镇墩等。

主要工程量包括土方 33.0 万 m^3、混凝土与钢筋混凝土 1.12 万 m^3、安装首部枢纽 52 套、敷设管道 592.24 km、敷设滴灌带（管）21 303.98 km。

（三）典型工程设计

为便于计算单位工程量和单位工程投资，根据该县实际情况，结合高效节水灌溉试点县总体规划，选取规模适度、代表性强的地块进行典型工程设计，提出项目区建设主要工程类型的技术方案。分别选取小型灌溉泵站、蓄水池、低压管道输水灌溉工程、滴灌工程等四种单项工程进行典型设计。具体设计过程从略。

七、工程建设与管理

（一）管理机构设置

（1）高效节水灌溉工程建设是一项系统工程，在实施过程中需要加强组织领导，建立健全组织机构，实行法人管理制，中央地方投资、群众自筹一部分的方式建设。本着"谁建、谁有、谁管"的原则，规模化片区拟采用的工程运行管理方式是选择大户、经合组织、用水户合作组织、分散农户、农业生产公司、村集体管理等方式管理。

（2）实施过程中，成立高效节水灌溉项目实施办公室，负责项目的组织实施和协调工作，制订实施方案和监督工程招标投标，委派有资质的质检、监理单位对工程质量进行监督和检查。

（3）项目办公室同时统一负责工程建设中的日常事务，包括协调计划、工程建设进度、工程项目的审查、资金的运转、组织验收，解决工程建设中出现的问题，提出措施和意见。在项目实施中聘请水利专家进行技术指导。

（二）项目组织管理

为方便工程运行管理、维护和调度，充分发挥工程效益，促进水资源的可持续利用，保障经济社会的可持续发展，改变该县水利工程管理体制不顺、管理单位机制不活等问题，在县水务局指导下，进行全县水利工程管理体制改革。结合项目区农业生产实际情况，建立健全小型农田水利工程产权制度改革、基层水利管理服务机构改革，完善用水户参与的灌溉管理制度，同时进行小型农田水利工程水价制度改革，发展多种合作模式，保证全县高效节水灌溉工程的长效管理和运行。

土地的正常有序流转是充分发挥高效节水灌溉工程规模效益的基础，根据该县当前的土地管理使用经验，"公司＋基地＋合作社"的土地运营模式符合高效节水灌溉工程的发展，值得借鉴：

（1）专业合作社模式，是把农民的多余闲置土地流转到企业，公司统一标准开发土地使用，经营权归企业所有，然后向社会"反租倒包"，把没有土地的闲散农民分配引导到公司流转的土地上，建立专业合作社。通过专业合作社的模式，老百姓得到了三笔收入：一是土地流转金，二是劳务费，三是公司回收产品的费用，可真正调动农户积极性。

（2）股份合作社模式，是针对土地资源相对较少但又想发展产业的村寨，公司采取建立股份合作社的方式，农民不用流转土地，只需要通过村民大会讨论，决定拿出多少土地用来发展蔬菜产业，加入蔬菜产业股份合作社。股份合作社由公司投资种苗和技术，负责市场销售、联动价格、保护价格，老百姓以土地和劳力为资本入股，但股份是虚拟的、象征性的，并没有严格的入股制度。最后，企业依据国际期货价格决定鲜果收购价格，做到价格公开、透明。

（3）保险模式，是农民不用流转土地，农户种植入险，公司负责品种购买、技术培训等内容，并回收最终产品，农民可将种植作物入险，基本险范围包括：火灾和地震造成的损失，因洪水渍涝、山体滑坡、泥石流造成甘蔗中毁、掩埋的损失，暴风、龙卷风造成的损失，旱灾损失。这样不但使农民获得种子和技术等条件的保障，而且一旦发生灾害，不会导致农户本金全亏，无力继续种植。为了不把合作社建设流于形式，公司可在合作社实施"五个一"工程，即在每个村社安放一台电脑、一台投影仪、一台刷卡机、建盖一间农资化肥仓库，配备一名大学生村官。合作社模式为科技人员下乡搭建了施展才华的平台，变公务员领导干部下乡和挂钩扶贫为科技人员下乡，有效发挥政府的引导作用，真正节省农业产业化龙头企业在科技人才队伍建设上的投入。让新型农村合作社和科技人员真正成为政府解决"三农"问题的桥梁和纽带。

（三）项目建设管理

项目建设工作由项目办进行统筹安排，确定项目的建设进度，制订详细的项目实施计划。对项目的实施进行招标投标管理责任制和承包制，签订合同，明确责、权、利，按设计要求进行施工和管理，并聘请有监理资质的监理单位对该项目投资、质量和进度全面控制，保质保量地如期完成建设任务。

业主与招标选定的施工单位签订承包合同，根据合同的条款，项目办和监督部门严把工程质量及购进的设备质量关，根据设计要求、技术规范及合同规定的质量标准和验收标准进行工程验收，确保项目建设有计划、有步骤地进行。

项目建设的全部资金由项目办统一管理、统一安排，建立健全资金管理制度，严把资金使用关。定期对资金进行审计、检查，监督资金的使用情况，防止挪用、滥用资金现象的发生。

实行业主负责制、招标投标制、项目监理制、双合同制"四制"，能够控制投资、工期和质量，保证工程的顺利完成，并充分发挥效益，是项目建设的重要保证。

（四）工程运行管理

在工程建成验收后，县政府及县水务局制订产权移交方案，对工程产权进行登记、确认，造册，颁发工程产权证书，产权按隶属原则分别移交给禾阳、清河、中兴、领庄、挨小等农民用水户协会。

项目区对新建工程进行产权登记，明确产权主体，将所兴建的工程设施分别移交给禾阳农民用水户协会、清河农民用水户协会、中兴农民用水户协会、领庄农民用水户协会、挨小农民用水户协会进行管理、维护和使用。

实施水价改革，制定合理水价，按有关标准收取一定管理维修费，所收费金用于支付管理人员工资及工程维修养护，保证工程效益发挥的长期性和良性运行。探索新型管理制度，深化人事用工制度改革，建立内部激励机制；妥善安置人员，落实社会保障政策；建立适应社会主义市场经济体制要求、灵活有效的运行机制。制定鼓励节水的优惠政策和奖励政策，调动灌区和用水户的节水积极性，做到计划用水、计量收费、超定额累进加价，节约奖励，逐步建立适合本县的农业用水分配和运行管理机制。

八、施工组织

（一）施工条件分析

项目区属南亚热带干燥季风气候区，降水丰沛，干湿季分明。项目区内不良物理地质以冲沟为主，水土流失严重。在下更新统冲湖积分布区，活冲沟相当发育，伴生坍塌、滑坡，常形成土林；在有软弱的黏土夹层段，常形成缓倾角的滑坡。岩体风化强烈、破碎，活冲沟也很发育。在峡谷地区，常产生崩塌和松动变形。

项目区交通十分便利，有成昆铁路、京昆高速公路、108 公路贯穿全境，乡级公路四通八达。金锁湾灌溉泵站位于蜻蛉河左岸，物茂乡金锁湾村西南 0.8 km 处，距县城约 54.0 km。有乡村简易公路相通，工程所在区域大部分地形较为平坦，沿渠线附近大都有乡村公路相通，部分渠道对现有乡间道路稍作扩宽处理即可作为施工道路。对于没有现成道路的部分渠段，可对开挖后的渠道，用拖拉机等小型运输机械进行施工运输。渠道沿线地形较宽阔处，可作为施工及生活区场地。

项目区内的建设内容是低压管道输水灌溉和微灌工程，所用材料包括砂子，石子，水泥，PVC、PE 管材及管件等。砂料与石料各项指标符合《水利水电工程天然建筑材料勘察规程》（SL 251—2000）的规定。项目区地处山区，砂石料和水泥来源丰富，均可在当地市场购买。各种规格的 PVC、PE 管材及管件用量较大，可在全国各地进行招标采购。

项目区内的水资源较为丰富，麻柳水库、塘角水库在项目区虎溪片上游，丙间大沟、东山沟贯穿项目区其他片区，为施工用水提供了便利条件。项目区内高低压输电线路四通八达，每个村都设有变压器，电力供应充足，为施工用电提供了保障。

（二）主体工程施工

节水灌溉工程主体工程是管道工程，施工程序为：施工准备—测量放线—清基开挖—土方回填—验收。

管沟开挖前，根据监理工程师提供的网点及水准点的基本数据，按实际施工需要增加控制点，进行施工测量放线。管沟土方开挖采用人工开挖。应按施工放线、轴线和槽底设计高程开挖主、支管，管槽的开挖深度为 1.2 m 左右，宽度上口为 1.5 m、下口为 0.5 m。

管道敷设应从相对低处到高处，先主管，后干管，最后支管的顺序进行管材的排放，轻拿轻放入沟槽底，避免管材的损伤，避免土方塌方。管道承插连接时，用棉布清洁插口、承口和橡胶圈及橡胶圈沟槽，将橡胶圈按小头向管口的方式正确安装在胶圈沟槽内，不得装反或扭曲。将涂上润滑剂的插口对准所连接的承口，保持插入管的平直，将管一次插入至标线处。用塞尺顺承口间隙插入，沿圆周检查橡胶圈的安装是否正确。

管道黏结连接时，将需黏性连接的管材用弓齿锯切断，插口出倒 30°外角，承口处倒 30°内角，锉成坡口后再进行连接。用毛刷将黏结剂迅速涂在插口外侧及承口内侧接合面上时，宜先涂承口、后涂插口。承口涂黏结剂后，应适时承插，用力挤压，并转动管端使管端插入的深度至所画标线，并保证承插接口的直度和接口位置正确，同时保持规定的时间。

对于金属阀门的安装，直径大于 65 mm 的 PVC 管材与金属阀门连接法兰连接均采用国标法兰连接，直径小于 65 mm 的 PVC 管道可用螺纹连接，并用生料带防渗漏。

进行水压试验，系统只能在主管、干管中进行水压试验，试压的水压力不小于管道设计压力的 1.25 倍，并保持 10 min，随时观察管道及附属件的渗、漏、破等现象，做好记录并及时处理，直到合格，整个升压过程应缓慢控制，此项目主要依各级阀门的启闭来调节压力。

（三）施工总体布置

根据施工区域的地形特点、地貌特征和现有道路、水源等设施及工程本身的布局形式，分施工区、生活区两个区，分片布置，合理使用场地。

该工程以原有道路作为主要交通道路，配合地方道路，以便于施工交通运输。为适应该项目施工战线长、分布面广和单位工程量小的特点，项目部将配备工程运输车，便于施工现场机械、电缆调配和生活方便。

该工程配置工具车5辆，工程用电使用当地高压电源或自发电。

根据该工程的施工特点及该区域的水源情况，生活用水在生活区就地取用；施工用水可直接从蜻蛉河或丙间大沟、东山大沟引用。

生活区布置在项目区的元马镇、老城乡，选择空闲地修建施工管理用房，根据施工进度计划及工程规模，高峰期时间内施工人数为800多人，以此为依据进行生活区临时设施的建设。

根据现场的施工条件，为满足各施工区的通信联系及对外联系，工地施工项目部主要管理人员均配备移动电话。

（四）施工总体进度

根据工程建设要求，即2011年9月10日开工，2011年12月20日全部工程完工。施工进度计划见表12-27。

表 12-27　施工进度计划

序号	任务名称	9月			10月			11月			12月		
		上旬	中旬	下旬	上旬	中旬	下旬	上旬	中旬	下旬	上旬	中旬	下旬
1	施工准备		─										
2	测量放线												
3	管沟开挖												
4	PE管安装												
5	管沟回填												
6	滴灌工程												
7	竣工清理												─

九、水土保持及环境保护

（一）水土保持规划

1. 水土保持规划依据

（1）《开发建设项目水土保持技术规范》（GB 50433—2008）；

（2）《中华人民共和国水土保持法》；

（3）《中华人民共和国水土保持法实施条例》；

（4）《水土保持工程概（估）算编制规定》（水利部水总〔2003〕67号）；

（5）《水土保持工程概算定额》（水利部水总〔2003〕67号）。

2. 水土流失防治指导思想及原则

按照"谁开发、谁保护"，"谁造成水土流失、谁治理"的原则，科学、合理地划定水土流失防治责任范围。重点针对施工期可能引起的水土流失问题及工程运行期以水质为核心的水环境保护需要，提出相应的水土保持对策及措施，从而使工程建设所引起的人为新增水土流失得到基本控制，使原有水土流失得到有效治理，工程施工和运行得到安全防护，区域经济与环境的协调得到保障。

水土流失防治的基本原则是：工程措施和植物措施相结合，临时措施和预防保护措施相结合，新增水土保持措施与主体工程中具有水保功能的设施相结合，形成较完整的水土保持综合防护体系。

3. 水土保持工程总体布局

水土保持工程总体布局如下：

（1）工程措施。在主体工程施工区、弃渣场、施工道路和施工生产生活区水土流失重点地段采取排水、护坡及土地整治等工程措施防治水土流失。施工生产生活区和施工道路等工程结束使用后，实施土地平整和覆土土地整治措施，恢复原有土地利用类型。

（2）植物措施。在适宜种植林草的地方采取植物措施，防治水土流失。本项目对永久占地的可绿化面积进行绿化，施工道路和施工生产生活区在停止施工后进行植物绿化。

（3）临时措施。在主体工程施工区、弃渣场、施工道路和施工生产生活区各分区施工过程中，采取临时措施防治水土流失，特别是在汛期施工时，应采取必要的排水拦挡、沟道清淤等临时水土流失防治措施。施工道路和施工区施工过程中应开挖排水沟、设置沉沙池。

（4）预防保护措施。在主体工程施工区、弃渣场、施工道路和施工生产生活区各分区施工过程中采取预防保护措施防治水土流失。施工单位应优化施工工序，合理安排施工时序，制订完善的施工组织计划，加强施工管理。临时堆土应"先挡后弃、注意排水"，减少水土流失。工程施工中注意施工路面洒水，临时堆放的土石料和运输车辆遮盖。充分落实水土保持工程的监督、监理和监测制度。

4. 水土流失防治分区及重点

根据项目建设的施工布局、地形地貌、水土流失特点，将项目区分为主体工程施工区、施工道路、施工生产生活区3个区。

本工程的水土流失防治重点为施工期的临时防护措施和施工结束后植被恢复。

5. 水土流失防治内容

施工结束后，对施工生产生活区、施工道路等临时占地应及时进行场地清理，清除建筑垃圾及各种杂物，经土地整治后恢复土地使用功能。

6. 水土保持监测

水土保持监测内容与频率：主要监测施工期和运行初期的水土流失量、水土流失危害及水土保持设施运行情况。监测时段为施工期和运行初期共1年。施工期监测2次（遇暴雨需要加测），运行初期监测1次。

水土保持监测方法和位置：监测方法以定期监测或不定期的实地调查法为主。监测的重点区域为临时堆土堆料点及施工道路边坡。

（二）环境保护规划

1. 施工区环境保护

施工区应注意废水的排放、大气污染、减少噪声等问题。生产废水中的泥浆应流入泥浆池沉淀后将清水排入河道；生活污水经消毒处理后排放至农田，禁止向河道排放。施工期间大气污染源主要有水泥运输的泄露、车辆扬尘、燃油废气等，应针对具体情况采取净化防尘等有效措施，尽量减少废气排放量。工程施工过程中产生的噪声会对附近村庄的居民产生一定影响，施工期间应采取措施尽量减少噪声，夜间施工时禁止开动噪声大的运输工具、施工机械等。

2. 人群健康保护

灌溉泵站工程因施工场地相对集中、人口密度大，应做好人群健康保护。重点做好饮用水保护和施工区卫生清理，预防传染性疾病蔓延。对饮用水采取必要的消毒措施，要达到饮用水标准。工程施工中的公共卫生设施要配套，厕所应远离村庄与河道，并有专人管理，做到及时清理。施工过程中，时刻教育施工人员注意个人卫生和环境卫生，防止疾病的发生。

3. 施工区环境管理

施工区环境管理要以环境科学为基础，以法律条文、行政约束为依据，加强宣传教育。对施工区由生产和生活活动引起的环境污染问题应严加管理，协调工程建设和环境保护之间的关系，促进文明施工，保障工程建设的顺利进行。工程建设指挥部门应建立环境管理机构，制定施工区环境管理办法等。

施工结束后，应及时清运建筑垃圾，并对施工区进行覆土平整，恢复施工临时占地的土地利用功能。

十、工程投资及资金筹措

（一）工程概况

本工程结合该县的实际情况，综合考虑确定高效节水工程形式，工程包括低压管道输水灌溉、微灌两种形式。工程总规模为 6.04 万亩，涉及 7 个镇。其中，低压管道输水灌溉 2.85 万亩、微灌 3.19 万亩。新建水源配套工程 90 处。

（二）编制依据

（1）云南省水利厅、云南省发展和改革委员会颁发的《云南省水利工程设计概（估）算编制规定》（试行）（云水规计［2005］116 号）；

（2）《水利工程概（估）算编制规定》（水利部水总［2002］116 号）及相关定额；

（3）《水利工程概预算补充定额》（水利部水总［2005］389 号）；

（4）《水利水电设备安装工程概算定额》（水利部水建管［1999］523 号）。

（三）基础单价

1. 人工费

工长 4.91 元/工时，高级工 4.56 元/工时，中级工 3.87 元/工时，初级工 2.11 元/工时。

2. 电、风、水预算价

电价 0.8 元/（kW·h），风价 0.14 元/m^3，水价 0.6 元/m^3。

3. 主要材料预算价格

钢筋、水泥、炸药、柴油、汽油、木材等主要材料按当地市场价格加到达工地的运杂费、材料采购保管费计算。以2011年7月的物价水平编制。

4. 次要材料预算价格

次要材料预算价格参照当地2011年7月市场价格确定。

5. 施工机械台时费

施工机械台时费按《水利工程施工机械台时费定额》（水利部水总［2002］116号）确定。

（四）费用计算标准及依据

（1）其他直接费：以直接费为计算基础，建筑工程直接费率取2.0%、安装工程直接费率取2.7%。

（2）现场经费：建筑工程以直接费为计算基础，安装工程以人工费为计算基础，费率按《云南省水利工程设计概（估）算编制规定》（试行）（云水规计［2005］116号）确定。

（3）间接费：建筑工程以直接工程费为计算基础，安装工程以人工费为计算基础，费率按《云南省水利工程设计概（估）算编制规定》（试行）（云水规计［2005］116号）确定。

（4）企业利润：以直接工程费、间接费之和为计算基础，费率取7%。

（5）税金：以直接工程费、间接费、企业利润之和为计算基础，费率取3.25%。

（6）临时工程：按一至二部分投资合计的2%计算。

（7）独立费用：建设管理费按一至三部分投资合计的4.5%计算、勘测设计费按一至三部分投资合计的3%计算。

（8）预备费：只计算基本预备费，按一至四部分投资合计的5%计算，不计价差预备费。

（9）安装工程的安装费按设备费的15%计算。

（五）投资估算

2011～2013年高效节水灌溉工程估算总投资11 992.10万元（见表12-28和表12-29）。

十一、预期效益

（一）经济效益分析

该项目实施后，每年新增高效节水灌溉面积2万亩以上，3年达到6.04万亩；项目区灌溉用水利用系数达到0.78。项目区农业灌溉条件得到明显改善，经济作物综合生产能力得到显著提高。

根据《水利产业政策》及《水利建设项目经济评价规范》（SL 72—94）的要求，农田水利工程大部分是公益性和准公益性项目，因此只进行国民经济评价。国民经济评价依据《水利建设项目经济评价规范》（SL 72—94）和《建设项目经济评价方法与参数》（第三版），采用动态分析方法，费用和效益按有无该项目的增量分析方法计算，项目主要投入物和产出物采用影子价格。

表 12-28 　总估算表 　　　　　　　　（单位：万元）

编号	工程或费用名称	建安工程费	设备购置费	独立费用	合计
一	第一部分 建筑工程	2 997.96			2 997.96
1	水源工程	2 395.78			2 395.78
2	管灌工程	135.67			135.67
3	滴灌工程	466.51			466.51
二	第二部分 设备及安装工程	767.34	5 115.57		5 882.91
1	水源工程	287.82	1 918.80		2 206.62
2	管灌工程	134.77	898.44		1 033.21
3	滴灌工程	344.75	2 298.33		2 643.08
三	第三部分 施工临时工程	177.62			177.62
1	临时工程	177.62			177.62
四	第四部分 独立费用			769.96	769.96
1	建设管理费			407.63	407.63
2	科研勘测设计费			271.75	271.75
3	建设及施工场地征用费			90.58	90.58
	一至四部分投资合计	3 942.92	5 115.57	769.96	9 828.45
五	预备费			491.42	491.42
1	基本预备费			491.42	491.42
2	价差预备费				
	静态总投资				10 319.87
	总投资				10 319.87

表 12-29 　分年度投资情况表 　　　　　　　　（单位：万元）

年份	2011	2012	2013	合计
合计	3 553.33	4 522.06	3 916.71	11 992.10

该项目的工程总投资为 11 992.10 万元，工程建设期 3 年，经济计算期 20 年。采用动态分析方法，以工程建设第一年作为折算基准年，并以该年年初作为折算基准点，社会折现率取 8%。

1. 经济效益估算

项目工程计划总投资 11 992.10 万元，工程受益面积 6.04 万亩，其中低压管道灌溉 2.85 万亩、微灌 3.19 万亩。该项目实施后，可以产生较大的经济效益，对农民的脱贫致富起到重要作用，同时也可获得良好的环境效益和社会效益。

参照项目县的农业统计资料和临近灌区的统计资料分析增产效益，项目区作物一年三熟，主要种植作物为水稻、玉米、蔬菜，经计算，年均增产效益为 1 463.56 万元（见表 12-30）。

表 12-30　年均增产效益计算结果　（单位：万元）

作物名称	灌溉效益分摊系数	灌溉面积（万亩）	灌后作物单产（kg/亩）	灌前作物单产（kg/亩）	综合亩产增量（kg/亩）	农产品价格（元/kg）	灌溉效益（万元）
水稻	0.3	2.85	800	650	150	2.5	320.63
玉米	0.3	6.04	450	330	120	2.2	478.37
蔬菜	0.3	9.23	1 500	1 200	300	0.8	664.56
合计							1 463.56

2. 费用估算

水利建设项目的费用包括项目的固定资产投资、年运行费和流动资金。

固定资产投资：国民经济评价的固定资产投资包括本工程全部建设费用。该项目总投资为 11 992.10 万元。国民经济评价对工程概算投资进行调整，经济（影子）投资在财务静态投资的基础上，按《水利建设项目经济评价规范》（SL 72—94）附录 E 简化方法进行编制和调整，费用的调整按工程估算的现实逐项进行，扣除工程财务投资中属于国民经济评价内部转移支付的计划利润和税金等，按影子价格调整钢材、木材、水泥等主要材料的费用，按土地的机会成本调整工程占地费用重新计算基本预备费，其他费用不作调整。则该项目固定资产（影子）投资为 10 972.89 万元。

年运行费：年运行费包括工资及福利费、材料和燃料动力费、维护费及其他费用。根据水利工程经济计算规范及类似工程的综合费率取值，确定本项目的年运行费按占固定资产投资的 3.5% 计算，为 384.05 万元。

流动资金：流动资金包括维持项目正常运行所需购置材料、燃料、备品、备件及科研试验等的周转资金，参照已建工程和项目实际运行情况，流动资金按正常运行期年运行费的 10% 计算，则流动资金为 38.41 万元。

3. 国民经济评价

国民经济评价从国家整体角度，考察项目需要国家付出的代价（费用）和对国家的贡献（效益），以判断项目的经济可行性。国民经济评价要用经济内部收益率（EIRR）、经济净现值（ENPV）和经济效益费用比（EBCR）等指标来评价项目的经济合理性。

（1）经济内部收益率：

$$\sum_{t=1}^{n} (B - C)_t (1 + EIRR)^{-t} = 0$$

式中　$EIRR$——经济内部收益率；

　　　B——年效益，万元；

　　　C——年费用，万元；

　　　n——计算期，年；

　　　t——计算期各年的序号；

　　　$(B - C)_t$——第 t 年的净效益，万元。

（2）经济净现值：

$$ENPV = \sum_{t=1}^{n} (B - C)_t (1 + i_s)^{-t}$$

式中　$ENPV$——经济净现值，万元；

　　　　i_s——社会折现率，取 8%；

　　　　其余符号意义同前。

（3）经济效益费用比：

$$EBCR = \dfrac{\displaystyle\sum_{t=1}^{n} B_t (1 + i_s)^{-t}}{\displaystyle\sum_{t=1}^{n} C_t (1 + i_s)^{-t}}$$

式中　$EBCR$——经济效益比；

　　　　B_t——第 t 年的效益，万元；

　　　　C_t——第 t 年的费用，万元。

根据以上公式，计算出国民经济评价的各项指标（见表 12-31）。在表 12-31 中，经济内部收益率 $EIRR = 13.27\% > 8\%$（社会折现率），说明该项目在经济上是合理的；经济净现值 $ENPV = 3\,177.40$ 万元 > 0，该项目实施后的经济效益不仅能达到规定社会折现率的要求，而且有超额社会盈余，显然该项目在经济上是有利的；经济效益费用比 $EBCR = 1.37 > 1$，该项目在实施后的 20 年计算期内所获得的效益现值大于 20 年计算期内所支出的费用现值，因而认为该项目在经济上可行。

（二）社会效益

（1）夯实农田水利基础，促进现代农业发展。

本工程建成运行后，能做到"旱能灌、涝能排"，确保农民旱涝保收，从而促进农村精神文明和物质文明建设，改善生态环境和社会环境，带动农村第三产业的兴起，有利于社会稳定和农业经济的发展。

同时，该工程将带动项目区新技术和新品种的推广应用，提高劳动生产率和土地产出率，促进农业生产向深度和广度发展；推动项目区农业结构调整步伐，增加农民收入，同时有利于提高项目区农产品科技含量与档次，健全农业社会化服务体系，促进农村经济可持续发展。

（2）提升农业经济后劲，推动社会经济进步。

该项目的实施不仅可推动现代化农业的发展，而且将为全县的经济发展打下良好的基础。同时，可提高农业生产中灌溉的机械化程度，对农村社会化服务体系建设、农村劳动生产率的提高与农民素质的提高有重要的影响，加快农民脱贫致富的步伐，促进社会主义新农村建设。

（三）生态与环境效益

本工程完成后，通过高效灌溉节水措施的实施，一是减少了水资源的浪费，涵养了水环境；二是减少了田间农药和化肥的用量，减轻了农药和肥料残留对农产品及水土环境的影响；三是降低了水土流失的可能，改善了生态环境。

因此，本工程完成后对项目区以及周边地区的生态环境、自然环境、水环境、作物生长环境等将产生有利影响。

表 12-31 国民经济效益费用流量表

（单位：万元）

序号	项目	建设期（年份）			运行期（年份）							合计
		1	2	3	4	5	6	…	21	22	23	
1	效益流量 B		487.85	975.7	1 463.55	1 463.55	1 463.55	…	1 463.55	1 463.55	1 501.96	30 772.96
1.1	项目功能效益		487.85	975.7	1 463.55	1 463.55	1 463.55	…	1 463.55	1 463.55	1 463.55	30 734.55
1.2	回收流动资金										38.41	38.41
1.3	回收固定资产余值	—	—	—	—	—	—	…	—	—	—	—
2	费用流量 C	3 180.18	3 135.44	3 134.44	422.46	384.05	384.05	…	384.05	384.05	384.05	17 169.47
2.1	固定资产投资	3 180.18	3 135.44	3 134.44	—	—	—	…	—	—	—	9 450.06
2.2	流动资金				38.41							38.41
2.3	年运行费				384.05	384.05	384.05	…	384.05	384.05	384.05	7 681.00
2.4	项目间接费用							…				—
3	净效益流量（B－C）	－3 180.18	－2 647.59	－2 158.74	1 041.09	1 079.50	1 079.50	…	1 079.50	1 079.50	1 117.91	13 603.49
4	累计净效益流量	－3 180.18	－5 827.77	－7 986.51	－6 945.42	－5 865.92	－4 786.42	…	11 406.08	12 485.58	13 603.49	13 603.49

经济评价指标：$EIRR = 13.27\%$；$ENPV = 3\,177.40$；$EBCR = 1.37$

附　录

附录一　节水灌溉技术标准体系

经过 20 多年的发展，我国节水灌溉技术标准体系已初步建立，节水灌溉技术标准体系是各部门分类编制规范规程形成的综合体系。在此，仅列出在节水灌溉规划及工程设计、建设管理中常用的 19 种技术标准，以供参考。其中，《节水灌溉工程技术规范》（GB/T 50363—2006）是当前节水灌溉技术的主要标准与依据。对于正在修订或扩充的有关技术标准，待颁布施行后，以新标准的技术规定为准。

一、节水灌溉规划常用的标准

节水灌溉规划常用的技术标准有 19 项：
(1)《节水灌溉工程技术规范》（GB/T 50363—2006）；
(2)《喷灌工程技术规范》（GB/T 50085—2007）；
(3)《喷灌与微灌工程技术管理规程》（SL 236—1999）；
(4)《微灌工程技术规范》（GB/T 50485—2009）；
(5)《农田低压管道输水灌溉工程技术规范》（GB/T 20203—2006）；
(6)《渠道防渗工程技术规范》（GB/T 50600—2010）；
(7)《渠系工程抗冻胀设计规范》（SL 23—2006）；
(8)《机井技术规范》（GB/T 50625—2010）；
(9)《雨水集蓄利用工程技术规范》（GB/T 50596—2010）；
(10)《农田灌溉水质标准》（GB 5084—2005）；
(11)《灌溉试验规范》（SL 13—2004）；
(12)《水利建设项目经济评价规范》（SL 72—94）；
(13)《泵站、机井、喷灌和滴灌工程术语》（SDJ 231—87）；
(14)《牧区草地灌溉与排水技术规范》（SL 334—2005）；
(15)《农村水利技术术语》（SL 56—2005）；
(16)《节水灌溉项目实施方案编制规程》（在编）；
(17)《牧区水利项目实施方案编制规程》（在编）；
(18)《节水灌溉评价规范》（在编）；
(19)《节水灌溉项目验收标准》（送审稿）。

二、水利部负责编制或修订的农村水利标准

截至 2010 年，由水利部已颁布和在编或已立项的节水灌溉技术标准有 70 多项，专业门类包括渠道防渗、管道输水灌溉、喷灌、微灌、雨水集蓄利用等五个门类

（见附表1）。

附表1 水利部已颁布和在编或已立项的与节水灌溉技术相关的标准汇总

专业门类	序号	标准名称	标准编号	编制状态
综合	1	农村水利技术术语	SL 56—2005	
	2	农田灌溉水质标准	GB 5084—2005	
	3	地表水资源质量标准	SL 63—94	
	4	地下水质量标准	GB/T 14848—93	
	5	水利建设项目经济评价规范	SL 72—94	
	6	水利工程水利计算规范	SL 104—95	
	7	城市污水再生利用农田灌溉用水水质标准	GB 20922—2007	
灌溉	8	节水灌溉工程技术规范	GB/T 50363—2006	
	9	节水灌溉评价规范		初稿
	10	节水灌溉设备现场验收规程	GB/T 21031—2007	
	11	渠道防渗工程技术规范	GB/T 50600—2010	
	12	渠系工程抗冻胀设计规范	SL 23—2006	
	13	低压管道输水灌溉工程技术规范（井灌区部分）	SL/T 153—1995	
	14	农田低压管道输水灌溉工程技术规范	GB/T 20203—2006	送审稿
	15	低压输水灌溉用薄壁硬聚氯乙烯PVC—U管材	GB/T 13664—92	
	16	灌溉用低压输水混凝土管技术条件	SL/T 98—1994	
	17	喷灌工程技术规范	GB/T 50085—2007	
	18	喷灌用塑料管基本参数及技术条件—硬聚氯乙烯管、低密度聚乙烯管、聚丙烯管	SL/T 96.1～3—1994	
	19	喷灌用塑料管件基本参数及技术条件	SL/T 97—1994	
	20	喷灌用自应力钢丝网水泥管	SL 11—90	
	21	喷灌用自应力水泥管铸铁管件	SL 12—90	
	22	滚移式喷灌机		报批稿
	23	卷管牵引绞盘式喷灌机使用技术规范	SL 280—2003	
	24	喷灌与微灌工程技术管理规程	SL 236—1999	
	25	微灌灌水器	SL/T 67.1～3—94	
	26	微灌用筛网过滤器	SL/T 68—94	
	27	微灌工程技术规范	GB/T 50485—2009	
	28	灌溉试验规范	SL 13—2004	
	29	草原灌溉技术规范		征求稿
	30	灌溉用水定额		立项
	31	喷灌与微灌系统监测技术规范		立项
	32	地面灌水技术规范		在编
	33	现场浇筑素混凝土管规范		立项
	34	节水灌溉工程质量验收与评定程序		立项

续附表 1

专业门类	序号	标准名称	标准编号	编制状态
	35	节水灌溉工程项目前期报告编写规程		立项
	36	节水灌溉工程概（预）算编写规程		立项
	37	农田灌溉量水技术规范		立项
	38	节水灌溉设备测试导则		立项
	39	节水灌溉工程管理评定指标		立项
	40	喷灌与微灌系统监测技术规范		立项
	41	渠道防渗工程技术管理规程		立项
	42	低压管道输水工程技术管理规程		在编
	43	防渗材料的性能及其测试标准		立项
	44	微灌灌水器　试验方法	SL/T 37.3—94	
灌溉	45	微灌用聚乙烯（PE）管材与管件连接的内压密封性试验方法	SL/T 71—94	
	46	微灌用聚乙烯（PE）管件局部水头损失系数试验方法	SL 69—94	
	47	混凝土与钢筋混凝土井管标准	SL/T 154—95	
	48	大口径无机材料管技术标准		立项
	49	灌溉用 PE 塑料管材标准		立项
	50	附属设施产品标准（各类管件、给水栓、出水口、量水器等）		立项
	51	大口径轻型结构薄壁塑料管标准		立项
	52	大型圆形、平移自走式喷灌机使用技术规范		立项
	53	微灌灌水器　型式与基本参数	SL/T 67.1—94	
	54	微灌灌水器　技术条件	SL/T 67.2—94	
	55	微灌用筛网过滤器标准	SL/T 68—94	
排水	56	农田排水工程技术规范	SL/T 4—1999	
	57	农田排水试验规范	SL 109—95	
雨水集蓄利用	58	雨水集蓄利用工程技术规范	SL 267—2001	
	59	泵站技术改造规程	SL 254—2000	
	60	机井技术规范	GB/T 50625—2010	
	61	泵站设计规范	GB/T 50265—2010	
泵站及机井	62	泵站施工规范	SL 234—1999	
	63	泵站技术管理规程	SL 255—2000	
	64	泵站安全鉴定规程	SL 316—2004	
	65	供水管井技术规范	GB 50296—99	
	66	泵站、机井、喷灌和滴灌工程术语	SDJ 231—87	
	67	低扬程泵型式参数及通用技术条件		立项

三、其他部委负责编制或修订的与节水灌溉相关的国家标准和行业标准

其他部委包括机械、轻工、城建及卫生部门也编制和修订了与节水灌溉相关的标准（见附表2）。

附表2　其他部委负责编制或修订的与节水灌溉相关的标准

专业序列	序号	标准名称	标准编号
泵站及机井	1	雨水泵站设计规程	DBJ 08—22—91
	2	污水泵站设计规程	DBJ 08—23—91
	3	轻小型单级离心泵型式与基本参数	JB/T 6663.1—1993
	4	轻小型单级离心泵技术条件	JB/T 6663.2—1993
	5	轻小型单级离心泵产品质量分等	JB/T 6663.3—1993
	6	自吸泵　第1部分：型式与基本参数	JB/T 6664.1—2004
	7	自吸泵　第2部分：技术条件	JB/T 6664.2—2004
	8	自吸泵　第3部分：自吸性能试验方法	JB/T 6664.3—2004
	9	自吸泵　产品质量分等	JB/T 51034—1999
	10	轻小型柴油机—泵直联机组　型式与基本参数	JB/T 6665.1—1993
	11	轻小型柴油机—泵直联机组　技术条件	JB/T 6665.2—1993
	12	轻小型柴油机—泵直联机组　产品质量分等	JB/T 51033—1999
灌溉	13	喷灌机械名词术语	GB 6956—86
	14	农业灌溉设备　滴头技术规范和试验方法	GB/T 17187—1997
	15	农业灌溉设备　滴灌管技术规范和试验方法	GB/T 17188—1997
	16	农业灌溉设备　灌溉阀的压力损失试验方法	GB/T 18688—2002
	17	农业灌溉设备　小型手动塑料阀	GB/T 18689—2002
	18	农业灌溉设备　过滤器　网式过滤器	GB/T 18690.2—2002
	19	农业灌溉设备　过滤器　自动清洗网式过滤器	GB/T 18690.3—2002
	20	农业灌溉设备　止回阀	GB/T 18691—2002
	21	农业灌溉设备　直动式压力调节器	GB/T 18692—2002
	22	农业灌溉设备　浮子式进排气阀	GB/T 18693—2002
	23	农业灌溉设备　非旋转式喷头技术要求和试验方法	GB/T 18687—2002
	24	农业灌溉设备　聚乙烯承压管用塑料鞍座	GB/T 19796—2005
	25	农业灌溉设备　定量阀　技术要求和试验方法	GB/T 19794—2005
	26	农业灌溉设备　水动灌溉阀	GB/T 19793—2005
	27	农业灌溉设备　水动肥-农药注入泵	GB/T 19792—2005
	28	农业灌溉设备　自动灌溉系统水力控制	GB/T 19798—2005
	29	农业灌溉设备　旋转式喷头　第1部分：结构设计和运行要求	GB/T 19795.1—2005
	30	农业灌溉设备　旋转式喷头第2部分：水量分布均匀性和试验方法	GB/T 19795.2—2005

续附表 2

专业序列	序号	标准名称	标准编号
灌溉	31	绞盘式喷灌机 第1部分：运行特性及实验室和田间试验方法	GB/T 21400.1—2008
	32	绞盘式喷灌机 第2部分：软管和接头试验方法	GB/T 21400.2—2008
	33	旋转式喷头	JB/T 7867—1997
	34	喷灌用金属薄壁管及管件	GB/T 24672—2009
	35	喷灌用金属薄壁管管件技术条件	JB/T 7869.1—1995
	36	喷灌用低密度聚乙烯管材	QB/T 3803—1999
	37	电动大型喷灌机 技术条件	JB/T 6280.1—1992
	38	电动大型喷灌机 试验方法	JB/T 6280.2—1992
	39	农业灌溉设备 电动或电控灌溉机械的电气设备和布线	GB/T 18025—2000
	40	轻小型喷灌机	JB/T 8399—1996
	41	农业灌溉设备中心 支轴式和平移式喷灌机水量分布均匀度的测定	GB/T 19797—2005
	42	轻小型管道输水灌溉机组型式与基本参数	JB/T 6662.1—1993
	43	轻小型管道式喷灌机组技术条件	JB/T 6662.2—1993

四、地方和企业制定的与农村水利相关的标准

我国相关农村水利的地方标准和企业标准比较少，较多的是一些规范节水灌溉设备生产的标准（见附表 3），而且制定的时间较早，当相关的行业或国家标准颁布以后，就已取代了这些标准。

附表 3 有关节水灌溉的地方标准和企业标准

专业序列	序号	标准名称	标准编号
地方标准	1	承插式自应力钢丝网水泥输水管	浙 B/JC 50—87
	2	8YG-60 型滚移式喷灌机	DB/2300 B91005—87
	3	广东省机电排灌工程技术改造验收规范	DBJ/T 15—301—87
	4	甘肃省雨水集蓄利用工程技术标准	DB62/T 495—1997
	5	黑木耳微喷高产栽培技术规范	辽丹 657—86
企业标准	6	轻小型排灌机组优质品评定标准：喷灌机组	豫 Q/驻地 9-85
	7	轻小型排灌机组优质品评定标准：喷灌泵	豫 Q/驻地 199-85

附录二 水文及水文地质参数

水文及水文地质参数是地下水资源量评价的基础，直接影响地下水资源量评价成果的精度。地下水资源量评价涉及的主要水文及水文地质参数有：潜水变幅带给水度（μ）、降水入渗补给系数（α）、灌溉入渗补给系数（β）、潜水蒸发系数（C）、渠系渗漏补给系数（m）、渠系有效利用系数（η）、修正系数（γ）、水稻田水稻生长期稳渗率（Φ）和岩土层渗透系数（K）等。

一、潜水变幅带给水度

潜水变幅带给水度（μ）是岩土储蓄重力水能力的一个指标，用饱和岩土体在重力作用下自由排出的水的体积与该饱和岩土体体积的比值表示。给水度（μ）与岩土特性关系密切，不同岩性的 μ 值不同；同一岩性，岩土的颗粒级配、密度或裂隙发育程度等存在差异，μ 值也会有所不同。实际资料还表明，具有良好级配的粗颗粒岩土，其 μ 值大；否则，μ 值小。当地下水埋深小于岩土毛细管水上升高度时，μ 值还与地下水埋深有关。我国北方平原区不同岩性的给水度（μ）见附表4。

附表4　北方平原区各种松散岩土给水度综合成果

岩性名称	给水度 μ 值	岩性名称	给水度 μ 值	岩性名称	给水度 μ 值
黏土	0.02 ~ 0.04	粉砂土	0.06 ~ 0.08	中粗砂	0.09 ~ 0.15
黄土状亚黏土	0.025 ~ 0.050	粉细砂	0.07 ~ 0.09	粗砂	0.12 ~ 0.16
亚黏土	0.02 ~ 0.06	细砂	0.08 ~ 0.11	砂卵石	0.14 ~ 0.24
黄土状亚砂土	0.03 ~ 0.06	中砂	0.09 ~ 0.13	卵砾石	0.15 ~ 0.27
亚砂土	0.030 ~ 0.075	含砾中细砂	0.10 ~ 0.14	漂砾	0.20 ~ 0.30

二、降水入渗补给系数

降水入渗补给系数（α）是指降水入渗补给量与相应降水量的比值。影响其值大小的主要因素有包气带岩性特征、地下水埋深和降水量大小及年内变化特点，其次还有土壤前期含水量、微地形地貌、植被状况、地表建筑设施和降水强度等。在降水和埋深条件相同时，岩性越粗，降水入渗补给系数越大；同一岩性、同一降水量条件下，埋深较浅时，降水入渗补给系数随着埋深的增加而增加，到达一定埋深（即最佳埋深）后，降水入渗补给系数随着埋深的增加而缓慢减少，最大降水入渗补给系数对应的最佳埋深与降水量和岩性有关。一般而言，对从黏土到砂卵砾石的各类岩性条件，最佳埋深为3.5~1.5 m。北方平原区降水入渗补给系数（α）取值详见附表5。南方平原区降水入渗补给系数（α）见附表6。

三、潜水蒸发系数

潜水蒸发系数（C）是指潜水蒸发量与相应水面蒸发量。影响 C 值大小的主要因素有包气带岩性、地下水埋深、植被状况及水面蒸发量等。部分具有水均衡试验资料的地

附表 5　北方平原区降水入渗补给系数（α）综合取值

岩性	年降水量（mm）	地下水埋深（m）						
		<1	1~2	2~3	3~4	4~5	5~6	≥6
黏土、黄土状亚黏土	<100	—	<0.045	<0.06	<0.06	<0.05	<0.04	<0.04
	100~200	—	0.05~0.07	0.06~0.08	0.05~0.07	0.04~0.06	0.04~0.05	0.03~0.04
	200~300	—	0.05~0.10	0.08~0.13	0.06~0.12	0.05~0.10	0.05~0.08	0.05~0.08
	200~300	—	0.06~0.08	0.07~0.10	0.06~0.09	0.05~0.07	0.05~0.06	0.04~0.06
	300~400	—	0.06~0.12	0.08~0.14	0.08~0.14	0.07~0.12	0.07~0.10	0.06~0.10
	400~500	—	0.07~0.14	0.10~0.16	0.10~0.16	0.09~0.15	0.08~0.14	0.07~0.14
	500~600	<0.07	0.07~0.15	0.12~0.17	0.11~0.17	0.10~0.15	0.10~0.15	0.09~0.15
	600~700	<0.1	0.08~0.17	0.12~0.19	0.12~0.19	0.11~0.15	0.10~0.15	0.10~0.15
	700~800	<0.1	0.09~0.17	0.14~0.20	0.13~0.20	0.11~0.17	0.10~0.15	0.10~0.15
	800~900	<0.11	0.08~0.20	0.10~0.19	0.12~0.21	0.12~0.18	0.12~0.15	0.10~0.12
	>900	<0.11	0.10~0.17	0.16~0.19	0.19~0.16	0.17~0.15	0.16~0.15	0.16~0.15
亚黏土、黄土状亚砂土	<100	0.05~0.15	<0.06	<0.07	<0.07	<0.06	<0.05	<0.05
	100~200	0.05~0.15	0.06~0.08	0.07~0.09	0.06~0.08	0.05~0.07	0.05~0.06	0.04~0.06
	200~300	0.05~0.15	0.05~0.10	0.05~0.13	0.03~0.12	0.03~0.10	0.03~0.10	0.02~0.10
	300~400	<0.12	0.06~0.18	0.06~0.18	0.05~0.16	0.04~0.15	0.04~0.15	0.03~0.12
	400~500	<0.09	0.07~0.17	0.10~0.18	0.10~0.18	0.09~0.18	0.09~0.16	0.08~0.15
	500~600	<0.1	0.08~0.18	0.12~0.22	0.14~0.22	0.13~0.22	0.10~0.21	0.09~0.21
	600~700	<0.12	0.08~0.19	0.15~0.26	0.16~0.23	0.15~0.26	0.12~0.25	0.10~0.23
	700~800	<0.14	0.10~0.21	0.16~0.30	0.15~0.28	0.14~0.29	0.14~0.27	0.11~0.24
	800~900	<0.15	0.10~0.22	0.12~0.25	0.14~0.25	0.14~0.23	0.14~0.20	0.13~0.20
	>900	<0.15	0.10~0.19	0.18~0.21	0.21~0.17	0.19~0.15	0.16~0.15	0.15~0.14
亚砂土	<100	0.06~0.18	<0.07	<0.08	<0.08	<0.07	<0.06	<0.05
	100~200	0.06~0.18	0.06~0.09	0.08~0.11	0.07~0.10	0.06~0.08	0.05~0.07	0.05~0.06
	200~300	0.06~0.18	0.06~0.15	0.06~0.16	0.03~0.14	0.03~0.12	0.03~0.12	0.02~0.12
	300~400	<0.25	0.07~0.20	0.08~0.20	0.08~0.20	0.06~0.18	0.06~6.16	0.08~0.16
	400~500	<0.10	0.07~0.27	0.10~0.23	0.12~0.23	0.10~0.20	0.10~0.18	0.09~0.18
	500~600	<0.12	0.08~0.21	0.12~0.28	0.14~0.28	0.14~0.26	0.14~0.22	0.12~0.24
	600~700	<0.13	0.10~0.23	0.14~0.32	0.18~0.32	0.16~0.29	0.16~0.29	0.14~0.28
	700~800	<0.14	0.10~0.25	0.19~0.37	0.19~0.33	0.17~0.31	0.18~0.30	0.15~0.29
	800~900	<0.16	0.08~0.26	0.10~0.30	0.16~0.30	0.16~0.28	0.12~0.24	0.12~0.20
	>900	<0.14	0.14~0.23	0.22~0.27	0.27~0.20	0.25~0.17	0.20~0.16	0.17~0.15

续附表 5

岩性	年降水量（mm）	地下水埋深（m）						
		<1	1~2	2~3	3~4	4~5	5~6	≥6
亚黏土、亚砂土互层	300~400	<0.09	0.08~0.15	0.15~0.17	0.12~0.17	0.10~0.14	0.08~0.12	0.07~0.12
	400~500	<0.10	0.09~0.18	0.16~0.21	0.14~0.21	0.13~0.18	0.10~0.16	0.08~0.12
	500~600	<0.12	0.10~0.19	0.17~0.23	0.16~0.23	0.15~0.20	0.12~0.17	0.09~0.15
	600~700	<0.15	0.11~0.21	0.20~0.24	0.18~0.24	0.16~0.22	0.14~0.19	0.10~0.16
	700~800	<0.16	0.13~0.23	0.22~0.26	0.21~0.26	0.17~0.23	0.15~0.20	0.12~0.17
	800~900	<0.17	0.13~0.24	0.23~0.27	0.23~0.27	0.18~0.25	0.16~0.21	0.13~0.17
	>900	<0.15	0.13~0.22	0.20~0.25	0.25~0.20	0.20~0.16	0.17~0.15	0.16~0.15
粉砂	<300	0.05~0.09		0.06~0.12		—	—	—
粉细砂	<100	0.07~0.18	<0.08	<0.10	<0.10	<0.09	<0.08	<0.07
	100~200	0.07~0.18	0.07~0.10	0.09~0.13	0.09~0.12	0.08~0.11	0.07~0.10	0.06~0.09
	200~300	0.07~0.18	0.06~0.16	0.06~0.18	0.05~0.16	0.05~0.16	0.05~0.15	0.05~0.15
	300~400	<0.28	0.09~0.25	0.12~0.25	0.12~0.28	0.12~0.24	0.10~0.23	0.10~0.21
	400~500	<0.15	0.10~0.25	0.14~0.35	0.16~0.29	0.15~0.26	0.15~0.25	0.14~0.23
	500~600	<0.18	0.11~0.25	0.16~0.37	0.18~0.34	0.16~0.30	0.15~0.30	0.15~0.28
	600~700	<0.19	0.12~0.28	0.18~0.39	0.20~0.36	0.18~0.32	0.16~0.30	0.16~0.30
	700~800	<0.17	0.13~0.30	0.21~0.40	0.21~0.37	0.19~0.33	0.19~0.33	0.16~0.31
	>800	<0.17	0.10~0.26	0.16~0.40	0.18~0.37	0.16~0.33	0.15~0.33	0.15~0.31
细砂	<100	0.06~0.15	<0.15	<0.13	<0.12	<0.11	<0.10	<0.09
	100~200	0.06~0.15	0.06~0.13	0.05~0.16	0.05~0.15	0.05~0.14	0.05~0.12	0.05~0.11
	200~300	0.06~0.15	0.06~0.18	0.05~0.22	0.05~0.24	0.05~0.22	0.05~0.22	0.05~0.22
	300~400	—	0.11~0.24	0.16~0.29	0.17~0.29	0.15~0.28	0.14~0.24	0.13~0.24
	400~500	—	0.12~0.28	0.18~0.31	0.20~0.31	0.18~0.29	0.18~0.28	0.17~0.28
	500~600	—	0.15~0.24	0.20~0.28	0.22~0.32	0.20~0.30	0.20~0.30	0.20~030
	600~800	—	0.16~0.25	0.22~0.30	0.24~0.34	0.22~0.32	0.22~0.32	0.22~0.32
	>800	—	0.15~0.22	0.20~0.26	0.20~0.30	0.18~0.28	0.18~0.28	0.18~0.28
中细砂、中砂、中粗砂、粗砂	<300	0.07~0.16		0.06~0.14		0.06~0.12		0.06~0.20
	300~400	—	—	—	—	—	—	0.17~0.24
	400~500	—	—	—	—	—	—	0.21~0.29
	500~600	—	—	—	—	—	—	0.23~0.31
	600~700	—	—	—	—	—	—	0.24~0.32
	700~800	—	—	—	—	—	—	0.25~0.34

续附表 5

岩性	年降水量 (mm)	地下水埋深（m）						
		<1	1~2	2~3	3~4	4~5	5~6	≥6
砂砾石、砂卵砾石	<100	0.08~0.15	0.06~0.12	0.06~0.12	0.06~0.10	0.06~0.10	0.06~0.10	<0.15
	100~200	0.08~0.15	0.06~0.12	0.06~0.12	0.06~0.10	0.06~0.10	0.06~0.10	0.06~0.19
	200~300	0.08~0.15	0.06~0.18	0.06~0.20	0.06~0.30	0.06~0.28	0.06~0.28	0.06~0.28
	300~400	0.15~0.20	0.15~0.35	0.16~0.35	0.15~0.50	0.15~0.48	0.15~0.46	0.10~0.46
	400~500	0.15~0.20	0.15~0.22	0.18~0.28	0.22~0.57	0.22~0.56	0.22~0.55	0.22~0.46
	500~600	—	0.16~0.24	0.20~0.32	0.25~0.60	0.25~0.60	0.25~0.58	0.25~0.58
	600~700	—	0.16~0.25	0.22~0.35	0.28~0.65	0.25~0.63	0.25~0.60	0.25~0.60
	700~800	—	0.16~0.25	0.22~0.35	0.28~0.65	0.25~0.63	0.25~0.60	0.25~0.60
	>800	—	0.15~0.22	0.18~0.32	0.25~0.65	0.25~0.60	0.25~0.60	0.25~0.60

注：标有"—"者，表示无此地下水埋深。

附表 6　南方平原区降水入渗补给系数（α）取值

包气带岩性	年降水量 (mm)	年均浅层地下埋深（m）						
		≤1	1~2	2~3	3~4	4~5	5~6	>6
砂卵砾石	≤600	0~0.28	0.21~0.33	0.26~0.38	0.29~0.43	0.30~0.42	0.30~0.41	0.30~0.41
	600~800	0~0.32	0.23~0.35	0.28~0.40	0.33~0.45	0.32~0.44	0.32~0.43	0.32~0.43
	800~1 000	0~0.28	0.21~0.33	0.26~0.38	0.29~0.43	0.30~0.42	0.30~0.41	0.30~0.41
	1 000~1 500	0~0.27	0.20~0.31	0.24~0.36	0.27~0.41	0.29~0.40	0.29~0.39	0.29~0.39
	1 500~2 000	0~0.26	0.19~0.27	0.22~0.34	0.25~0.37	0.28~0.36	0.28~0.35	0.28~0.35
	>2 000	0~0.25	0.17~0.27	0.20~0.30	0.23~0.35	0.26~0.35	0.25~0.34	0.25~0.34
中粗砂	≤600	0~0.20	0.17~0.26	0.21~0.30	0.23~0.34	0.23~0.32	0.22~0.31	0.22~0.31
	600~800	0~0.24	0.19~0.28	0.23~0.32	0.27~0.36	0.25~0.34	0.24~0.33	0.24~0.33
	800~1 000	0~0.20	0.17~0.26	0.21~0.30	0.23~0.34	0.23~0.32	0.22~0.31	0.22~0.31
	1 000~1 500	0~0.19	0.16~0.24	0.19~0.28	0.21~0.32	0.22~0.30	0.21~0.29	0.21~0.29
	1 500~2 000	0~0.18	0.15~0.22	0.17~0.26	0.19~0.28	0.21~0.26	0.20~0.25	0.20~0.25
	>2 000	0~0.15	0.13~0.20	0.18~0.24	0.17~0.26	0.19~0.25	0.17~0.24	0.17~0.24
细砂	≤600	0~0.16	0.14~0.20	0.18~0.24	0.20~0.28	0.20~0.26	0.19~0.25	0.19~0.25
	600~800	0~0.20	0.16~0.22	0.20~0.26	0.24~0.30	0.22~0.28	0.21~0.27	0.21~0.27
	800~1 000	0~0.16	0.14~0.20	0.18~0.24	0.20~0.28	0.20~0.26	0.19~0.25	0.19~0.25
	1 000~1 500	0~0.15	0.13~0.18	0.16~0.22	0.18~0.26	0.19~0.24	0.18~0.23	0.18~0.23
	1 500~2 000	0~0.14	0.12~0.16	0.14~0.20	0.16~0.22	0.18~0.20	0.17~0.19	0.17~0.19
	>2 000	0~0.13	0.10~0.14	0.12~0.18	0.14~0.20	0.16~0.19	0.14~0.18	0.14~0.18

续附表 6

包气带岩性	年降水量（mm）	年均浅层地下水埋深（m）						
		≤1	1~2	2~3	3~4	4~5	5~6	>6
亚砂土	≤600	0~0.12	0.10~0.16	0.14~0.20	0.16~0.24	0.16~0.22	0.15~0.21	0.15~0.21
	600~800	0~0.14	0.12~0.18	0.16~0.22	0.20~0.26	0.18~0.24	0.17~0.23	0.17~0.23
	800~1 000	0~0.12	0.10~0.16	0.14~0.20	0.16~0.24	0.16~0.22	0.15~0.21	0.15~0.21
	1 000~1 500	0~0.11	0.09~0.14	0.12~0.18	0.14~0.22	0.15~0.20	0.14~0.19	0.14~0.19
	1 500~2 000	0~0.10	0.08~0.12	0.10~0.16	0.12~0.18	0.14~0.16	0.13~0.15	0.13~0.15
	>2 000	0~0.09	0.06~0.10	0.08~0.14	0.10~0.16	0.12~0.15	0.10~0.14	0.10~0.14
亚黏土	≤600	0~0.11	0.09~0.15	0.13~0.18	0.15~0.22	0.14~0.20	0.13~0.19	0.13~0.19
	600~800	0~0.13	0.11~0.16	0.14~0.20	0.18~0.25	0.16~0.22	0.15~0.20	0.15~0.20
	800~1 000	0~0.11	0.09~0.15	0.13~0.18	0.15~0.22	0.14~0.20	0.13~0.19	0.13~0.19
	1 000~1 500	0~0.10	0.08~0.13	0.11~0.16	0.12~0.20	0.12~0.18	0.11~0.17	0.11~0.17
	1 500~2 000	0~0.09	0.06~0.11	0.08~0.14	0.11~0.16	0.12~0.15	0.09~0.13	0.09~0.13
	>2 000	0~0.08	0.04~0.09	0.06~0.12	0.07~0.14	0.09~0.14	0.08~0.12	0.08~0.12
黏土	≤600	0~0.10	0.08~0.14	0.12~0.16	0.14~0.20	0.12~0.18	0.11~0.17	0.11~0.17
	600~800	0~0.12	0.10~0.15	0.13~0.18	0.16~0.22	0.14~0.20	0.13~0.19	0.13~0.19
	800~1 000	0~0.10	0.08~0.14	0.12~0.16	0.14~0.20	0.12~0.18	0.11~0.17	0.11~0.17
	1 000~1 500	0~0.09	0.07~0.12	0.10~0.14	0.11~0.18	0.10~0.16	0.09~0.15	0.09~0.15
	1 500~2 000	0~0.08	0.05~0.10	0.07~0.12	0.10~0.15	0.08~0.14	0.07~0.12	0.07~0.12
	>2 000	0~0.07	0.03~0.08	0.05~0.10	0.06~0.12	0.07~0.13	0.06~0.11	0.06~0.11

区利用地中蒸渗仪监测资料，直接计算潜水蒸发量并建立不同岩性、地下水埋深和植被状况与潜水蒸发量系数的关系。一些地区利用浅层地下水位动态资料，通过潜水蒸发经验公式（修正后的阿维扬诺夫公式），进行地下水在单纯潜水蒸发消耗条件下的地下水变化拟合分析，计算潜水蒸发系数。

潜水蒸发系数在同一岩性、植被条件和水面蒸发条件下，随着地下水埋深的加大而逐渐减小，在地下水位下降到极限埋深后，潜水蒸发系数即为零。极限埋深随岩性而变，一般而言，土质越细密，极限埋深越大。总体而言，我国东北地区由于冬季寒冷，蒸发能力较小，在其他条件相近时，潜水蒸发系数比其他地区小；西北干旱区水面蒸发能力一般大于包气带输水能力，潜水蒸发受包气带输水能力的制约，不再随着水面蒸发量的增加而增加；黄淮海地区过去由于地下水埋深较浅，潜水蒸发系数较大，随着地下水开采量的增加，地下水位逐渐降低，潜水蒸发系数亦逐渐降低；南方地区地下水埋深普遍较小、植被覆盖条件好，因此潜水蒸发系数普遍较高。我国北方平原区和南方平原区潜水蒸发系数（C）综合结果分别见附表 7 和附表 8。

附表7　北方平原区潜水蒸发系数（C）取值

包气带岩性	植被情况	年均浅层地下水埋深（m）						
		≤0.5	0.5~1.0	1.0~1.5	1.5~2	2~3	3~4	4~5
亚砂土	有	0.6~0.887	0.2~0.887	0.2~0.57	0.2~0.55	0.05~0.4	0.01~0.1	0.001~0.039
	无	0.24~0.87	0.24~0.87	0.24~0.57	0.04~0.55	0.005~0.4	0.005~0.1	0~0.1
亚黏土	有	0.3~0.78	0.3~0.78	0.1~0.5	0.1~0.5	0.01~0.25	0.005~0.1	0.001~0.01
	无	0.3~0.78	0.3~0.78	0.13~0.53	0.13~0.53	0.01~0.33	0.01~0.1	0.001~0.01
黏土	有	0.15~0.66	0.12~0.60	0.075~0.35	0.04~0.16	0.01~0.15	0.005~0.38	0.001~0.1
	无	0.15~0.35	0.12~0.35	0.075~0.35	0.04~0.35	0.01~0.04	0.001~0.01	<0.001
粉细砂	有	0.4~0.9	0.4~0.9	0.05~0.4	0.05~0.4	0.01~0.1	0	0
	无	0.4~0.81	0.4~0.81	0.02~0.4	0.02~0.4	<0.05	0	0
砂卵砾石	有	0.02~0.79	0.02~0.79	0.005~0.12	0.005~0.12	<0.01	0	0
	无	0.02~0.79	0.02~0.79	0.01~0.55	0.005~0.12	<0.01	0	0

附表8　南方平原区潜水蒸发系数（C）取值

包气带岩性	植被情况	年均浅层地下水埋深（m）						
		≤0.5	0.5~1.0	1.0~1.5	1.5~2	2~3	3~4	4~5
亚砂土	有	1.15~0.65	0.65~0.40	0.40~0.20	0.20~0.15	0.15~0.05	0.05~0.01	0
	无	1.00~0.50	0.50~0.20	0.20~0.10	0.10~0.05	0.05~0.01	0	0
亚黏土	有	1.10~0.55	0.55~0.30	0.30~0.15	0.15~0.10	0.10~0.05	0.05~0.01	0.01~0
	无	1.00~0.45	0.45~0.20	0.20~0.10	0.10~0.05	0.05~0.02	0.02~0.01	0
黏土	有	1.05~0.50	0.50~0.25	0.20~0.15	0.15~0.10	0.10~0.05	0.05~0.02	0.02~0.01
	无	1.00~0.40	0.40~0.15	0.15~0.10	0.10~0.05	0.05~0.02	0.05~0.01	0.01~0
粉细砂	有	0.60~0.90	0.30~0.60	0.30~0.10	0.10~0.05	0.005~0.05	0	0
	无	0.45~0.60	0.15~0.45	0.15~0.10	0.05~0.01	0.005~0.01	0	0
砂卵砾石	有	0.45~0.70	0.10~0.45	0.05~0.10	0.005~0.05	0	0	0
	无	0.40~0.55	0.05~0.40	0.005~0.05	0	0	0	0

四、灌溉入渗补给系数

灌溉入渗补给系数（β）是指田间灌溉入渗补给量与进入田间的灌溉水量的比值。影响 β 值大小的主要因素有包气带岩性、地下水埋深、灌溉定额及耕地平整程度等。

在岩性、地下水埋深等条件相同的条件下，包气带渗透性越强，灌溉入渗补给系数越大；地下水埋深越小、灌溉定额越高，灌溉入渗补给系数越大；岩性相同，裂隙发育程度不同，则灌溉入渗补给系数也不同；井灌区一般土地较为平整，地下水埋深较大，灌水定额较低，因此灌溉入渗补给系数较小。北方平原区由于地下水埋深一般较深，灌溉入渗补给系数大于南方平原区。我国北方平原区和南方平原区灌溉入渗补给系数取值分别见附表 9 和附表 10。

附表 9　北方平原区灌溉入渗补给系数（β）取值

包气带岩性	灌水定额（m³/亩次）	年均浅层地下水埋深（m）					
		1～2	2～3	3～4	4～5	5～6	>6
粉细砂	20～40	—	—	—	—	—	—
	40～60	0.13～0.22	0.09～0.20	0.09～0.18	0.08～0.15	0.08～0.12	0.04～0.10
	60～80	0.18～0.22	0.1～0.25	0.1～0.22	0.08～0.20	0.08～0.18	0.08～0.18
	>80	0.2～0.35	0.16～0.30	0.12～0.28	0.1～0.22	0.08～0.20	0.08～0.18
亚砂土	≤40	—	—	—	—	—	—
	40～60	0.10～0.25	0.08～0.20	0.06～0.17	0.04～0.15	0.02～0.14	0.02～0.14
	60～80	0.12～0.22	0.10～0.22	0.08～0.18	0.04～0.18	0.04～0.15	0.04～0.14
	>80	0.14～0.32	0.12～0.28	0.10～0.25	0.08～0.20	0.06～0.18	0.06～0.14
亚黏土	≤40	—	—	—	—	—	—
	40～60	0.10～0.18	0.06～0.16	0.03～0.14	0.03～0.12	0.02～0.12	0.01～0.1
	60～80	0.10～0.18	0.08～0.20	0.06～0.15	0.05～0.15	0.03～0.12	0.02～0.11
	>80	0.12～0.25	0.10～0.25	0.08～0.22	0.06～0.18	0.04～0.18	0.03～0.11
黏土	≤40	—	—	—	—	—	—
	40～60	0.06～0.22	0.05～0.20	0.05～0.18	0.02～0.15	0.02～0.15	0.01～0.13
	60～80	0.09～0.27	0.06～0.25	0.05～0.23	0.03～0.20	0.02～0.20	0.01～0.17
	>80	0.1～0.234	0.08～0.26	0.08～0.24	0.05～0.22	0.03～0.20	0.02～0.20

注：浅埋深（如≤2 m 时），当排水条件良好时，取较大值，否则取较小值。

附表 10　南方平原区灌溉入渗补给系数（β）取值

包气带岩性	灌水定额（m³/亩次）	年均浅层地下水埋深（m）					
		1～2	2～3	3～4	4～5	5～6	>6
粉细砂	20～40	0.10～0.16	0.12～0.18	0.12～0.14	0.10～0.14	0.10～0.12	0.10～0.12
	40～60	0.15～0.25	0.14～0.20	0.14～0.15	0.12～0.15	0.12～0.15	0.12～0.15
	60～80	0.18～0.30	0.16～0.25	0.16～0.20	0.13～0.18	0.13～0.18	0.13～0.18
	>80	0.20～0.35	0.20～0.32	0.18～0.30	0.15～0.20	0.14～0.20	0.14～0.20
亚砂土	≤40	0.08～0.14	0.10～0.14	0.10～0.12	0.08～0.10	0.08～0.10	0.08～0.10
	40～60	0.10～0.16	0.12～0.16	0.11～0.14	0.10～0.13	0.09～0.11	0.09～0.11
	60～80	0.12～0.18	0.14～0.18	0.12～0.16	0.11～0.15	0.10～0.12	0.10～0.12
	>80	0.14～0.20	0.16～0.20	0.14～0.18	0.12～0.16	0.12～0.14	0.12～0.14

续附表 10

包气带岩性	灌水定额（m³/亩次）	年均浅层地下水埋深（m）					
		1~2	2~3	3~4	4~5	5~6	>6
亚黏土	≤40	0.06~0.12	0.08~0.12	0.09~0.11	0.08~0.10	0.08~0.10	0.08~0.10
	40~60	0.08~0.15	0.10~0.14	0.10~0.13	0.10~0.12	0.10~0.12	0.10~0.12
	60~80	0.10~0.16	0.12~0.16	0.11~0.15	0.12~0.14	0.12~0.14	0.12~0.14
	>80	0.12~0.18	0.14~0.18	0.12~0.16	0.12~0.15	0.12~0.15	0.12~0.15
黏土	≤40	0.05~0.10	0.06~0.10	0.08~0.10	0.06~0.08	0.06~0.08	0.06~0.08
	40~60	0.06~0.12	0.08~0.12	0.10~0.12	0.08~0.10	0.08~0.10	0.08~0.10
	60~80	0.08~0.14	0.10~0.14	0.11~0.13	0.10~0.11	0.10~0.11	0.10~0.11
	>80	0.10~0.16	0.12~0.15	0.12~0.14	0.12~0.13	0.12~0.13	0.12~0.13

注：浅埋深（如≤2 m 时），当排水条件良好时，取较大值，否则取较小值。

五、渠系渗漏补给系数及渠系有效利用系数

渠系渗漏补给系数（m）是指渠系渗漏补给量与干渠渠首引水量的比值，渠系水利用系数（η）是指灌溉渠系送入田间的水量与渠首引水量的比值。为计算渠道渗漏补给量，定义渠道输水过程中补给地下水部分的水量比例为修正系数 γ。

渠系水利用系数是根据各灌区的近期实际监测调查资料分析确定的，并进行了灌区水量平衡检验。部分地区采用典型试验区成果，根据渠道过水前后两岸地下水位升幅及变幅带给水度估算渠系渗漏补给量，并统计了渠道引水量与流出该渠道段水量的差值，直接计算渠系渗漏补给系数（m）。

影响修正系数（γ）大小的主要因素有水面蒸发强度、渠道过水时间长短、渠道衬砌情况、渠道两岸包气带含水量和岩性特征以及地下水埋深等，γ 的取值范围一般为 0.3~0.9，我国东部半干旱半湿润地区一般为 0.3~0.5、西部干旱半干旱地区一般为 0.6~0.9。我国北方平原区不同渠床衬砌、岩性和地下水埋深条件下 η、γ、m 的取值见附表 11。

附表 11　北方平原区不同情况的 η、γ、m 取值

气候分区	衬砌情况	渠床下岩性	地下水埋深（m）	渠系水利用系数 η	修正系数 γ	渠系渗漏补给系数 m
干旱半干旱地区	未衬砌	亚黏土、亚砂土	<4	0.30~0.60	0.80~0.90	0.22~0.60
	部分衬砌			0.45~0.80	0.70~0.85	0.19~0.50
			>4	0.40~0.70	0.65~0.80	0.18~0.45
	衬砌		<4	0.50~0.80	0.60~0.85	0.17~0.45
			<4	0.45~0.80	0.60~0.80	0.16~0.45

续附表 11

气候分区	衬砌情况	渠床下岩性	地下水埋深（m）	渠系水利用系数 η	修正系数 γ	渠系渗漏补给系数 m
半干旱半湿润地区	未衬砌	亚黏土	<4	0.55	0.32	0.144
		亚砂土		0.40～0.50	0.35～0.50	0.18～0.30
		亚黏、亚砂土互层		0.40～0.55	0.32	0.14～0.30
	部分衬砌	亚黏土	>4	0.55～0.73	0.32	0.09～0.14
			>4	0.55～0.70	0.30	0.09～0.135
		亚砂土	<4	0.55～0.68	0.37	0.12～0.17
			>4	0.52～0.73	0.35	0.10～0.17
		亚黏、亚砂土互层		0.55～0.73	0.32～0.40	0.09～0.17
	衬砌	亚黏土	<4	0.65～0.88	0.32	0.04～0.112
		亚砂土		0.57～0.73	0.37	0.10～0.16

六、渗透系数

渗透系数（K）是反映地下水在介质中流动程度的参数，指水力坡度（I，又称水力梯度）为 1 时地下水在岩土中的渗流速度。影响渗透系数（K）大小的主要因素是岩土的岩性及其结构特征。总体而言，岩性越粗，渗透系数越大。各地根据收集到的当地抽水试验资料以及其他有关试验资料，确定了不同岩性的渗透系数（K）。北方平原区不同岩土渗透系数（K）综合成果见附表 12。

附表 12　北方平原区各种松散岩土渗透系数（K）取值

岩性名称	渗透系数（m/d）	岩性名称	渗透系数（m/d）	岩性名称	渗透系数（m/d）
黏土	0.001～0.05	粉砂土	0.5～3.0	中粗砂	15～50
黄土状亚黏土	0.01～0.1	粉细砂	1～8	粗砂	20～80
亚黏土	0.03～0.5	细砂	3～15	砂卵石	30～350
黄土状亚砂土	0.05～0.5	中砂	8～30	卵砾石	50～400
亚砂土	0.2～1.0	含砾中细砂	25～35	漂砾	80～700

附录三　土地利用现状分类

附表 13　土地利用现状分类

一级类	二级类	含义
01 耕地	011 水田	指用于种植水稻、莲藕等水生农作物的耕地，包括实行水生、旱生农作物轮种的耕地
	012 水浇地	指有水源保证和灌溉设施，在一般年景能正常灌溉，种植旱生农作物的耕地，包括种植蔬菜等的非工厂化的大棚用地
	013 旱地	指无灌溉设施，主要靠天然降水种植旱生农作物的耕地，包括没有灌溉设施，仅靠引洪淤灌的耕地
02 园地	021 果园	指种植果树的园地
	022 茶园	指种植茶树的园地
	023 其他园地	指种植桑树、橡胶、可可、咖啡、油棕、胡椒、药材等其他多年生作物的园地
03 林地	031 有林地	指树木郁闭度≥0.2 的乔木林地，包括红树林地和竹林地
	032 灌木林地	指灌木覆盖度≥40% 的林地
	033 其他林地	包括疏林地（指树木郁闭度为 10%～19% 的疏林地）、未成林地、迹地、苗圃等林地
04 草地	041 天然牧草地	指以天然草本植物为主，用于放牧或割草的草地
	042 人工牧草地	指人工种植牧草的草地
	043 其他草地	指树木郁闭度 <0.1，表层为土质，生长草本植物为主，不用于畜牧业的草地
05 商服用地	051 批发零售用地	指主要用于商品批发、零售的用地，包括商场、商店、超市、各类批发（零售）市场、加油站等及其附属的小型仓库、车间、工场等的用地
	052 住宿餐饮用地	指主要用于提供住宿、餐饮服务的用地，包括宾馆、酒店、饭店、旅馆、招待所、度假村、餐厅、酒吧等
	053 商务金融用地	指企业、服务业等办公用地，以及经营性的办公场所用地，包括写字楼、商业性办公场所、金融活动场所和企业厂区外独立的办公场所等用地
	054 其他商服用地	指上述用地以外的其他商业、服务业用地，包括洗车场、洗染店、废旧物资回收站、维修网点、照相馆、理发美容店、洗浴场所等用地

续附表13

一级类	二级类	含义
06　工矿仓储用地	061　工业用地	指工业生产及直接为工业生产服务的附属设施用地
	062　采矿用地	指采矿、采石、采砂（沙）场，盐田，砖瓦窑等地面生产用地及尾矿堆放地
	063　仓储用地	指用于物资储备、中转的场所用地
07　住宅用地	071　城镇住宅用地	指城镇用于生活居住的各类房屋用地及其附属设施用地，包括普通住宅、公寓、别墅等用地
	072　农村宅基地	指农村用于生活居住的宅基地
08　公共管理与公共服务用地	081　机关团体用地	指用于党政机关、社会团体、群众自治组织等的用地
	082　新闻出版用地	指用于广播电台、电视台、电影厂、报社、杂志社、通信社、出版社等的用地
	083　科教用地	指用于各类教育，独立的科研、勘测、设计、技术推广、科普等的用地
	084　医卫慈善用地	指用于医疗保健、卫生防疫、急救康复、医检药检、福利救助等的用地
	085　文体娱乐用地	指用于各类文化、体育、娱乐及公共广场等的用地
	086　公共设施用地	指用于城乡基础设施的用地，包括给排水、供电、供热、供气、邮政、电信、消防、环卫、公用设施维修等用地
	087　公园与绿地	指城镇、村庄内部的公园、动物园、植物园、街心花园和用于休息及美化环境的绿化用地
	088　风景名胜设施用地	指风景名胜（包括名胜古迹、旅游景点、革命遗址等）景点及管理机构的建筑用地。景区内的其他用地按现状归入相应地类
09　特殊用地	091　军事设施用地	指直接用于军事目的的设施用地
	092　使领馆用地	指用于外国政府及国际组织驻华使领馆、办事处等的用地
	093　监教场所用地	指用于监狱、看守所、劳改场、劳教所、戒毒所等的建筑用地
	094　宗教用地	指专门用于宗教活动的庙宇、寺院、道观、教堂等宗教自用地
	095　殡葬用地	指陵园、墓地、殡葬场所用地
10　交通运输用地	101　铁路用地	指用于铁道线路、轻轨、场站的用地，包括设计内的路堤、路堑、道沟、桥梁、林木等用地
	102　公路用地	指用于国道、省道、县道和乡道的用地，包括设计内的路堤、路堑、道沟、桥梁、汽车停靠站、林木及直接为其服务的附属用地
	103　街巷用地	指用于城镇、村庄内部公用道路（含立交桥）及行道树的用地，包括公共停车场、汽车客货运输站点及停车场等用地

续附表 13

一级类	二级类	含义
10 交通运输用地	104 农村道路	指公路用地以外的南方宽度≥1.0 m、北方宽度≥2.0 m 的村间、田间道路（含机耕道）
	105 机场用地	指用于民用机场的用地
	106 港口码头用地	指用于人工修建的客运、货运、捕捞及工作船舶停靠的场所及其附属建筑物的用地，不包括常水位以下部分
	107 管道运输用地	指用于运输煤炭、石油、天然气等管道及其相应附属设施的地上部分用地
11 水域及水利设施用地	111 河流水面	指天然形成或人工开挖河流常水位岸线之间的水面，不包括被堤坝拦截后形成的水库水面
	112 湖泊水面	指天然形成的积水区常水位岸线所围成的水面
	113 水库水面	指人工拦截汇集而成的总库容≥10 万 m³ 的水库正常蓄水位岸线所围成的水面
	114 坑塘水面	指人工开挖或天然形成的蓄水量＜10 万 m³ 的坑塘常水位岸线所围成的水面
	115 沿海滩涂	指沿海大潮高潮位与低潮位之间的潮浸地带，包括海岛的沿海滩涂，不包括已利用的滩涂
	116 内陆滩涂	指河流、湖泊常水位至洪水位间的滩地，时令湖、河洪水位以下的滩地，水库、坑塘的正常蓄水位与洪水位间的滩地，包括海岛的内陆滩地，不包括已利用的滩地
	117 沟渠	指人工修建，南方宽度≥1.0 m、北方宽度≥2.0 m 用于引、排、灌的渠道，包括渠槽、渠堤、取土坑、护堤林
	118 水工建筑用地	指人工修建的闸、坝、堤路林、水电厂房、扬水站等常水位岸线以上的建筑物用地
	119 冰川及永久积雪	指表层被冰雪常年覆盖的土地
12 其他土地	121 空闲地	指城镇、村庄、工矿内部尚未利用的土地
	122 设施农用地	指直接用于经营性养殖的畜禽舍、工厂化作物栽培或水产养殖的生产设施用地及其相应附属用地，农村宅基地以外的晾晒场等农业设施用地
	123 田坎	主要指耕地中南方宽度≥1.0 m、北方宽度≥2.0 m 的地坎
	124 盐碱地	指表层盐碱聚集，生长天然耐盐植物的土地
	125 沼泽地	指经常积水或渍水，一般生长沼生、湿生植物的土地
	126 沙地	指表层为沙覆盖、基本无植被的土地，不包括滩涂中的沙地
	127 裸地	指表层为土质，基本无植被覆盖的土地，或表层为岩石、石砾，其覆盖面积≥70% 的土地

附录四　部分果树的 K_c 值

附表 14　有地面覆盖物的落叶果树及坚果作物的 K_c 值

月份	苹果、樱桃（冬季有严重的霜冻，地面覆盖从4月份计起）气候条件				桃、杏、梨、李 气候条件				苹果、樱桃、核桃（冬季有轻微霜冻，地面覆盖，地面覆盖物不休眠）气候条件				桃、杏、梨、李、桃仁、山核桃 气候条件			
	湿润，力轻微到中等	湿润，风大	干燥，力轻微到中等	干燥，风大	湿润，力轻微到中等	湿润，风大	干燥，力轻微到中等	干燥，风大	湿润，力轻微到中等	湿润，风大	干燥，力轻微到中等	干燥，风大	湿润，力轻微到中等	湿润，风大	干燥，力轻微到中等	干燥，风大
3									0.8	0.8	0.85	0.85	0.8	0.8	0.85	0.85
4	0.5	0.5	0.45	0.45	0.5	0.5	0.45	0.45	0.9	0.95	1.0	1.05	0.85	0.9	0.95	1.0
5	0.75	0.75	0.85	0.85	0.7	0.7	0.8	0.8	1.0	1.1	1.15	1.2	0.9	0.95	1.05	1.1
6	1.0	1.1	1.15	1.2	0.9	1.0	1.05	1.1	1.1	1.15	1.25	1.35	1.0	1.0	1.15	1.2
7	1.1	1.2	1.25	1.35	1.0	1.05	1.15	1.2	1.1	1.2	1.25	1.35	1.0	1.1	1.15	1.2
8	1.1	1.2	1.25	1.35	1.0	1.1	1.15	1.2	1.1	1.2	1.25	1.35	1.0	1.1	1.15	1.2
9	1.1	1.15	1.2	1.25	0.95	1.0	1.1	1.15	1.05	1.15	1.2	1.25	0.95	1.0	1.1	1.15
10	0.85	0.9	0.95	1.0	0.75	0.8	0.85	0.9	0.85	0.9	0.95	1.0	0.8	0.85	0.9	0.95
11									0.8	0.8	0.85	0.85	0.8	0.8	0.85	0.85

附表 15　无地面覆盖物（地面翻耕、无杂草）的落叶果树及坚果果作物的 K_c 值

月份	苹果、樱桃（冬季有严重的霜冻，地面覆盖从4月份计起）气候条件				桃、杏、梨、李 气候条件				苹果、樱桃、核桃（冬季有轻微霜冻，地面覆盖物不休眠）气候条件				桃、杏、梨、李、桃仁、山核桃 气候条件			
	湿润，风力轻微到中等	湿润，风大	干燥，风力轻微到中等	干燥，风大	湿润，风力轻微到中等	湿润，风大	干燥，风力轻微到中等	干燥，风大	湿润，风力轻微到中等	湿润，风大	干燥，风力轻微到中等	干燥，风大	湿润，风力轻微到中等	湿润，风大	干燥，风力轻微到中等	干燥，风大
3									0.6	0.6	0.5	0.5	0.55	0.55	0.5	0.5
4	0.45	0.45	0.4	0.4	0.45	0.45	0.4	0.4	0.7	0.75	0.75	0.8	0.7	0.7	0.7	0.75
5	0.55	0.55	0.6	0.65	0.5	0.55	0.55	0.6	0.8	0.85	0.95	1.0	0.75	0.75	0.85	0.9
6	0.75	0.8	0.85	0.9	0.65	0.7	0.75	0.8	0.85	0.9	1.0	1.05	0.8	0.8	0.9	0.95
7	0.85	0.9	1.0	1.05	0.75	0.8	0.9	0.95	0.85	0.9	1.0	1.05	0.8	0.8	0.9	0.95
8	0.85	0.9	1.0	1.05	0.75	0.8	0.9	0.95	0.8	0.85	0.95	1.0	0.7	0.8	0.9	0.95
9	0.8	0.85	0.95	1.0	0.7	0.75	0.7	0.9	0.8	0.8	0.85	0.95	0.7	0.75	0.8	0.85
10	0.6	0.65	0.7	0.75	0.55	0.6	0.65	0.65	0.75	0.8	0.7	0.9	0.65	0.7	0.75	0.8
11									0.65	0.7		0.75	0.55	0.6	0.65	0.7

附表 16　柑橘的 K_c 值

月份	地面覆盖率约 70%		地面覆盖率约 50%		地面覆盖率约 20%	
	地面干净	地面有杂草	地面干净	地面有杂草	地面干净	地面有杂草
1	0.75	0.90	0.65	0.90	0.55	1.00
2	0.75	0.90	0.65	0.90	0.55	1.00
3	0.70	0.85	0.60	0.85	0.50	0.95
4	0.70	0.85	0.60	0.85	0.50	0.95
5	0.70	0.85	0.60	0.85	0.50	0.95
6	0.65	0.85	0.55	0.85	0.45	0.95
7	0.65	0.85	0.55	0.85	0.45	0.95
8	0.65	0.85	0.55	0.85	0.45	0.95
9	0.65	0.85	0.55	0.85	0.45	0.95
10	0.70	0.85	0.55	0.85	0.45	0.95
11	0.70	0.85	0.60	0.85	0.50	0.95
12	0.70	0.85	0.60	0.85	0.50	0.95

附表 17　香蕉的 K_c 值

月份	气候条件			
	潮湿，风力轻微到中等	潮湿，风大	干燥，风力轻微到中等	干燥，风大
1	1.00	1.05	1.10	1.15
2	0.80	0.80	0.70	0.70
3	0.75	0.75	0.75	0.75
4	0.70	0.70	0.70	0.70
5	0.70	0.70	0.75	0.75
6	0.75	0.80	0.85	0.90
7	0.90	0.95	1.05	1.10
8	1.05	1.10	1.20	1.25
9	1.05	1.10	1.20	1.25
10	1.05	1.10	1.20	1.25
11	1.00	1.05	1.15	1.20
12	1.00	1.05	1.15	1.20

附表 18　葡萄的 K_c 值

月份	有严重霜冻地区的成年葡萄园，5月初开始生长，9月中旬收摘，生长中期地面覆盖率为40%~50% 气候条件			有轻微霜冻地区的成年葡萄园，4月初开始生长，8月末或9月初收摘，生长中期地面覆盖率为30%~35% 气候条件				干热地区的成年葡萄园，2月末或3月初开始生长，3月初开始地面覆盖，7月后半月收摘，生长中期盖率为30%~50% 气候条件	
	潮湿，风力轻微到中等	干燥，风力轻微到中等	干燥，风大	潮湿，风力轻微到中等	潮湿，风大	干燥，风力轻微到中等	干燥，风大	干燥，风力轻微到中等	干燥，风大
1									
2									
3								0.25	0.25
4				0.50	0.50			0.45	0.45
5	0.50	0.45	0.50	0.55	0.55	0.45	0.45	0.60	0.65
6	0.65	0.70	0.75	0.60	0.65	0.60	0.65	0.70	0.75
7	0.75	0.85	0.90	0.60	0.65	0.70	0.75	0.70	0.75
8	0.80	0.90	0.95	0.60	0.65	0.70	0.75	0.65	0.70
9	0.75	0.85	0.90	0.60	0.65	0.70	0.75	0.55	0.55
10	0.65	0.70	0.75	0.50	0.55	0.65	0.65	0.45	0.45
11				0.40	0.40	0.35	0.35	0.35	0.35
12									

注: 葡萄园的地面条件是干净、无杂草、灌水次数少，地面经常保持干燥。

参 考 文 献

[1] 陈雷. 做好新世纪初期水利规划计划工作 [J]. 中国水利, 2001 (4): 22-28.
[2] 钱正英, 张光斗. 中国可持续发展水资源战略研究综合报告及各专题报告 [M]. 北京: 中国水利水电出版社, 2001.
[3] 汪恕诚. 怎样做好水利规划计划工作 [J]. 中国水利, 2001 (3): 6-9.
[4] 李英能, 黄修桥, 吴景社, 等. 水土资源评价与节水灌溉规划 [M]. 北京: 中国水利水电出版社, 1998.
[5] 水利部农村水利司, 中国灌溉排水发展中心. 节水灌溉工程实用手册 [M]. 北京: 中国水利水电出版社, 2005.
[6] 水利部农村水利司. 节水灌溉技术标准汇编 [M]. 北京: 中国水利水电出版社, 1998.
[7] 水利部南水北调规划设计管理局. SL 429—2008 水资源供需预测分析技术规范 [S]. 北京: 中国水利水电出版社, 2009.
[8] 水利部农村水利司, 中国灌溉排水发展中心. 灌区节水改造规划编写指南 [M]. 北京: 中国水利水电出版社, 2005.
[9] 水利部国际合作司. 水利技术标准汇编·灌溉排水卷 [M]. 北京: 中国水利水电出版社, 2002.
[10] 中华人民共和国水利部. GB 50288—99 灌溉与排水工程设计规范 [S]. 北京: 中国计划出版社, 1999.
[11] 水利部农村水利司. 灌溉管理手册 [M]. 北京: 水利电力出版社, 1994.
[12] 水利部农村水利司农水处. 雨水集蓄利用技术与实践 [M]. 北京: 中国水利水电出版社, 2001.
[13] 水利部农村水利司, 中国灌溉排水发展中心. 农业节水发展战略研究 [M]. 北京: 中国水利水电出版社, 2006.
[14] 水利部农村水利司, 中国灌溉排水技术开发培训中心. 旱作物地面灌溉节水技术 [M]. 北京: 中国水利水电出版社, 1999.
[15] 水利部农村水利司, 等. 雨水集蓄工程技术 [M]. 北京: 中国水利水电出版社, 1999.
[16] 水利部国际合作司, 水利部农村水利司, 中国灌排技术开发公司, 等. 美国国家灌溉工程手册 [M]. 北京: 中国水利水电出版社, 1998.
[17] 中华人民共和国国家质量监督检验检疫总局, 中国国家标准化管理委员会. GB/T 21010—2007 土地利用现状分类 [S]. 北京: 凤凰出版社, 2007.
[18] 中华人民共和国国家发展和改革委员会, 建设部. 建设项目经济评价方法与参数 [M]. 3 版. 北京: 中国计划出版社, 2006.
[19] 中华人民共和国水利部. SL 103—95 微灌工程技术规范 [S]. 北京: 中国水利水电出版社, 1995.
[20] 何孝俅, 胡训润. 我国水利规划工作综述 [J]. 水利学报, 1985 (6): 51-61.
[21] 钱蕴壁, 李英能, 杨刚, 等. 节水农业新技术研究 [M]. 北京: 中国水利水电出版社, 2001.
[22] 刘海江. 新时期水利规划的地位与作用 [J]. 陕西水利, 2007 (2): 20-22.
[23] 吴恒安. 财务评价、国民经济评价、社会评价、后评价 [M]. 北京: 中国水利水电出版社,

1998.

[24] 施熙灿. 水利工程经济学 [M]. 3 版. 北京：中国水利水电出版社，2005.

[25] 郭元裕. 农田水利学 [M]. 3 版. 北京：中国水利水电出版社，1997.

[26] 李英能，等. 节水农业新技术 [M]. 南昌：江西科学技术出版社，1998.

[27] 李远华. 节水灌溉理论与技术 [M]. 武汉：武汉水利电力出版社，1999.

[28] 胡毓骐，李英能，等. 华北地区节水型农业技术 [M]. 北京：中国农业科学技术出版社，
     1995.

[29] 傅琳，等. 微灌工程技术指南 [M]. 北京：水利电力出版社，1988.

[30] 陈玉民，等. 中国主要作物需水量与灌溉 [M]. 北京：水利电力出版社，1995.

[31] 康绍忠. 关于建设我国国家节水灌溉试验与监测网络的建议 [J]. 中国农村水利水电，2002
     (12)：18-22.

[32] 许迪，等. 田间节水灌溉新技术研究与应用 [M]. 北京：中国农业出版社，2002.

[33] 陈玉民，肖俊夫，等. 非充分灌溉研究进展及展望 [J]. 灌溉排水，2001 (2)：73-75.

[34] 许迪，康绍忠. 现代节水农业技术研究进展与发展趋势 [J]. 高技术通讯，2002 (12)：218.

[35] 李远华，等. 水稻节水灌溉模式试验研究 [J]. 农田水利与小水电，1994 (12)：5-10.

[36] 蔡焕杰，张振华，柴红敏. 冠层温度定量诊断覆膜作物水分状况试验研究 [J]. 灌溉排水，
     2001 (3)：1-4.

[37] 史文娟，康绍忠，王全九. 控制性分根交替灌溉常规节水灌溉技术的新突破 [J]. 灌溉排水，
     2000，19 (1)：31-34.

[38] 姚振宪，何松林. 滴灌设备与滴灌系统规划设计 [M]. 北京：中国农业出版社，1999.

[39] 胡斌. 夏玉米田秸秆覆盖效果的试验研究 [J]. 灌溉排水，1998 (3)：46-48.

[40] 孟兆江，刘安能，等. 棉花调亏灌溉的生态生理效应 [J]. 灌溉排水学报，2003 (4)：30-33.

[41] 黄长盾，等. 村镇给水实用技术手册 [M]. 北京：中国建筑工业出版社，1992.

[42] 王修贵，等. 作物产量对水分亏缺敏感性指标的初步研究 [J]. 灌溉排水，1998 (2)：25-30.

[43] 王修贵，崔远来. 灌溉试验站规划的有关问题 [J]. 中国农村水利水电，2003 (11)：8-12.

[44] 王家仁，郭风洪. 冬小麦调亏灌溉节水高效技术指标试验初报 [J]. 灌溉排水学报，2004
     (1)，103-108.

[45] 周年生，李彦东. 流域环境管理规划方法与实践 [M]. 北京：中国水利水电出版社，2000.

[46] 董增川. 水资源规划与管理 [M]. 北京：中国水利水电出版社，1998.

[47] 张展羽，俞双恩. 水土资源分析与管理 [M]. 北京：中国水利水电出版社，2008.

[48] 左其亭，窦明，马军霞. 水资源学教程 [M]. 北京：中国水利水电出版社，2008.

[49] 顾圣平，田富强，徐得潜. 水资源规划及利用 [M]. 北京：中国水利水电出版社，2009.

[50] 李广贺. 水资源利用与保护 [M]. 北京：中国建筑工业出版社，2010.

[51] 陈家琦，王浩，杨小柳. 水资源学 [M]. 北京：科学出版社，2002.

[52] 马耀光，马柏林. 废水的农业资源化利用 [M]. 北京：化学工业出版社，2002.

[53] 冯绍元. 环境水利学 [M]. 北京：中国农业出版社，2007.

[54] 陆雍森. 环境评价 [M]. 上海：同济大学出版社，1999.

[55] 梁学庆. 土地资源学 [M]. 北京：科学出版社，2006.

[56] 刘黎明. 土地资源学 [M]. 北京：中国农业大学出版社，2010.

[57] 蒙古军. 土地评价与管理 [M]. 北京：科学出版社，2005.